中国环境统计年鉴

CHINA STATISTICAL YEARBOOK ON ENVIRONMENT

2011

国家统计局
环境保护部　编

Compiled by
National Bureau of Statistics
Ministry of Environmental Protection

中国统计出版社
China Statistics Press

（京）新登字041号

图书在版编目（CIP）数据

中国环境统计年鉴. 2011 ： 汉英对照 / 国家统计局, 环境保护部编. -- 北京 ： 中国统计出版社, 2011.10
ISBN 978-7-5037-6408-0

Ⅰ. ①中… Ⅱ. ①国… ②环… Ⅲ. ①环境统计－统计资料－中国－2011－年鉴－汉、英 Ⅳ. ①X508.2-54

中国版本图书馆CIP数据核字（2011）第213087号

中国环境统计年鉴—2011

作　　者/国家统计局　环境保护部编
责任编辑/徐　涛　任宝莹
封面设计/艺编广告
出版发行/中国统计出版社
通信地址/北京市西城区月坛南街57号
邮政编码/100826
办公地址/北京市丰台区西三环南路甲6号
网　　址/www.stats.gov.cn/tjshujia
电　　话/邮购（010）63376907　书店（010）68783172
印　　刷/河北天普润印刷厂
经　　销/新华书店
开　　本/787×1092毫米　1/16
字　　数/480千字
印　　张/21
版　　别/2011年11月第1版
版　　次/2011年11月第1次印刷
书　　号/ISBN 978-7-5037-6408-0/X・17
定　　价/120. 00元

《中国环境统计年鉴—2011》编委会和编辑工作人员

编 委 会

编辑工作人员

CHINA STATISTICAL YEARBOOK ON ENVIRONMENT -2011 EDITORIAL BOARD AND STAFF

编 者 说 明

一、《中国环境统计年鉴—2011》是国家统计局和环境保护部及其他有关部委共同编辑完成的一本反映我国环境各领域基本情况的综合性环境统计资料性年刊。本书收录了2010年全国各省、自治区、直辖市环境各领域的基本数据和主要年份的全国主要环境统计数据。

二、本书内容共分为十二个部分，即：1. 自然状况；2. 水环境；3. 海洋环境；4. 大气环境；5. 固体废物；6. 自然生态；7. 土地利用；8. 林业；9. 自然灾害及突发事件；10. 环境投资；11. 城市环境；12. 农村环境。同时附录六个部分：人口资源环境主要统计指标、“十一五”和“十二五”主要环境保护指标、东中西部地区主要环境指标、世界主要国家和地区环境统计指标、2011年上半年各省、自治区、直辖市主要污染物排放量指标公报、主要统计指标解释。

三、本书中所涉及的全国性统计指标，除国土面积和森林资源数据外，均未包括香港特别行政区、澳门特别行政区和台湾省数据。

四、有关符号说明：

“…”表示数据不足本表最小单位数；

“空格”表示该项统计指标数据不详或无该项数据；

“#”表示是其中的主要项。

五、参与本书编辑的单位还有水利部、住房和城乡建设部、国土资源部、农业部、卫生部、民政部、国家林业局、国家海洋局、中国气象局、中国地震局。对上述单位有关人员在本书编辑过程中给予的大力支持与合作，表示衷心的感谢。

PREFACE

I. *China Statistical Yearbook on Environment -2011* is prepared jointly by the National Bureau of Statistics, Ministry of Environmental Protection and other ministries. It is an annual statistics publication, with comprehensive data in 2010 and selected data series in major years at national level and at provincial level (province, autonomous region, and municipality directly under the central government) and therefore reflecting various aspects of China's environmental development.

II. *China Statistical Yearbook on Environment -2011* contains 12 chapters: 1. Natural Conditions; 2. Freshwater Environment; 3. Marine Environment; 4. Atmospheric Environment; 5. Solid Wastes; 6. Natural Ecology; 7. Land Use; 8. Forestry; 9. Natural Disasters & Environmental Accidents; 10. Environmental Investment; 11. Urban Environment; 12. Rural Environment. Six chapters listed as Main Indicators of Population, Resource & Environment; Main Environmental Indicators in the 11th Five-year & 12th Five-year Plan Period; Main Environmental Indicators by Eastern, Central & Western; Main Environmental Indicators of the World's Major Countries and Regions; The Main Pollutants Emission Indicators Communiqué of the Provinces, Autonomous Regions, Municipality Directly under the Central Government in the First Half of 2011; Explanatory Notes on Main Statistical Indicators.

III. The national data in this book do not include that of Hong Kong Special Administrative Region, Macao Special Administrative Region and Taiwan Province except for territory and forest resources.

IV. Notations used in this book:

"... " indicates that the figure is not large enough to be measured with the smallest unit in the table;

" (blank) " indicates that the data are not available;

"#" indicates the major items of the total.

V. The institutions participating in the compilation of this publication include: Ministry of Water Resource, Ministry of Housing and Urban-Rural Development, Ministry of Land and Resource, Ministry of Agriculture, Ministry of Health, Ministry of Civil Affairs, State Forestry Administration, State Oceanic Administration, China Meteorological Administration, China Earthquake Administration. We would like to express our gratitude to these institutions for their cooperation and support in preparing this publication.

目　　录
CONTENTS

一、自然状况
Natural Conditions

二、水环境
Freshwater Environment

三、海洋环境
Marine Environment

四、大气环境
Atmospheric Environment

五、固体废物
Solid Wastes

六、自然生态
Natural Ecology

七、土地利用
Land Use

八、林业
Forestry

九、自然灾害及突发事件
Natural Disasters & Environmental Accidents

十、环境投资
Environmental Investment

十一、城市环境
Urban Environment

十二、农村环境
Rural Environment

附录四、世界主要国家和地区环境统计指标
APPENDIX Ⅳ. Main Environmental Indicators of the World's Major Countries and Regions

一、自然状况

Natural Conditions

1-1 自然状况
Natural Conditions

项　　目		Item		2010
国土		**Territory**		
国土面积	(万平方公里)	Area of Territory	(10000 sq.km)	960
海域面积	(万平方公里)	Area of Sea	(10000 sq.km)	473
海洋平均深度	(米)	Average Depth of Sea	(m)	961
海洋最大深度	(米)	Maximum Depth of Sea	(m)	5377
岸线总长度	(公里)	Length of Coastline	(km)	32000
大陆岸线长度		Mainland Shore		18000
岛屿岸线长度		Island Shore		14000
岛屿个数	(个)	Number of Islands		5400
岛屿面积	(万平方公里)	Area of Islands	(10000 sq.km)	3.87
气候		**Climate**		
热量分布	(积温≥0℃)	Distribution of Heat (Accumulated Temperature≥0℃)		
黑龙江北部及青藏高原		Northern Heilongjiang and Tibet Plateau		2000-2500
东北平原		Northeast Plain		3000-4000
华北平原		North China Plain		4000-5000
长江流域及以南地区		Changjiang (Yangtze) River Drainage Area and the Area to the south of it		5800-6000
南岭以南地区		Area to the South of Nanling Mountain		7000 8000
降水量	(毫米)	Precipitation	(mm)	
台湾中部山区		Mid-Taiwan Mountain Area		≥4000
华南沿海		Southern China Coastal Area		1600-2000
长江流域		Changjiang River Valley		1000-1500
华北、东北		Northern and Northeastern Area		400-800
西北内陆		Northwestern Inland		100-200
塔里木盆地、吐鲁番盆地和柴达木盆地		Tarim Basin, Turpan Basin and Qaidam Basin		≤25
气候带面积比例	(国土面积=100)	Percentage of Climatic Zones to Total Area of Territory		
湿润地区	(干燥度<1.0)	Humid Zone	(aridity<1.0)	32
半湿润地区	(干燥度=1.0-1.5)	Semi-Humid Zone	(aridity 1.0-1.5)	15
半干旱地区	(干燥度=1.5-2.0)	Semi-Arid Zone	(aridity 1.5-2.0)	22
干旱地区	(干燥度>2.0)	Arid Zone	(aridity>2.0)	31

注：1.气候资料为多年平均值。
　　2.岛屿面积未包括香港、澳门特别行政区和台湾省。

Notes: a) The climate data refer to the average figures in many years.
　　b) Island area does not include that of Hong Kong Special Administrative Region, Macao Special Administrative Region and Taiwan Province.

1-2 土地状况
Land Characteristics

项　　目		Item		面　　积 Area	占总面积(%) Percentage to Total Area
总面积	**(万平方公里)**	**Total Land Area**	**(10000 sq.km)**	**960**	**100.00**
按地形分	(万平方公里)	By Topographic Feature	(10000 sq.km)		
山地		Mountains		320	33.33
高原		Plateaus		250	26.04
盆地		Basins		180	18.75
平原		Plains		115	11.98
丘陵		Hills		95	9.90
按地高分	(万平方公里)	By Altitude	(10000 sq.km)		
500米以下		Under 500 m		241.7	25.18
500-1000米		500-1000 m		162.5	16.93
1000-2000米		1000-2000 m		239.9	24.99
2000-3000米		2000-3000 m		67.6	7.04
3000米以上		Above 3000 m		248.3	25.86
按特征分	(万公顷)	By Land Use	(10000 hectares)		
耕地		Cultivated Land		12172	12.68
林地		Forests Land		30590	31.86
#森林		Forests		19545	20.36
内陆水域面积		Water Area in Land		1747	1.82
草原		Area of Grassland		39283	40.92
#可利用草原		Usable Area		33100	34.48
其他		Others		12208	12.36

注：1.本表数字多为过去清查数。

2.耕地面积数据来源于国土资源部2008年底数据。

Note: a) Most figures in this table were obtained from surveys in previous years.

b) Data of cultivated land come from Ministry of Land and Resources at year-end of 2008.

1-3 主要山脉基本情况
Main Mountain Ranges

名 称	Mountain Range	山峰高程(米) Height of Mountain Peak (m)	雪线高程(米) Height of Snow Line (m)	冰川面积 (平方公里) Glacier Area (sq.km)
阿尔泰山	Altay Mountains	4374	3000--3200	287
天山	Tianshan Mountains	7435	3600--4400	9548
祁连山	Qilian Mountains	5826	4300--5240	2063
帕米尔	Pamirs	7579		2258
昆仑山	Kunlun Mountains			11639
喀喇昆仑山	Karakorum Mountain	8611	5100--5400	3265
唐古拉山	Tanggula Mountains	6137		2082
羌塘高原	Qiangtang Plateau	6596		3566
念青塘古拉山	Nyainqentanglha Mountains	7111	4500--5700	7536
横断山	Hengduan Mountains	7556	4600--5500	1456
喜玛拉雅山	The Himalayas	8844.43	4300--6200	11055
冈底斯山	Gangdisi Mountains	7095	5800--6000	2188

1-4 主要河流基本情况
Major Rivers

名 称	River	流域面积 (平方公里) Drainage Area (sq.km)	河 长 (公里) Length (km)	年径流量 (亿立方米) Annual Flow (100 million cu.m)
长 江	Changjiang River (Yangtze River)	1808500	6300	9513
黄 河	Huanghe River (Yellow River)	752443	5464	661
松花江	Songhuajiang River	557180	2308	762
辽 河	Liaohe River	228960	1390	148
珠 江	Zhujiang River (Pearl River)	453690	2214	3338
海 河	Haihe River	263631	1090	228
淮 河	Huaihe River	269283	1000	622

1-5 主要矿产基础储量
Ensured Reserves of Major Mineral

项 目		Item		2010
石油	(万吨)	Petroleum	(10000 tons)	317435.3
天然气	(亿立方米)	Natural Gas	(100 million cu.m)	37793.2
煤炭	(亿吨)	Coal	(100 million tons)	2793.9
铁矿	(矿石，亿吨)	Iron	(Ore, 100 million tons)	222.0
锰矿	(矿石，亿吨)	Manganese	(Ore, 10000 tons)	19515.6
铬矿	(矿石，亿吨)	Chromium Ore	(Ore, 10000 tons)	442.1
钒矿	(万吨)	Vanadium	(10000 tons)	1242.6
原生钛铁矿	(万吨)	Titanium Ore	(10000 tons)	23043.0
铜矿	(铜，万吨)	Copper	(Metal, 10000 tons)	2870.7
铅矿	(铅，万吨)	Lead	(Metal, 10000 tons)	1272.0
锌矿	(锌，万吨)	Zinc	(Metal, 10000 tons)	3251.4
铝土矿	(矿石，万吨)	Bauxite	(Ore, 10000 tons)	89732.7
镍矿	(镍，万吨)	Nickel	(Metal, 10000 tons)	312.1
钨矿	(WO_3，万吨)	Tungsten	(WO_3, 10000 tons)	220.8
锡矿	(锡，万吨)	Tin	(Metal, 10000 tons)	138.2
钼矿	(钼，万吨)	Molybdenum	(Metal, 10000 tons)	463.0
锑矿	(锑，万吨)	Antimony	(Metal, 10000 tons)	71.0
金矿	(金，吨)	Gold	(Metal, tons)	1863.4
银矿	(银，吨)	Silver	(Metal, tons)	36363.7
菱镁矿	(矿石，万吨)	Magnesite Ore	(Ore, 10000 tons)	182936.8
普通萤石	(矿物，万吨)	Fluorspar Mineral	(Mineral, 10000 tons)	4055.9
硫铁矿	(矿石，万吨)	Pyrite Ore	(Ore, 10000 tons)	159152.1
磷矿	(矿石，万吨)	Phosphorus Ore	(Ore,100 million tons)	29.6
钾盐	(KCl，万吨)	Potassium KCl	(KCl, 10000 tons)	43885.6
盐矿	(NaCl，亿吨)	Sodium Salt NaCl	(NaCl, 100 million tons)	1750.7
芒硝	(Na_2SO_4，亿吨)	Mirabilite	(Na_2SO_4, 100 million tons)	91.1
重晶石	(矿石，万吨)	Barite Ore	(Ore, 10000 tons)	9498.6
玻璃硅质原料	(矿石，万吨)	Silicon Materials For Glass Ore	(Ore, 10000 tons)	146170.5
石墨	(矿石，万吨)	Graphite Mineral (Crystal)	(Mineral, 10000 tons)	5412.3
滑石	(矿石，万吨)	Talc Ore	(Ore, 10000 tons)	12594.2
高岭土	(矿石，万吨)	Kaolin Ore	(Ore, 10000 tons)	63933.2

注：本表资料由国土资源部提供。其中，石油和天然气的数据为剩余技术可采储量(下表同)。

Note: The data in the table are provided by the Ministry of Land and Resources. The data for petroleum and natural gas are the remaining technical recoverable reserves. The same applies to the table following.

1-6 各地区主要能源、黑色金属矿产基础储量(2010年)

Ensured Reserves of Major Energy and Ferrous Metals by Region (2010)

地　区	Region	石油 (万吨) Petroleum (10000 tons)	天然气 (亿立方米) Natural Gas (100 million cu.m)	煤炭 (亿吨) Coal (100 million tons)	铁矿 (矿石,亿吨) Iron (Ore, 100 million tons)	锰矿 (矿石,万吨) Manganese (Ore, 10000 tons)	铬矿 (矿石,万吨) Chromite (Ore, 10000 tons)	钒矿 (万吨) Vanadium (10000 tons)	原生钛铁矿 (万吨) Titanium (10000 tons)
全　国	**National Total**	**317435.27**	**37793.20**	**2793.93**	**222.32**	**19515.64**	**442.10**	**1242.63**	**23042.96**
北　京	Beijing			3.79	0.89				
天　津	Tianjin	3415.91	288.64	2.97					
河　北	Hebei	27780.80	359.32	60.59	37.49	4.80	6.90	13.18	361.05
山　西	Shanxi			844.01	12.13	12.90			
内蒙古	Inner Mongolia	7643.80	7149.44	769.86	12.12	566.00	60.35	0.77	
辽　宁	Liaoning	18799.01	209.43	46.63	75.46	1412.41			
吉　林	Jilin	18861.77	681.26	12.40	2.31	0.40			
黑龙江	Heilongjiang	54516.41	1454.98	68.17	0.42				
上　海	Shanghai								
江　苏	Jiangsu	2689.35	23.66	14.23	1.72			2.48	
浙　江	Zhejiang			0.49	0.16				
安　徽	Anhui	186.73	0.06	81.93	8.19	8.80		8.27	
福　建	Fujian			4.06	3.54	64.48			
江　西	Jiangxi			6.74	1.91			2.16	
山　东	Shandong	34310.68	366.99	77.56	10.31				99.67
河　南	Henan	5051.21	99.21	113.49	1.65				0.46
湖　北	Hubei	1307.97	4.68	3.30	3.73	807.10		40.49	
湖　南	Hunan			18.76	1.63	5711.10		226.03	
广　东	Guangdong	8.16	0.31	1.89	1.59	215.81			
广　西	Guangxi	146.41	3.39	7.74	1.10	4033.44		171.49	
海　南	Hainan	-17.27	0.70	0.90	1.04				
重　庆	Chongqing	160.44	1921.02	22.49	0.01	2252.62			
四　川	Sichuan	514.74	6763.11	54.37	28.73	97.74		686.77	22534.64
贵　州	Guizhou		10.61	118.46	0.51	2468.87			
云　南	Yunnan	12.21	2.41	62.47	3.82	905.86		0.07	
西　藏	Tibet			0.12	0.27		199.49		
陕　西	Shaanxi	24947.67	5628.11	119.89	4.04	279.74	1.10	0.89	
甘　肃	Gansu	16085.39	191.80	58.05	3.91	263.14	124.83	89.87	
青　海	Qinghai	5635.18	1321.89	16.22	0.07		0.48		
宁　夏	Ningxia	202.77	2.75	54.03					
新　疆	Xinjiang	51163.47	8616.43	148.31	3.57	410.43	48.95	0.16	47.14
海　域	Ocean	44012.46	2693.00						

1-7 各地区主要有色金属、非金属矿产基础储量(2010年)

Ensured Reserves of Major Non-ferrous Metal and Non-metal Mineral by Region (2010)

地 区	Region	铜矿(铜,万吨) Copper (Metal, 10000 tons)	铅矿(铅,万吨) Lead (Metal, 10000 tons)	锌矿(锌,万吨) Zinc (Metal, 10000 tons)	铝土矿(矿石,万吨) Bauxite (Ore, 10000 tons)	菱镁矿(矿石,万吨) Magnesite Ore (Ore, 10000 tons)	硫铁矿(矿石,万吨) Pyrite Ore (Ore, 10000 tons)	磷矿(矿石,万吨) Phosphorus Ore (Ore, 100 million tons)	高岭土(矿石,万吨) Kaolin Ore (Ore, 10000 tons)
全 国	**National Total**	**2870.69**	**1272.04**	**3251.42**	**89732.66**	**182936.82**	**159152.07**	**29.63**	**63933.24**
北 京	Beijing	0.02							
天 津	Tianjin								
河 北	Hebei	15.29	18.66	154.62	393.80	866.26	1765.86	2.12	58.30
山 西	Shanxi	215.67	0.55	0.32	13592.14		614.98		160.20
内蒙古	Inner Mongolia	365.93	301.12	588.89			15745.76	0.02	433.18
辽 宁	Liaoning	16.13	13.62	39.83		165672.68	2504.88	0.81	525.00
吉 林	Jilin	20.44	10.19	13.55		1.10	728.39		50.38
黑龙江	Heilongjiang	119.61	5.35	21.55			48.20		
上 海	Shanghai								
江 苏	Jiangsu	5.50	15.03	24.80			412.78	0.25	749.44
浙 江	Zhejiang	8.44	41.26	67.37			717.64		750.87
安 徽	Anhui	192.53	5.09	12.07			14912.71	0.38	303.37
福 建	Fujian	83.11	24.28	48.65	65.00		1011.72	0.04	5608.66
江 西	Jiangxi	698.58	58.25	85.91			14892.60	0.72	3137.89
山 东	Shandong	29.60	7.11	2.58	412.70	16158.28	311.70	0.67	533.96
河 南	Henan	14.15	36.29	38.58	21525.87	2.11	8726.70	0.07	31.31
湖 北	Hubei	120.71	1.49	4.02	244.20		3841.20	7.17	467.03
湖 南	Hunan	39.31	111.64	178.99	174.10		6303.31	2.79	2109.18
广 东	Guangdong	58.14	105.66	192.26			27903.63		27853.43
广 西	Guangxi	14.41	17.72	149.25	27236.89		4556.91		18733.32
海 南	Hainan	2.67	1.15	0.61				0.04	1872.60
重 庆	Chongqing		3.94	14.78	3639.10		1976.80		
四 川	Sichuan	75.61	82.95	222.40	14.40	186.49	42807.04	3.45	71.87
贵 州	Guizhou	0.34	6.32	15.62	20157.04		5623.90	3.62	11.45
云 南	Yunnan	274.25	191.01	682.05	1551.84		3099.18	6.66	390.70
西 藏	Tibet	199.38							
陕 西	Shaanxi	16.03	14.82	84.92	725.58		577.62	0.21	81.10
甘 肃	Gansu	171.98	84.15	379.51			1.00		
青 海	Qinghai	41.19	79.38	137.76		49.90	50.20	0.60	
宁 夏	Ningxia							0.01	
新 疆	Xinjiang	71.67	35.01	90.53			17.36		
海 域	Ocean								

1-8 主要城市气候情况(2010年)

Climate of Major Cities (2010)

城市	City	年平均气温(摄氏度) Annual Average Temperature (℃)	年极端最高气温(摄氏度) Annual Maximum Temperature (℃)	年极端最低气温(摄氏度) Annual Minimum Temperature (℃)	年平均相对湿度(%) Annual Average Humidity (%)	全年日照时数(小时) Annual Average Sunshine Hours (hour)	全年降水量(毫米) Annual Average Precipitation (millimeter)
北京	Beijing	12.6	40.6	-16.7	51	2382.9	522.5
天津	Tianjin	12.2	38.9	-18.1	59	2089.2	355.4
石家庄	Shijiazhuang	14.0	41.8	-11.2	55	2377.7	432.9
太原	Taiyuan	11.3	39.4	-14.9	52	2413.4	376.6
呼和浩特	Hohhot	7.6	38.9	-24.0	46	2516.5	469.5
沈阳	Shenyang	7.2	34.8	-29.5	71	2275.2	1036.6
长春	Changchun	5.2	36.3	-29.7	66	2295.0	878.3
哈尔滨	Harbin	4.5	37.8	-31.8	70	2152.1	591.3
上海	Shanghai	17.2	39.4	-5.9	69	1662.0	1128.9
南京	Nanjing	16.2	38.4	-5.5	71	1899.3	1298.4
杭州	Hangzhou	17.4	39.5	-3.6	72	1689.3	1728.1
合肥	Hefei	16.4	38.8	-5.4	72	1861.0	1316.8
福州	Fuzhou	20.4	38.4	1.3	74	1485.6	1604.5
南昌	Nanchang	18.5	39.6	-2.1	73	1783.9	2211.1
济南	Jinan	14.3	39.3	-13.4	54	2014.3	820.9
郑州	Zhengzhou	15.6	39.9	-8.1	56	1727.1	600.3
武汉	Wuhan	16.6	38.1	-4.0	77	1544.0	1337.9
望城	Wangcheng	18.2	40.5	-1.7	74	1708.9	1626.4
广州	Guangzhou	22.5	37.1	1.8	73	1484.0	2353.6
南宁	Nanning	21.8	38.2	1.6	77	1601.5	1376.9
海口	Haikou	24.6	38.5	8.4	81	1823.3	2445.1
沙坪坝	Shapingba	18.6	40.6	0.8	78	910.6	1044.7
温江	Wenjiang	16.0	35.6	-2.7	79	789.0	936.8
贵阳	Guiyang	14.6	32.6	-4.0	77	1021.5	1010.0
昆明	Kunming	16.7	30.4	0.3	66	2136.8	869.1
拉萨	Lhasa	10.0	29.6	-10.9	33	3134.2	359.8
泾河	Jinghe	14.6	38.5	-8.2	62	1948.6	527.3
皋兰	Gaolan	7.9	38.3	-23.0	56	2651.2	192.0
西宁	Xining	6.4	35.9	-23.8	54	2782.1	405.0
银川	Yinchuan	10.3	37.4	-18.7	51	2759.3	206.3
乌鲁木齐	Urumqi	7.4	37.4	-27.1	56	2815.7	282.4

资料来源：中国气象局。
Source: China Meteorological Administration.

二、水环境

Freshwater Environment

2-1 全国历年水环境情况(2000-2010年)
Freshwater Environment in Past Years (2000-2010)

年 份 Year	水资源总量 (亿立方米) Total Amount of Water Resources (100 million cu.m)	地表水资源量 Surface Water Resources	地下水资源量 Ground Water Resources	地表水与地下水资源重复量 Duplicated Measurement of Surface Water and Groundwater	降水量 (亿立方米) Precipitation (100 million cu.m)	人均水资源量 (立方米/人) Per Capita Water Resources (cu.m/person)
2000	27701	26562	8502	7363	60092	2193.9
2001	26868	25933	8390	7456	58122	2112.5
2002	28261	27243	8697	7679	62610	2207.2
2003	27460	26251	8299	7090	60416	2131.3
2004	24130	23126	7436	6433	56876	1856.3
2005	28053	26982	8091	7020	61010	2151.8
2006	25330	24358	7643	6671	57840	1932.1
2007	25255	24242	7617	6604	57763	1916.3
2008	27434	26377	8122	7065	62000	2071.1
2009	24180	23125	7267	6212	55959	1816.2
2010	30906	29798	8417	7308	65850	2310.4

2-1 续表 1 continued

年 份 Year	供水总量 (亿立方米) Total Amount of Water Supply (100 million cu.m)	地表水 Surface Water	地下水 Ground-water	其他 Other	用水总量 (亿立方米) Total Amount of Water Use (100 million cu.m)	农业用水 Agriculture	工业用水 Industry
2000	5530.7	4440.4	1069.2	21.1	5497.6	3783.5	1139.1
2001	5567.4	4450.7	1094.9	21.9	5567.4	3825.7	1141.8
2002	5497.3	4404.4	1072.4	20.5	5497.3	3736.2	1142.4
2003	5320.4	4286.0	1018.1	16.3	5320.4	3432.8	1177.2
2004	5547.8	4504.2	1026.4	17.2	5547.8	3585.7	1228.9
2005	5633.0	4572.2	1038.8	22.0	5633.0	3580.0	1285.2
2006	5795.0	4706.7	1065.5	22.7	5795.0	3664.4	1343.8
2007	5818.7	4723.9	1069.1	25.7	5818.7	3599.5	1403.0
2008	5910.0	4796.4	1084.8	28.7	5910.0	3663.5	1397.1
2009	5965.2	4839.5	1094.5	31.2	5965.2	3723.1	1390.9
2010	6022.0	4881.6	1107.3	33.1	6022.0	3689.1	1447.3

2-1 续表 2 continued

年 份 Year	生活用水 Household and Service	生态环境补水 Eco-environment	人均用水量 (立方米) Water Use per Capita (cu.m)	万元GDP用水量 (立方米/万元) Water Use/GDP (cu.m/10000 yuan)	万元工业增加值用水量 (立方米/万元) Water Use/Value Added of Industry (cu.m/10000 yuan)	废水排放总量 (亿吨) Waste Water Discharge (100 million tons)	工业 Industrial Discharge	生活 Household and Service Discharge
2000	574.9		435.4	554	285	415.2	194.2	220.9
2001	599.9		437.7	518	262	432.9	202.6	230.2
2002	618.7		429.3	469	239	439.5	207.2	232.3
2003	630.9	79.5	412.9	413	218	459.3	212.3	247.0
2004	651.2	82.0	428.0	391	204	482.4	221.1	261.3
2005	675.1	92.7	432.1	305	166	524.5	243.1	281.4
2006	693.8	93.0	442.0	278	154	536.8	240.2	296.6
2007	710.4	105.7	441.5	245	140	556.8	246.6	310.2
2008	729.3	120.2	446.2	227	127	571.7	241.7	330.0
2009	748.2	103.0	448.0	210	116	589.1	234.4	354.7
2010	765.8	119.8	450.2	191	108	617.3	237.5	379.8

注：生态环境补水仅包括人为措施供给的城镇环境用水和部分河湖、湿地补水。

Note: Water use of Eco-environment only includes supply of water to some rivers, lakes, wetland and water used for urban environment.

2-1 续表 3 continued

年 份 Year	化学需氧量排放总量 (万吨) COD Discharge (10000 tons)	工业 Industrial Discharge	生活 Household and Service Discharge	氨 氮 排放量 (万吨) Ammonia Nitrogen Discharge (10000 tons)	工业 Industrial Discharge	生活 Household and Service Discharge	工业废水排放达标率 (%) Proportion of Industrial Waste Water Meeting Discharge Standards (%)
2000	1445.0	704.5	740.5				76.9
2001	1404.8	607.5	797.3	125.2	41.3	83.9	85.2
2002	1366.9	584.0	782.9	128.8	42.1	86.7	88.3
2003	1333.9	511.8	821.1	129.6	40.4	89.2	89.2
2004	1339.2	509.7	829.5	133.0	42.2	90.8	90.7
2005	1414.2	554.7	859.4	149.8	52.5	97.3	91.2
2006	1428.2	541.5	886.7	141.4	42.5	98.9	90.7
2007	1381.8	511.1	870.8	132.3	34.1	98.3	91.7
2008	1320.7	457.6	863.1	127.0	29.7	97.3	92.4
2009	1277.5	439.7	837.9	122.6	27.4	95.3	94.2
2010	1238.1	434.8	803.3	120.3	27.3	93.0	95.3

2-2　各流域水资源情况(2010年)
Water Resources by River Valley (2010)

单位：亿立方米　　　　(100 million cu.m)

流域片	River Valley	水资源总量 Total Amount of Water Resources	地表水资源量 Surface Water Resources	地下水资源量 Ground Water Resources	地表水与地下水资源重复量 Duplicated Measurement of Surface Water and Groundwater	降水量 Precipitation
全　国	**National Total**	**30906.4**	**29797.6**	**8417.0**	**7308.2**	**65849.6**
松花江区	Songhuajiang River	1640.0	1433.2	476.4	269.6	4946.0
#松花江	Songhuajiang River	1137.3	971.1	341.5	175.2	3232.8
辽河区	Liaohe River	812.8	702.3	235.1	124.7	2260.2
#辽河	Liaohe River	373.5	269.6	163.4	59.6	1321.9
海河区	Haihe River	307.2	149.0	224.4	66.2	1705.6
#海河	Haihe River	262.7	120.7	193.2	51.2	1375.9
黄河区	Huanghe River	679.8	568.9	385.2	274.3	3571.3
淮河区	Huaihe River	962.9	709.8	412.2	159.2	2756.8
#淮河	Huaihe River	859.6	632.6	353.6	126.6	2342.5
长江区	Changjiang River	11264.1	11146.1	2619.1	2501.1	20686.4
#太湖	Taihu Lake	209.8	187.2	46.7	24.0	451.0
东南诸河区	Southeastern Rivers	2869.0	2858.2	559.9	549.1	4368.3
珠江区	Zhujiang River	4936.1	4921.3	1115.9	1101.1	9377.0
#珠江	Zhujiang River	3360.9	3357.1	754.2	750.3	6673.2
西南诸河区	Southwestern Rivers	5787.7	5787.7	1422.6	1422.6	9262.7
西北诸河区	Northwestern Rivers	1646.7	1521.0	966.1	840.4	6915.2

资料来源:水利部(以下各表同)。
Source:Ministry of Water Resource (the same as in the following tables).

2-3　各流域节水灌溉面积(2010年)
Water-saving Irrigated Area by River Valley (2010)

单位：千公顷　　　　(1000 hectares)

流域片	River Valley	节水灌溉面积合计 Water-saving Irrigated Area	喷滴灌 Jetting and Dropping Irrigation	微　灌 Tiny Irrigation	低压管灌 Low Pressure Pipe Irrigation	渠道防渗 Leakage-free Channel	其他工程节水 Other Forms of Water-saving
全　国	**National Total**	**27313.9**	**3025.4**	**2115.7**	**6680.0**	**11580.3**	**3912.4**
松花江区	Songhuajiang River	3341.4	1303.2	131.8	251.9	159.6	1494.9
辽河区	Liaohe River	1237.9	317.5	65.7	568.0	265.4	21.3
海河区	Haihe River	4458.3	444.8	68.7	2762.9	793.6	388.3
黄河区	Huanghe River	3583.1	277.3	71.8	1169.4	1862.3	202.3
淮河区	huaihe River	3914.0	285.5	64.1	1182.5	1563.5	818.5
长江区	Changjiang River	4370.7	134.5	33.6	403.3	3360.9	438.4
东南诸河区	Southeastern Rivers	1294.6	61.9	29.3	94.2	1007.5	101.7
珠江区	zhujiang River	1253.0	19.4	5.3	50.6	849.2	328.5
西南诸河区	Southwestern Rivers	262.4	2.0	1.1	9.8	220.2	29.3
西北诸河区	Northwestern Rivers	3598.5	179.3	1644.5	187.5	1498.0	89.1

2-4 各流域供水和用水情况(2010年)

Water Supply and Use by River Valley (2010)

单位：亿立方米 (100 million cu.m)

流域片	River Valley	供水总量 Total Amount of Water Supply	地表水 Surface Water	地下水 Groundwater	其他 Other
全国	**National Total**	**6022.0**	**4881.6**	**1107.3**	**33.1**
松花江区	Songhuajiang River	456.6	259.2	197.3	0.1
#松花江	Songhuajiang River	323.1	199.6	123.5	
辽河区	Liaohe River	208.9	91.8	113.0	4.1
#辽河	Liaohe River	154.3	58.9	92.6	2.8
海河区	Haihe River	368.3	122.5	236.2	9.7
#海河	Haihe River	332.4	110.6	212.4	9.4
黄河区	Huanghe River	392.3	262.6	126.8	2.8
淮河区	Huaihe River	639.3	463.5	172.7	3.1
#淮河	Huaihe River	571.1	426.7	142.9	1.5
长江区	Changjiang River	1983.1	1889.7	85.1	8.4
#太湖	Taihu Lake	355.3	354.7	0.6	0.1
东南诸河区	Southeastern Rivers	342.5	333.2	8.5	0.8
珠江区	Zhujiang River	883.5	840.7	39.6	3.1
#珠江	Zhujiang River	629.2	606.5	19.6	3.1
西南诸河区	Southwestern Rivers	108.0	104.3	3.6	0.1
西北诸河区	Northwestern Rivers	639.5	514.1	124.4	1.0

2-4 续表 continued

单位：亿立方米 (100 million cu.m)

流域片	River Valley	用水总量 Total Amount of Water Use	农业用水 Agriculture	工业用水 Industry	生活用水 Household and Service	生态环境补水 Eco-environment
全国	**National Total**	**6022.0**	**3689.1**	**1447.3**	**765.8**	**119.8**
松花江区	Songhuajiang River	456.6	331.4	82.5	34.4	8.3
#松花江	Songhuajiang River	323.1	220.2	69.0	29.0	4.9
辽河区	Liaohe River	208.9	136.7	34.8	33.3	4.1
#辽河	Liaohe River	154.3	108.7	22.2	20.9	2.6
海河区	Haihe River	368.3	247.6	50.8	59.0	10.9
#海河	Haihe River	332.4	224.7	43.4	53.7	10.6
黄河区	Huanghe River	392.3	277.6	61.5	44.0	9.1
淮河区	Huaihe River	639.3	445.5	98.8	85.9	9.2
#淮河	Huaihe River	571.1	407.1	86.9	70.4	6.7
长江区	Changjiang River	1983.1	948.2	746.6	268.5	19.9
#太湖	Taihu Lake	355.3	91.3	212.5	48.5	3.1
东南诸河区	Southeastern Rivers	342.5	157.8	121.8	53.1	9.8
珠江区	Zhujiang River	883.5	489.2	222.6	157.4	14.2
#珠江	Zhujiang River	629.2	314.0	188.4	115.2	11.5
西南诸河区	Southwestern Rivers	108.0	85.7	9.7	12.3	0.4
西北诸河区	Northwestern Rivers	639.5	569.4	18.4	18.0	33.7

2-5 各地区水资源情况(2010年)
Water Resources by Region(2010)

单位：亿立方米，立方米/人 (100 million cu.m ,cu.m/person)

地 区	Region	水资源总量 Total Amount of Water Resources	地表水资源量 Surface Water Resources	地下水资源量 Ground Water Resources	地表水与地下水资源重复量 Duplicated Measurement of Surface Water and Groundwater	降水量 Precipi-tation	人均水资源量 per Capita local Water Resources
全 国	**National Total**	**30906.4**	**29797.6**	**8417.0**	**7308.2**	**65849.6**	**2310.4**
北 京	Beijing	23.1	7.2	18.9	3.0	85.9	124.2
天 津	Tianjin	9.2	5.6	4.5	0.8	56.1	72.8
河 北	Hebei	138.9	56.6	112.9	30.6	987.0	195.3
山 西	Shanxi	91.5	52.8	77.4	38.7	752.0	261.5
内蒙古	Inner Mongolia	388.5	253.4	227.6	92.5	3014.3	1576.1
辽 宁	Liaoning	606.7	554.0	146.8	94.1	1432.1	1392.1
吉 林	Jilin	686.7	622.1	141.9	77.3	1497.0	2503.3
黑龙江	Heilongjiang	853.5	725.2	277.9	149.6	2549.2	2228.6
上 海	Shanghai	36.8	30.9	8.9	3.0	74.3	163.1
江 苏	Jiangsu	383.5	291.2	108.9	16.6	1008.7	489.2
浙 江	Zhejiang	1398.6	1382.9	264.7	249.1	2097.8	2608.7
安 徽	Anhui	922.8	876.3	197.8	151.3	1825.7	1526.9
福 建	Fujian	1652.7	1651.5	353.8	352.6	2581.3	4491.7
江 西	Jiangxi	2275.5	2255.2	486.8	466.5	3482.9	5116.7
山 东	Shandong	309.1	199.1	181.2	71.2	1090.9	324.4
河 南	Henan	534.9	415.7	214.7	95.5	1393.4	566.2
湖 北	Hubei	1268.7	1239.1	306.1	276.5	2378.2	2216.5
湖 南	Hunan	1906.6	1899.4	430.0	422.8	3472.7	2938.7
广 东	Guangdong	1998.8	1989.5	478.3	468.9	3422.2	1943.3
广 西	Guangxi	1823.6	1823.6	355.8	355.8	3740.0	3852.9
海 南	Hainan	479.8	474.3	105.7	100.2	769.1	5538.7
重 庆	Chongqing	464.3	464.3	96.3	96.3	872.1	1616.8
四 川	Sichuan	2575.3	2573.7	595.0	593.4	4568.3	3173.5
贵 州	Guizhou	956.5	956.5	251.4	251.4	1948.1	2726.8
云 南	Yunnan	1941.4	1941.4	686.0	686.0	4541.4	4233.1
西 藏	Tibet	4593.0	4593.0	1033.6	1033.6	7230.4	153681.9
陕 西	Shaanxi	507.5	482.5	142.9	117.9	1499.9	1360.3
甘 肃	Gansu	215.2	206.7	124.2	115.7	1143.4	841.7
青 海	Qinghai	741.1	715.8	340.1	314.8	2454.4	13225.0
宁 夏	Ningxia	9.3	7.0	22.8	20.4	151.8	148.2
新 疆	Xinjiang	1113.1	1051.2	624.3	562.3	3728.9	5125.2

2-6 各地区节水灌溉面积(2010年)

Water-saving Irrigated Area by Region (2010)

单位：千公顷 (1000 hectares)

地 区	Region	合 计 Total	喷滴灌 Jetting and Dropping Irrigation	微 灌 Tiny Irrigation	低压管灌 Low Pressure Pipe Irrigation	渠道防渗 Leakage-free Channel	其他节水 Other Forms of Water-saving
全 国	**National Total**	**27313.9**	**3025.4**	**2115.7**	**6680.0**	**11580.3**	**3912.4**
北 京	Beijing	285.8	81.3	19.3	151.6	32.6	1.0
天 津	Tianjin	262.6	5.9	2.4	158.7	95.6	
河 北	Hebei	2698.8	241.9	32.9	1954.9	280.9	188.2
山 西	Shanxi	819.4	138.6	28.5	478.6	172.8	0.8
内蒙古	Inner Mongolia	2328.6	522.5	38.4	1022.0	743.6	2.2
辽 宁	Liaoning	501.6	158.9	50.7	116.0	154.8	21.2
吉 林	Jilin	262.6	228.9	0.4		23.5	9.8
黑龙江	Heilongjiang	2663.8	916.6	131.2	10.5	120.3	1485.2
上 海	Shanghai	149.8	2.2	0.1	86.8	60.7	
江 苏	Jiangsu	1627.9	25.9	5.5	80.7	1061.5	454.4
浙 江	Zhejiang	1034.6	31.7	24.0	72.6	795.1	111.3
安 徽	Anhui	815.8	83.8	8.1	68.8	511.1	143.9
福 建	Fujian	548.2	31.5	6.9	65.4	427.3	17.0
江 西	Jiangxi	299.8	7.4	0.4	2.8	161.9	127.3
山 东	Shandong	2264.9	149.6	57.5	1156.7	567.9	333.2
河 南	Henan	1536.6	110.3	10.8	655.6	523.3	236.7
湖 北	Hubei	402.0	12.3	6.8	25.2	331.7	25.9
湖 南	Hunan	312.7	20.6	1.6	4.8	262.5	23.1
广 东	Guangdong	201.5	9.0	1.5	8.2	179.2	3.7
广 西	Guangxi	702.2	5.1	0.4	7.2	429.7	259.8
海 南	Hainan	114.2	1.3	0.8	0.7	72.9	38.4
重 庆	Chongqing	151.1	6.0	0.5	20.9	115.7	8.0
四 川	Sichuan	1250.9	37.9	9.5	50.0	1100.9	52.6
贵 州	Guizhou	391.7	4.0	7.6	23.8	287.8	68.5
云 南	Yunnan	554.6	7.6	2.0	49.7	440.5	54.8
西 藏	Tibet	52.1		…	1.1	50.5	0.5
陕 西	Shaanxi	852.8	36.7	17.2	218.4	501.1	79.6
甘 肃	Gansu	859.1	46.9	44.8	101.3	584.0	82.1
青 海	Qinghai	88.6	2.0			82.7	3.9
宁 夏	Ningxia	297.2	8.0	7.6	21.2	237.2	23.3
新 疆	Xinjiang	2982.6	91.3	1598.4	65.8	1171.0	56.1

2-7 各地区供水和用水情况(2010年)
Water Supply and Use by Region (2010)

单位：亿立方米 (100 million cu.m)

地区	Region	供水总量 Total Amount of Water Supply	地表水 Surface Water	地下水 Ground-water	其他 Other	用水总量 Total Amount of Water Use	农业用水 Agriculture
全国	**National Total**	**6021.99**	**4881.57**	**1107.31**	**33.12**	**6021.99**	**3689.14**
北京	Beijing	35.20	7.21	21.19	6.80	35.20	10.83
天津	Tianjin	22.49	16.17	5.87	0.45	22.49	10.97
河北	Hebei	193.68	36.14	155.98	1.56	193.68	143.77
山西	Shanxi	63.78	29.29	34.49		63.78	37.98
内蒙古	Inner Mongolia	181.90	92.59	88.63	0.68	181.90	134.52
辽宁	Liaoning	143.67	72.07	67.58	4.02	143.67	89.82
吉林	Jilin	120.04	75.87	44.17		120.04	73.84
黑龙江	Heilongjiang	325.00	178.86	146.14		325.00	249.60
上海	Shanghai	126.29	126.09	0.20		126.29	16.76
江苏	Jiangsu	552.19	543.52	8.67		552.19	304.23
浙江	Zhejiang	203.04	198.14	4.33	0.57	203.04	94.64
安徽	Anhui	293.12	265.62	26.61	0.89	293.12	166.70
福建	Fujian	202.45	197.54	4.65	0.27	202.45	97.19
江西	Jiangxi	239.75	229.84	9.91		239.75	151.02
山东	Shandong	222.47	127.15	91.31	4.01	222.47	154.76
河南	Henan	224.61	88.60	135.14	0.87	224.61	125.59
湖北	Hubei	287.99	278.15	9.03	0.82	287.99	138.29
湖南	Hunan	325.17	304.03	21.11	0.02	325.17	185.79
广东	Guangdong	469.01	446.40	21.28	1.34	469.01	227.47
广西	Guangxi	301.58	289.32	11.15	1.12	301.58	194.57
海南	Hainan	44.35	41.04	3.31		44.35	33.88
重庆	Chongqing	86.39	84.56	1.77	0.06	86.39	19.84
四川	Sichuan	230.27	210.74	16.88	2.65	230.27	127.26
贵州	Guizhou	101.45	93.75	7.20	0.49	101.45	50.05
云南	Yunnan	147.47	139.01	4.79	3.68	147.47	95.32
西藏	Tibet	35.20	32.43	2.77		35.20	31.72
陕西	Shaanxi	83.40	49.51	33.34	0.54	83.40	55.47
甘肃	Gansu	121.82	96.14	24.24	1.45	121.82	94.28
青海	Qinghai	30.77	25.63	5.03	0.11	30.77	23.19
宁夏	Ningxia	72.37	66.95	5.42		72.37	65.05
新疆	Xinjiang	535.08	439.19	95.15	0.74	535.08	484.64

2-7 续表 continued

单位：亿立方米 (100 million cu.m)

地 区	Region	工业用水 Industry	生活用水 Household and Service	生态环境补水 Eco-environment	用水消耗量 Consumption of Water Use	人均用水量（立方米） Water Use per Capita (cu.m)
全 国	**National Total**	**1447.30**	**765.83**	**119.77**	**3181.18**	**450.2**
北 京	Beijing	5.06	15.30	3.97	20.35	189.4
天 津	Tianjin	4.83	5.48	1.22	14.77	177.9
河 北	Hebei	23.06	23.98	2.87	142.19	272.3
山 西	Shanxi	12.58	10.57	2.65	49.62	182.2
内蒙古	Inner Mongolia	22.58	15.02	9.78	120.80	737.9
辽 宁	Liaoning	24.99	25.48	3.38	92.27	329.7
吉 林	Jilin	26.12	16.36	3.72	62.72	437.6
黑龙江	Heilongjiang	56.02	17.61	1.76	175.90	848.6
上 海	Shanghai	84.85	23.46	1.22	22.65	559.7
江 苏	Jiangsu	191.85	52.91	3.21	305.64	704.4
浙 江	Zhejiang	59.70	39.40	9.30	116.02	378.7
安 徽	Anhui	94.01	30.19	2.22	154.22	485.0
福 建	Fujian	81.26	22.70	1.29	69.45	550.2
江 西	Jiangxi	57.35	27.49	3.89	105.03	539.1
山 东	Shandong	26.84	36.23	4.64	145.91	233.5
河 南	Henan	55.57	36.11	7.34	128.58	237.8
湖 北	Hubei	117.10	32.40	0.21	127.74	503.1
湖 南	Hunan	89.75	46.43	3.20	139.61	501.2
广 东	Guangdong	138.76	94.23	8.55	179.60	456.0
广 西	Guangxi	55.23	46.45	5.32	133.36	637.2
海 南	Hainan	3.83	6.53	0.09	20.41	511.9
重 庆	Chongqing	47.40	18.63	0.53	41.35	300.8
四 川	Sichuan	62.92	37.98	2.11	112.06	283.8
贵 州	Guizhou	34.32	16.47	0.62	44.61	289.2
云 南	Yunnan	25.48	22.79	3.88	85.23	321.6
西 藏	Tibet	1.47	2.01		29.70	1177.7
陕 西	Shaanxi	12.06	14.83	1.03	48.76	223.5
甘 肃	Gansu	13.75	10.76	3.03	79.66	476.3
青 海	Qinghai	3.26	3.50	0.82	18.84	549.2
宁 夏	Ningxia	4.12	1.78	1.42	30.34	1150.4
新 疆	Xinjiang	11.20	12.75	26.48	364.79	2463.7

2-8 流域分区河流水质状况评价结果(按评价河长统计)(2010年)
Evaluation of River Water Quality by River Valley (by River Length) (2010)

流域分区	River	评价河长(千米) Evaluate Length (km)	分类河长占评价河长百分比(%) Classify River length of Evaluate Length (%)					
			Ⅰ类 Grade Ⅰ	Ⅱ类 Grade Ⅱ	Ⅲ类 Grade Ⅲ	Ⅳ类 Grade Ⅳ	Ⅴ类 Grade Ⅴ	劣Ⅴ类 Worse than Grade Ⅴ
全　国	**National Total**	**175713**	**4.8**	**30.0**	**26.6**	**13.1**	**7.8**	**17.7**
松花江区	Songhuajiang River	13347	0.5	8.4	41.9	21.2	8.8	19.2
#松花江	Songhuajiang River	10730	0.7	8.3	46.9	20.6	3.8	19.7
辽河区	Liaohe River	5316	1.4	31.1	9.2	7.3	17.0	34.0
#辽河	Liaohe River	2356		7.6	13.8	7.1	27.5	44.0
海河区	Haihe River	12680	1.8	21.2	14.2	8.4	6.2	48.2
#海河	Haihe River	9867	1.9	14.8	10.3	9.2	6.0	57.8
黄河区	Huanghe River	14295	4.7	20.1	17.7	13.3	10.3	33.9
淮河区	Huaihe River	24072	1.2	12.0	25.7	25.7	13.2	22.2
#淮河	Huaihe River	22023	0.8	12.3	25.8	26.6	13.8	20.7
长江区	Changjiang River	53489	5.3	34.7	27.4	11.2	8.0	13.4
#太湖	Taihu Lake	5722		1.9	11.7	21.8	23.8	40.8
东南诸河区	Southeastern Rivers	6216	1.1	44.9	29.7	8.8	3.4	12.1
珠江区	Zhujiang River	19805	1.5	34.0	35.3	14.4	4.9	9.9
#珠江	Zhujiang River	14214	2.0	26.3	40.2	17.1	3.8	10.6
西南诸河区	Southwestern Rivers	16427	3.9	51.6	31.4	5.9	3.7	3.5
西北诸河区	Northwestern Rivers	10066	31.7	49.7	14.4	3.2	0.7	0.3

2-9 主要水系干流水质状况评价结果(按监测断面统计)(2010年)
Evaluation of River Water Quality by Water System (by Monitoring Sections) (2010)

主要水系	Main Water System	监测断面个数(个) Number of Monitoring Sections (unit)	分类水质断面占全部断面百分比(%) Proportion of Monitored Section Water Quality (%)					
			Ⅰ类 Grade Ⅰ	Ⅱ类 Grade Ⅱ	Ⅲ类 Grade Ⅲ	Ⅳ类 Grade Ⅳ	Ⅴ类 Grade Ⅴ	劣Ⅴ类 Worse than Grade Ⅴ
长　江	Changjiang River	33	27.3	63.6	9.1			
黄　河	Huanghe River	22	4.5	45.5	50			
珠　江	Zhujiang River	15	26.7	46.7	13.3	13.3		
松花江	Songhuajiang River	11			72.7	27.3		
淮　河	Huanhe River	14		28.6	64.3	7.1		
海　河	Haihe River	2				50	50	
辽　河	Liaohe River	13		23.1	15.4	7.7	38.5	15.3

资料来源：环境保护部。

Source: Ministry of Environmental Protection.

2-10 重点评价湖泊水库水质状况(2010年)
Water Quality Status of Lakes and Reservoirs in Key Evaluation (2010)

主要水系	Main Water System	所属行政区 Region	总体水质状况 Categories of Overall Water Quality	营养状况 Nutritional Status	
白洋淀	Baiyangdian Lake	河北	Grade V	中度富营养	Middle Eutropher
太湖	Taihu Lake	江苏、浙江、上海	Worse than Grade V	中度富营养	Middle Eutropher
西湖	West Lake	浙江	Grade IV	轻度富营养	Light Eutropher
巢湖	Chaohu Lake	安徽	Grade IV	轻度富营养	Light Eutropher
鄱阳湖	Poyanghu Lake	江西	Grade IV	中营养	Mesotropher
洪湖	Honghu Lake	湖北	Grade IV	中营养	Mesotropher
邛海	Qionghai Lake	四川	Grade III	中营养	Mesotropher
程海	ChengHai Lake	云南	Worse than Grade V	中营养	Mesotropher
泸沽湖	Luguhu Lake	云南	Grade I	贫营养	Oligotropher
滇池	Dianchi Lake	云南	Worse than Grade V	中度富营养	Middle Eutropher
阳宗海	Yangzonghai Lake	云南	Grade IV	中营养	Mesotropher
抚仙湖	Fuxianhu Lake	云南	Grade II	中营养	Mesotropher
星云湖	Xingyunhu Lake	云南	Worse than Grade V	中度富营养	Middle Eutropher
杞麓湖	Qiluhu Lake	云南	Worse than Grade V	中度富营养	Middle Eutropher
异龙湖	Yilonghu Lake	云南	Worse than Grade V	中度富营养	Middle Eutropher
洱海	Erhai Lake	云南	Grade III	中营养	Mesotropher
纳木错	Namucuo Lake	西藏	Grade V	中营养	Mesotropher
普莫雍错	Pumoyongcuo Lake	西藏	Grade III	中营养	Mesotropher
羊卓雍错	Yangzhuoyongcuo Lake	西藏	Grade V	中营养	Mesotropher
青海湖	Qinghai Lake	青海	Grade II	轻度富营养	Light Eutropher
沙湖	Shahu Lake	宁夏	Worse than Grade V	轻度富营养	Light Eutropher
乌伦古湖	Wulungu Lake	新疆	Worse than Grade V	中营养	Mesotropher
赛里木湖	Sailimu Lake	新疆	Grade II	中营养	Mesotropher
艾比湖	Aibi Lake	新疆	Worse than Grade V	轻度富营养	Light Eutropher
博斯腾湖	Bositeng Lake	新疆	Grade IV	轻度富营养	Light Eutropher

资料来源：水利部。
Source: Ministry of Water Resource.

2-10 续表 continued

主要水系	Main Water System	所属行政区 Region	总体水质状况 Categories of Overall Water Quality	营养状况 Nutritional Status	
白山水库	Baishan Reservior	吉林	Grade Ⅳ	中营养	Mesotropher
丰满水库	Fengman Reservior	吉林	Grade Ⅳ	中营养	Mesotropher
新安江水库	Xinanjiang Reservior	浙江	Grade Ⅱ	中营养	Mesotropher
珊溪水库	Shanxi Reservior	浙江	Grade Ⅱ	中营养	Mesotropher
响洪甸水库	Xianghongdian Reservior	安徽	Grade Ⅰ	中营养	Mesotropher
梅山水库	Meishan Reservior	安徽	Grade Ⅰ	中营养	Mesotropher
陈村水库	Chencun Reservior	安徽	Grade Ⅱ	中营养	Mesotropher
万安水库	Wanan Reservior	江西	Grade Ⅱ	中营养	Mesotropher
柘林水库	Zhelin Reservior	江西	Grade Ⅱ	中营养	Mesotropher
漳河水库	Zhanghe Reservior	湖北	Grade Ⅲ	中营养	Mesotropher
隔河岩水库	Geheyan Reservior	湖北	Grade Ⅰ	中营养	Mesotropher
大龙潭水库	Dalongtan Reservior	湖北	Grade Ⅳ	中营养	Mesotropher
丹江口水库	Danjiangkou Reservior	湖北	Grade Ⅱ	中营养	Mesotropher
龙滩水库	Longtan Reservior	广西	Grade Ⅱ	中营养	Mesotropher
岩滩水库	Yantan Reservior	广西	Grade Ⅱ	中营养	Mesotropher
百色水库	Baise Reservior	广西	Grade Ⅲ	中营养	Mesotropher
松涛水库	Songtao Reservior	海南	Grade Ⅱ	中营养	Mesotropher
二滩水库	Ertan Reservior	四川	Grade Ⅱ	中营养	Mesotropher
白龙湖水库	Bailonghu Reservior	四川	Grade Ⅱ	中营养	Mesotropher
乌江渡水库	Wujiangdu Reservior	贵州	Worse than Grade Ⅴ	轻度富营养	Light Eutropher
安康水库	Ankang Reservior	陕西	Grade Ⅰ	中营养	Mesotropher

2-11 各地区废水排放及处理情况(2010年)

Discharge and Treatment of Waste Water by Region (2010)

单位: 万吨　　(10000 tons)

地　区	Region	工业废水排放总量 Total Volume of Industrial Waste Water Discharged	#直接排入海的 Direct Discharge into Sea	工业废水排放达标量 Industrial Waste Water Meeting Discharge Standards
全　国	**National Total**	**2374732**	**117979**	**2263587**
北　京	Beijing	8198		8096
天　津	Tianjin	19680	469	19671
河　北	Hebei	114232	415	112627
山　西	Shanxi	49881		47221
内蒙古	Inner Mongolia	39536		35675
辽　宁	Liaoning	71521	24919	66206
吉　林	Jilin	38656		34393
黑龙江	Heilongjiang	38921		36073
上　海	Shanghai	36696	2009	35973
江　苏	Jiangsu	263760	705	258622
浙　江	Zhejiang	217426	12369	209195
安　徽	Anhui	70971		69518
福　建	Fujian	124168	59215	122525
江　西	Jiangxi	72526		68307
山　东	Shandong	208257	9406	205010
河　南	Henan	150406		146449
湖　北	Hubei	94593		91538
湖　南	Hunan	95605	24	89583
广　东	Guangdong	187031	5503	174153
广　西	Guangxi	165211	756	160139
海　南	Hainan	5782	2188	5656
重　庆	Chongqing	45180		42798
四　川	Sichuan	93444		90194
贵　州	Guizhou	14130		10919
云　南	Yunnan	30926		28403
西　藏	Tibet	736		217
陕　西	Shaanxi	45487		44353
甘　肃	Gansu	15352		12791
青　海	Qinghai	9031		5412
宁　夏	Ningxia	21977		17304
新　疆	Xinjiang	25413		14569

资料来源：环境保护部(以下各表同)。
Source:Ministry of Environmental Protection (the same as in the following tables).

2-11 续表 1 continued

单位：吨 (ton)

地 区	Region	工业废水中污染物排放量 Amount of Pollutants Discharged in the Industrial Waste Water				
		汞 Mercury	镉 Cadmium	六价铬 Hexavalent Chrome	铅 Lead	砷 Arsenic
全 国	**National Total**	**1.047**	**30.129**	**54.804**	**140.805**	**118.092**
北 京	Beijing			0.022	0.016	
天 津	Tianjin			0.078	0.002	0.022
河 北	Hebei			1.242	2.567	
山 西	Shanxi	0.013	0.016	0.495	0.188	0.025
内蒙古	Inner Mongolia		0.153	0.355	0.680	0.378
辽 宁	Liaoning	0.001	0.032	1.941	0.543	0.310
吉 林	Jilin		0.004	0.629	0.048	
黑龙江	Heilongjiang	0.001	0.055	0.263	0.131	0.227
上 海	Shanghai	0.002	0.010	0.722	0.078	0.013
江 苏	Jiangsu	0.001	0.039	7.105	2.429	0.851
浙 江	Zhejiang	0.008	0.119	6.825	1.231	0.218
安 徽	Anhui	0.002	0.164	0.091	1.235	1.887
福 建	Fujian	0.063	0.448	8.185	2.050	1.317
江 西	Jiangxi	0.011	4.302	2.269	10.862	13.308
山 东	Shandong	0.001	0.001	0.634	1.395	0.191
河 南	Henan	0.003	0.165	3.508	2.322	0.234
湖 北	Hubei	0.008	0.347	3.230	1.906	2.915
湖 南	Hunan	0.523	13.042	3.880	32.243	58.891
广 东	Guangdong	0.024	1.661	5.083	6.661	1.855
广 西	Guangxi	0.064	3.728	1.391	21.419	23.734
海 南	Hainan				0.025	
重 庆	Chongqing		0.069	3.582	0.094	
四 川	Sichuan	0.008	0.354	0.877	1.769	0.525
贵 州	Guizhou	0.002	0.007	0.134	0.124	0.139
云 南	Yunnan	0.098	0.364	0.045	4.616	2.737
西 藏	Tibet					
陕 西	Shaanxi	0.197	0.807	1.258	8.926	1.816
甘 肃	Gansu	0.006	3.688	0.452	34.420	5.627
青 海	Qinghai		0.465	0.020	0.573	0.541
宁 夏	Ningxia		0.030	0.267	0.016	0.134
新 疆	Xinjiang	0.014	0.060	0.221	2.238	0.198

2-11 续表 2 continued

单位：吨 (ton)

地区	Region	工业废水中污染物排放量 Amount of Pollutants Discharged in the Industrial Waste Water				
		挥发酚 Volatile Hydroxy-benzene	氰化物 Cyanide	化学需氧量 COD	石油类 Petroleum	氨氮 Ammonia Nitrogen
全国	**National Total**	**1143.0**	**241.8**	**4347668.3**	**10139.3**	**272752.7**
北京	Beijing	0.1	0.1	4882.3	57.6	392.1
天津	Tianjin	1.5	0.1	22217.7	97.2	3196.8
河北	Hebei	7.2	4.6	217965.3	523.2	18224.9
山西	Shanxi	14.0	13.0	137668.7	353.4	11885.6
内蒙古	Inner Mongolia	5.3	1.4	91290.1	155.2	6929.3
辽宁	Liaoning	13.9	4.6	201755.3	910.7	9121.8
吉林	Jilin	239.3	7.7	131084.8	658.4	2895.5
黑龙江	Heilongjiang	442.6	4.0	112487.4	426.7	5274.8
上海	Shanghai	4.9	4.7	21574.9	415.5	3192.4
江苏	Jiangsu	26.9	10.2	256291.2	859.3	14987.5
浙江	Zhejiang	1.3	11.5	244084.5	196.8	14027.0
安徽	Anhui	9.1	6.5	114827.0	188.2	12062.6
福建	Fujian	10.1	59.0	82946.1	565.2	6613.6
江西	Jiangxi	18.3	6.9	117785.8	430.1	8674.6
山东	Shandong	8.7	2.0	295127.6	499.1	15441.3
河南	Henan	16.3	8.4	295573.6	464.5	23130.3
湖北	Hubei	24.6	19.1	165199.3	539.3	14932.8
湖南	Hunan	38.0	25.1	187885.9	430.6	17448.7
广东	Guangdong	6.6	10.6	234412.2	427.4	10614.4
广西	Guangxi	20.9	17.9	492677.7	269.5	14491.5
海南	Hainan			9233.0	1.0	512.6
重庆	Chongqing	1.4	0.4	86549.0	221.2	5440.1
四川	Sichuan	9.6	0.8	250817.5	372.8	16439.9
贵州	Guizhou	0.2	0.6	16039.5	102.5	705.7
云南	Yunnan	2.7	4.6	89323.0	65.9	3774.0
西藏	Tibet			1134.5		3.3
陕西	Shaanxi	2.5	9.1	121395.4	321.6	7331.3
甘肃	Gansu	4.1	1.2	45060.6	154.8	7569.9
青海	Qinghai	0.4		44713.6	38.0	2271.0
宁夏	Ningxia	196.3	1.3	92800.5	145.2	8910.1
新疆	Xinjiang	16.1	6.5	162863.9	248.1	6257.3

2-11 续表 3 continued

单位：万吨 (10000 tons)

地 区	Region	生活污水排放量 Household Waste Water Dischaeged		
		污水排放量 Waste Water	化学需氧量 COD	氨 氮 Ammonia Nitrogen
全 国	**National Total**	**3797830**	**803.29**	**93.01**
北 京	Beijing	128217	8.71	1.17
天 津	Tianjin	48516	10.98	1.66
河 北	Hebei	148311	32.81	3.63
山 西	Shanxi	68418	19.54	2.97
内蒙古	Inner Mongolia	53012	18.38	3.37
辽 宁	Liaoning	146668	33.98	4.70
吉 林	Jilin	75775	22.11	2.68
黑龙江	Heilongjiang	79654	33.20	3.81
上 海	Shanghai	211554	19.82	2.43
江 苏	Jiangsu	291740	53.17	4.80
浙 江	Zhejiang	177402	24.27	2.57
安 徽	Anhui	113729	29.63	3.22
福 建	Fujian	114334	28.97	2.32
江 西	Jiangxi	88135	31.33	2.59
山 东	Shandong	228115	32.54	5.10
河 南	Henan	208273	32.41	4.94
湖 北	Hubei	176162	40.71	4.65
湖 南	Hunan	172505	61.02	5.78
广 东	Guangdong	535947	62.40	9.63
广 西	Guangxi	147419	44.42	3.29
海 南	Hainan	30907	8.31	0.72
重 庆	Chongqing	82933	14.80	1.97
四 川	Sichuan	162651	49.00	4.42
贵 州	Guizhou	46693	19.19	1.58
云 南	Yunnan	61066	17.90	1.70
西 藏	Tibet	3089	2.77	0.18
陕 西	Shaanxi	70186	18.63	2.50
甘 肃	Gansu	35889	12.25	1.60
青 海	Qinghai	13578	3.84	0.60
宁 夏	Ningxia	18676	2.89	0.40
新 疆	Xinjiang	58277	13.32	2.04

2-11 续表 4 continued

地 区	Region	废水治理设施数（套）Number of Facilities for Treatment of Waste Water (set)	废水治理设施处理能力（万吨/日）Facilities for Treatment of Capacity of Waste Water (10000 tons/day)	本年运行费用（万元）Annual Expenditure for Operation (10000 yuan)
全 国	**National Total**	**80332**	**24762**	**5453464**
北 京	Beijing	481	170	68059
天 津	Tianjin	912	273	69321
河 北	Hebei	4008	2750	388592
山 西	Shanxi	2633	798	200390
内蒙古	Inner Mongolia	956	465	69555
辽 宁	Liaoning	2793	1331	271325
吉 林	Jilin	659	234	51562
黑龙江	Heilongjiang	1192	940	140588
上 海	Shanghai	1749	510	157318
江 苏	Jiangsu	6973	1801	549108
浙 江	Zhejiang	8214	1265	437506
安 徽	Anhui	2084	1064	184235
福 建	Fujian	3153	1135	126817
江 西	Jiangxi	2014	597	129042
山 东	Shandong	5142	1864	487353
河 南	Henan	3105	933	208840
湖 北	Hubei	2093	1037	137920
湖 南	Hunan	3155	1198	129125
广 东	Guangdong	9651	1394	516684
广 西	Guangxi	2405	1455	123368
海 南	Hainan	278	40	43135
重 庆	Chongqing	1498	221	56492
四 川	Sichuan	4437	990	328447
贵 州	Guizhou	1755	539	137058
云 南	Yunnan	2044	738	94573
西 藏	Tibet	16	1	234
陕 西	Shaanxi	4827	373	89129
甘 肃	Gansu	672	148	32770
青 海	Qinghai	103	40	7806
宁 夏	Ningxia	359	145	47493
新 疆	Xinjiang	971	313	169622

2-11 续表 5 continued

单位：吨 (ton)

地 区	Region	工业废水中污染物去除量 Amount of Pollutants Removed from Industrial Waste Water 挥发酚 Volatile Hydroxy-benzene	氰化物 Cyanide	化学需氧量 COD	石油类 Petroleum	氨 氮 Ammonia Nitrogen
全 国	**National Total**	**73272**	**7206**	**14153851**	**354247**	**826488**
北 京	Beijing	651	47	37491	1336	1253
天 津	Tianjin	37		52378	465	1058
河 北	Hebei	5367	538	731674	11239	24733
山 西	Shanxi	5440	1080	154929	2127	16800
内蒙古	Inner Mongolia	3031	202	370256	916	10613
辽 宁	Liaoning	14826	58	355816	6158	32034
吉 林	Jilin	1409	18	230460	1517	3539
黑龙江	Heilongjiang	6448	150	379427	154242	44365
上 海	Shanghai	778	44	260219	14538	7319
江 苏	Jiangsu	4147	401	1274487	26625	56460
浙 江	Zhejiang	485	1320	1495056	25607	77097
安 徽	Anhui	2864	421	416933	6702	74375
福 建	Fujian	408	147	794498	6507	50062
江 西	Jiangxi	2217	315	141829	9744	11588
山 东	Shandong	5117	283	2317429	23047	175866
河 南	Henan	10666	141	1049373	11768	26468
湖 北	Hubei	1500	119	378739	8579	12607
湖 南	Hunan	1552	175	459033	3047	14957
广 东	Guangdong	307	1020	744643	4543	39350
广 西	Guangxi	685	238	882018	1350	8423
海 南	Hainan			89942	154	1178
重 庆	Chongqing	1035	18	126030	886	6289
四 川	Sichuan	699	14	326681	977	7212
贵 州	Guizhou	133	330	58236	281	1029
云 南	Yunnan	543	19	311131	21853	17378
西 藏	Tibet			41		2
陕 西	Shaanxi	114	14	244318	4191	9133
甘 肃	Gansu	71	2	53804	1466	6549
青 海	Qinghai			6159	654	59
宁 夏	Ningxia	1272	14	244601	1523	60444
新 疆	Xinjiang	1470	76	166220	2206	28251

2-12 各行业工业废水排放及处理情况(2010年)
Discharge and Treatment of Industrial Waste Water by Sector (2010)

单位：万吨 (10000 tons)

行　业	Sector	汇总工业企业数(个) Number of Industrial Enterprises (unit)	工业废水排放总量 Total Volume of Industrial Waste Water Discharge	工业废水排放达标量 Industrial Waste Water Metting Discharge Standards
行业总计	**Total**	**112798**	**2118585**	**2030907**
煤炭开采和洗选业	Mining and Washing of Coal	4623	104765	97542
石油和天然气开采业	Extraction of Petroleum and Natural Gas	228	11555	11530
黑色金属矿采选业	Mining and Processing of Ferrous Metal Ores	1232	15353	14002
有色金属矿采选业	Mining and Processing of Non-ferrous Metal Ores	1679	38852	36001
非金属矿采选业	Mining and Processing of Nonmetal Ores	763	7683	7313
其他采矿业	Mining of Other Ores	78	375	356
农副食品加工业	Processing of Food from Agricultural Products	8132	143100	131538
食品制造业	Manufacture of Foods	3683	54549	50304
饮料制造业	Manufacture of Beverages	2968	75519	70859
烟草制品业	Manufacture of Tobacco	158	2673	2631
纺织业	Manufacture of Textile	7891	245470	239135
纺织服装、鞋、帽制造业	Manufacture of Textile Wearing Apparel, Footware, and Caps	1063	12039	11613
皮革、毛皮、羽毛(绒)及其制品业	Manufacture of Leather, Fur, Feather and Related Products	1537	28173	26527
木材加工及木、竹、藤、棕、草制品业	Processing of Timber, Manufacture of Wood, Bamboo,Rattan, Palm, and Straw Products	1797	5036	4608
家具制造业	Manufacture of Furniture	487	2146	2114
造纸及纸制品业	Manufacture of Paper and Paper Products	5570	393699	378019
印刷业和记录媒介的复制	Printing,Reproduction of Recording Media	436	1578	1524
文教体育用品制造业	Manufacture of Articles for Culture, Education and Sport Activity	238	1071	1033
石油加工、炼焦及核燃料加工业	Processing of Petroleum, Coking, Processing of Nuclear Fuel	1139	70024	68700
化学原料及化学制品制造业	Manufacture of Raw Chemical Materials and Chemical Products	10157	309006	296943

2-12 续表 1 continued

单位：万吨 (10000 tons)

行 业	Sector	汇总工业企业数(个) Number of Industrial Enterprises (unit)	工业废水排放总量 Total Volume of Industrial Waste Water Discharge	工业废水排放达标量 Industrial Waste Water Metting Discharge Standards
医药制造业	Manufacture of Medicines	2920	52606	51247
化学纤维制造业	Manufacture of Chemical Fibers	370	42371	40131
橡胶制品业	Manufacture of Rubber	825	7042	6931
塑料制品业	Manufacture of Plastics	1354	4962	4743
非金属矿物制品业	Manufacture of Non-metallic Mineral Products	23328	32313	30314
黑色金属冶炼及压延加工业	Smelting and Pressing of Ferrous Metals	3513	116948	114992
有色金属冶炼及压延加工业	Smelting and Pressing of Non-ferrous Metals	2722	31118	29906
金属制品业	Manufacture of Metal Products	6221	30152	28962
通用设备制造业	Manufacture of General Purpose Machinery	3660	13055	12638
专用设备制造业	Manufacture of Special Purpose Machinery	1251	9714	9440
交通运输设备制造业	Manufacture of Transport Equipment	2388	26219	25347
电气机械及器材制造业	Manufacture of Electrical Machinery and Equipment	1725	11652	10984
通信设备、计算机及其他电子设备制造业	Manufacture of Communication Equipment, Computers and Other Electronic Equipment	1862	35965	35427
仪器仪表及文化、办公用机械制造业	Manufacture of Measuring Instruments and Machinery for Cultural Activity and Office Work	400	4965	4908
工艺品及其他制造业	Manufacture of Artwork and Other Manufacturing	680	2559	2390
废弃资源和废旧材料回收加工业	Recycling and Disposal of Waste	221	1147	1030
电力、热力的生产和供应业	Production and Distribution of Electric Power and Heat Power	4132	129624	127132
燃气生产和供应业	Production and Distribution of Gas	92	1931	1782
水的生产和供应业	Production and Distribution of Water	205	31189	30908
其它行业	Other Sectors	1070	10387	9406

2-12 续表 2 continued

单位：吨 (ton)

行　业	Sector	工业废水中污染物排放量 Amount of Pollutants Discharged in Industrial Waste Water				
		汞 Mercury	镉 Cadmium	六价铬 Hexavalent Chrome	铅 Lead	砷 Arsenic
行业总计	**Total**	**1.047**	**30.129**	**54.804**	**140.805**	**118.092**
煤炭开采和洗选业	Mining and Washing of Coal		0.001	0.053	0.014	0.153
石油和天然气开采业	Extraction of Petroleum and Natural Gas	0.003				
黑色金属矿采选业	Mining and Processing of Ferrous Metal Ores		0.161	0.097	4.519	0.639
有色金属矿采选业	Mining and Processing of Non-ferrous Metal Ores	0.185	11.891	1.563	86.741	42.904
非金属矿采选业	Mining and Processing of Nonmetal Ores	0.010	0.033	0.541	0.504	0.490
其他采矿业	Mining of Other Ores					
农副食品加工业	Processing of Food from Agricultural Products	0.016	0.015	0.176	0.070	0.026
食品制造业	Manufacture of Foods			0.003		
饮料制造业	Manufacture of Beverages					
烟草制品业	Manufacture of Tobacco					
纺织业	Manufacture of Textile	0.001	0.033	0.814	0.102	0.003
纺织服装、鞋、帽制造业	Manufacture of Textile Wearing Apparel, Footware, and Caps			0.039		
皮革、毛皮、羽毛(绒)及其制品业	Manufacture of Leather, Fur, Feather and Related Products		0.800	7.237	0.001	
木材加工及木、竹、藤、棕、草制品业	Processing of Timber, Manufacture of Wood, Bamboo, Rattan, Palm, and Straw Products				0.069	
家具制造业	Manufacture of Furniture		0.001	0.003		
造纸及纸制品业	Manufacture of Paper and Paper Products			0.062	0.006	0.006
印刷业和记录媒介的复制	Printing,Reproduction of Recording Media		0.002	0.034		
文教体育用品制造业	Manufacture of Articles for Culture, Education and Sport Activity			0.122	0.003	
石油加工、炼焦及核燃料加工业	Processing of Petroleum, Coking, Processing of Nuclear Fuel	0.008	0.108	0.287	0.597	0.425
化学原料及化学制品制造业	Manufacture of Raw Chemical Materials and Chemical Products	0.167	3.776	1.911	3.751	48.367
医药制造业	Manufacture of Medicines			0.007	0.002	0.075

2-12 续表 3 continued

单位：吨 (ton)

行业	Sector	工业废水中污染物排放量 Amount of Pollutants Discharged in Industrial Waste Water				
		汞 Mercury	镉 Cadmium	六价铬 Hexavalent Chrome	铅 Lead	砷 Arsenic
化学纤维制造业	Manufacture of Chemical Fibers			0.002		
橡胶制品业	Manufacture of Rubber			0.006		
塑料制品业	Manufacture of Plastics		0.002	0.043	0.013	
非金属矿物制品业	Manufacture of Non-metallic Mineral Products		0.025	1.175	0.478	0.006
黑色金属冶炼及压延加工业	Smelting and Pressing of Ferrous Metals	0.299	0.458	4.152	8.386	0.967
有色金属冶炼及压延加工业	Smelting and Pressing of Non-ferrous Metals	0.331	12.259	2.724	28.546	23.508
金属制品业	Manufacture of Metal Products		0.239	21.761	0.919	0.318
通用设备制造业	Manufacture of General Purpose Machinery		0.038	3.069	0.113	0.093
专用设备制造业	Manufacture of Special Purpose Machinery	0.018	0.012	2.805	0.350	0.006
交通运输设备制造业	Manufacture of Transport Equipment	0.004	0.098	3.020	0.171	0.002
电气机械及器材制造业	Manufacture of Electrical Machinery and Equipment	0.001	0.056	0.991	3.324	0.003
通信设备、计算机及其他电子设备制造业	Manufacture of Communication Equipment, Computers and Other Electronic Equipment	0.001	0.089	1.520	1.965	0.043
仪器仪表及文化、办公用机械制造业	Manufacture of Measuring Instruments and Machinery for Cultural Activity and Office Work		0.011	0.274	0.072	0.010
工艺品及其他制造业	Manufacture of Artwork and Other Manufacturing		0.008	0.132	0.042	
废弃资源和废旧材料回收加工业	Recycling and Disposal of Waste		0.014	0.001	0.014	
电力、热力的生产和供应业	Production and Distribution of Electric Power and Heat Power	0.004		0.027	0.033	0.015
燃气生产和供应业	Production and Distribution of Gas					
水的生产和供应业	Production and Distribution of Water			0.114		0.033
其它行业	Other Sectors			0.040		

2-12 续表 4 continued

单位：吨 (ton)

行业	Sector	工业废水中污染物排放量 Amount of Pollutants Discharged in Industrial Waste Water				
		挥发酚 Volatile Hydroxy-benzene	氰化物 Cyanide	化学需氧量 COD	石油类 Petroleum	氨氮 Ammonia Nitrogen
行业总计	**Total**	**1134.698**	**241.8**	**3656347**	**10139.3**	**245372.3**
煤炭开采和洗选业	Mining and Washing of Coal	260.134	1.8	100174	858.2	5669.4
石油和天然气开采业	Extraction of Petroleum and Natural Gas	7.120	0.1	32593	408.7	1001.6
黑色金属矿采选业	Mining and Processing of Ferrous Metal Ores	0.011		10031	24.7	1797.9
有色金属矿采选业	Mining and Processing of Non-ferrous Metal Ores	0.954	2.4	32177	24.4	1553.3
非金属矿采选业	Mining and Processing of Nonmetal Ores	2.01		8361	9.1	363.9
其他采矿业	Mining of Other Ores			342		12.1
农副食品加工业	Processing of Food from Agricultural Products	2.035	8.4	495715	114.1	21090.8
食品制造业	Manufacture of Foods	1.843		124750	195.4	8375.7
饮料制造业	Manufacture of Beverages	0.612	0.6	219010	50.7	8407.4
烟草制品业	Manufacture of Tobacco	0.007		3485	6.0	185.8
纺织业	Manufacture of Textile	3.993		300608	142.5	17409.7
纺织服装、鞋、帽制造业	Manufacture of Textile Wearing Apparel, Footware, and Caps	0.833		13189	8.2	754.7
皮革、毛皮、羽毛(绒)及其制品业	Manufacture of Leather, Fur, Feather and Related Products	0.308		64325	95.9	5065.6
木材加工及木、竹、藤、棕、草制品业	Processing of Timber, Manufacture of Wood, Bamboo, Rattan, Palm, and Straw Products	0.634		10820	8.4	454.2
家具制造业	Manufacture of Furniture	0.001		4438	5.5	110.2
造纸及纸制品业	Manufacture of Paper and Paper Products	42.947	0.1	952200	187.3	24999.7
印刷业和记录媒介的复制	Printing,Reproduction of Recording Media	0.787		1600	23.8	121.6
文教体育用品制造业	Manufacture of Articles for Culture, Education and Sport Activity	0.004	0.2	918	7.0	82.1
石油加工、炼焦及核燃料加工业	Processing of Petroleum, Coking, Processing of Nuclear Fuel	617.427	22.9	81719	1388.0	7706.3
化学原料及化学制品制造业	Manufacture of Raw Chemical Materials and Chemical Products	93.325	88.5	446907	1705.7	76031.7

2-12 续表 5 continued

单位：吨 (ton)

行业	Sector	工业废水中污染物排放量 Amount of Pollutants Discharged in Industrial Waste Water				
		挥发酚 Volatile Hydroxy-benzene	氰化物 Cyanide	化学需氧量 COD	石油类 Petroleum	氨氮 Ammonia Nitrogen
医药制造业	Manufacture of Medicines	23.296	0.1	108353	182.0	6807.0
化学纤维制造业	Manufacture of Chemical Fibers	1.827	2.3	125048	176.8	3882.2
橡胶制品业	Manufacture of Rubber	0.005		8043	30.3	530.1
塑料制品业	Manufacture of Plastics	0.007		7276	11.1	541.2
非金属矿物制品业	Manufacture of Non-metallic Mineral Products	7.003	1.5	31162	167.8	2028.4
黑色金属冶炼及压延加工业	Smelting and Pressing of Ferrous Metals	45.758	35.8	106492	1774.0	8575.4
有色金属冶炼及压延加工业	Smelting and Pressing of Non-ferrous Metals	5.178	0.6	29628	290.7	6762.3
金属制品业	Manufacture of Metal Products	0.692	39.1	25307	293.2	1889.2
通用设备制造业	Manufacture of General Purpose Machinery	0.439	0.5	14925	356.9	996.0
专用设备制造业	Manufacture of Special Purpose Machinery	0.586	0.1	10225	157.5	925.2
交通运输设备制造业	Manufacture of Transport Equipment	0.994	30.4	53823	721.0	2605.8
电气机械及器材制造业	Manufacture of Electrical Machinery and Equipment	0.665	0.6	12770	124.5	727.9
通信设备、计算机及其他电子设备制造业	Manufacture of Communication Equipment, Computers and Other Electronic Equipment	1.056	3.2	28572	119.3	2738.1
仪器仪表及文化、办公用机械制造业	Manufacture of Measuring Instruments and Machinery for Cultural Activity and Office Work	0.023	0.1	4020	32.1	383.2
工艺品及其他制造业	Manufacture of Artwork and Other Manufacturing	3.876	0.2	3311	6.8	171.2
废弃资源和废旧材料回收加工业	Recycling and Disposal of Waste			1553	0.8	86.9
电力、热力的生产和供应业	Production and Distribution of Electric Power and Heat Power	2.242	0.1	54844	304.4	4677.9
燃气生产和供应业	Production and Distribution of Gas	1.219	1.4	2721	7.7	954.6
水的生产和供应业	Production and Distribution of Water	4.809	0.7	25441	106.4	969.5
其它行业	Other Sectors	0.039		99475	12.5	17926.4

2-12 续表 6 continued

单位：吨 (ton)

行业	Sector	工业废水中污染物去除量 Amount of Pollutants Removed from Industrial Waste Water				
		挥发酚 Volatile Hydroxy-benzene	氰化物 Cyanide	化学需氧量 COD	石油类 Petroleum	氨氮 Ammonia Nitrogen
行业总计	**Total**	**73271.7**	**7206.4**	**14153841**	**354246.6**	**826486.7**
煤炭开采和洗选业	Mining and Washing of Coal	16.5	2.1	136902	839.6	2304.3
石油和天然气开采业	Extraction of Petroleum and Natural Gas	117.9	0.1	123759	172504.0	5869.7
黑色金属矿采选业	Mining and Processing of Ferrous Metal Ores	13434.3		62730	292.8	46.9
有色金属矿采选业	Mining and Processing of Non-Ferrous Metal Ores	1.3	278.6	105590	14.6	1910.4
非金属矿采选业	Mining and Processing of Nonmetal Ores			16862	49.1	416.0
其他采矿业	Mining of Other Ores			925		8.7
农副食品加工业	Processing of Food from Agricultural Products	4.7	6.7	1633059	185.8	34943.6
食品制造业	Manufacture of Foods	0.1	0.6	611459	128.5	47592.7
饮料制造业	Manufacture of Beverages	0.6		1094976	54.9	14013.4
烟草制品业	Manufacture of Tobacco			11947	4.7	82.1
纺织业	Manufacture of Textile	37.0	7.0	1439893	85.5	31919.4
纺织服装、鞋、帽制造业	Manufacture of Textile Wearing Apparel, Footware, and Caps	0.1		48921	2.8	1265.9
皮革、毛皮、羽毛(绒)及其制品业	Manufacture of Leather, Fur, Feather and Related Products	2.3		334119	273.7	12133.9
木材加工及木、竹、藤、棕、草制品业	Processing of Timber, Manufacture of Wood, Bamboo, Rattan, Palm, and Straw Products	3.4		19058	6.1	430.6
家具制造业	Manufacture of Furniture			10695	22.1	79.9
造纸及纸制品业	Manufacture of Paper and Paper Products	33.9	0.2	4459122	165.6	24989.0
印刷业和记录媒介的复制	Printing,Reproduction of Recording Media	0.1		2873	59.3	119.2
文教体育用品制造业	Manufacture of Articles for Culture, Education and Sport Activity	0.4	6.1	1284	21.4	84.1
石油加工、炼焦及核燃料加工业	Processing of Petroleum, Coking, Processing of Nuclear Fuel	20398.2	1461.5	486362	98029.9	150595.6
化学原料及化学制品制造业	Manufacture of Raw Chemical Materials and Chemical Products	4821.7	1368.0	1418349	28846.5	382911.3

2-12 续表 7 continued

单位：吨 (ton)

行业	Sector	工业废水中污染物去除量 Amount of Pollutants Removed from Industrial Waste Water				
		挥发酚 Volatile Hydroxy-benzene	氰化物 Cyanide	化学需氧量 COD	石油类 Petroleum	氨氮 Ammonia Nitrogen
医药制造业	Manufacture of Medicines	180.0	7.4	684601	4257.1	41612.8
化学纤维制造业	Manufacture of Chemical Fibers	0.4	12.8	306474	470.4	4238.3
橡胶制品业	Manufacture of Rubber			13212	46.3	270.9
塑料制品业	Manufacture of Plastics		0.4	14772	10.3	674.5
非金属矿物制品业	Manufacture of Non-metallic Mineral Products	17.6	3.9	51725	660.8	1466.3
黑色金属冶炼及压延加工业	Smelting and Pressing of Ferrous Metals	32813.6	1490.8	490313	38917.9	22145.0
有色金属冶炼及压延加工业	Smelting and Pressing of Non-ferrous Metals	3.9	125.4	40519	632.8	17383.4
金属制品业	Manufacture of Metal Products	1.6	2112.9	58969	1222.5	1997.4
通用设备制造业	Manufacture of General Purpose Machinery	240.2	48.8	18855	437.4	1886.2
专用设备制造业	Manufacture of Special Purpose Machinery	3.0	2.5	16844	258.0	592.9
交通运输设备制造业	Manufacture of Transport Equipment	3.3	29.5	63656	3071.7	4491.6
电气机械及器材制造业	Manufacture of Electrical Machinery and Equipment	2.6	16.4	26523	422.5	588.2
通信设备、计算机及其他电子设备制造业	Manufacture of Communication Equipment, Computers and Other Electronic Equipment	1.9	95.9	81994	413.5	4901.2
仪器仪表及文化、办公用机械制造业	Manufacture of Measuring Instruments and Machinery for Cultural Activity and Office Work	0.3	2.7	9075	48.5	401.4
工艺品及其他制造业	Manufacture of Artwork and Other Manufacturing	0.5	17.8	9711	31.3	186.8
废弃资源和废旧材料回收加工业	Recycling and Disposal of Waste			3797	7.4	134.3
电力、热力的生产和供应业	Production and Distribution of Electric Power and Heat Power	18.8	0.2	86776	420.3	3811.2
燃气生产和供应业	Production and Distribution of Gas	756.9	27.4	10519	49.1	540.3
水的生产和供应业	Production and Distribution of Water	354.7	80.8	108336	1240.5	2678.2
其它行业	Other Sectors		0.2	38286	41.7	4769.0

2-12 续表 8 continued

行业	Sector	废水治理设施数(套) Facilities for Treatment of Waste Water (set)	废水治理设施处理能力(万吨/日) Capacity of Facilities for Treatment of Waste Water (10000 tons/day)	本年运行费用(万元) Annual Expenditure for Operation (10000 yuan)
行业总计	**Total**	**80331**	**24762.2**	**5453456.4**
煤炭开采和洗选业	Mining and Washing of Coal	3605	1395.2	139888.1
石油和天然气开采业	Extraction of Petroleum and Natural Gas	826	390.4	174405.4
黑色金属矿采选业	Mining and Processing of Ferrous Metal Ores	1116	899.2	65609.8
有色金属矿采选业	Mining and Processing of Non-ferrous Metal Ores	1782	427.9	86047.6
非金属矿采选业	Mining and Processing of Nonmetal Ores	506	85.7	12228.8
其他采矿业	Mining of Other Ores	40	4.1	991.0
农副食品加工业	Processing of Food from Agricultural Products	4859	888.5	140389.8
食品制造业	Manufacture of Foods	2486	275.2	185701.2
饮料制造业	Manufacture of Beverages	1931	369.4	102276.5
烟草制品业	Manufacture of Tobacco	126	14.4	4090.0
纺织业	Manufacture of Textile	7458	1073.8	401227.7
纺织服装、鞋、帽制造业	Manufacture of Textile Wearing Apparel, Footware, and Caps	633	66.6	19463.5
皮革、毛皮、羽毛(绒)及其制品业	Manufacture of Leather, Fur, Feather and Related Products	1169	128.2	55946.5
木材加工及木、竹、藤、棕、草制品业	Processing of Timber, Manufacture of Wood, Bamboo, Rattan, Palm, and Straw Products	577	19.3	6306.4
家具制造业	Manufacture of Furniture	145	5.3	2655.0
造纸及纸制品业	Manufacture of Paper and Paper Products	5551	2548.2	649143.8
印刷业和记录媒介的复制	Printing,Reproduction of Recording Media	170	5.0	4590.8
文教体育用品制造业	Manufacture of Articles for Culture, Education and Sport Activity	140	3.5	1911.1
石油加工、炼焦及核燃料加工业	Processing of Petroleum, Coking, Processing of Nuclear Fuel	1796	355.8	368473.9
化学原料及化学制品制造业	Manufacture of Raw Chemical Materials and Chemical Products	9874	3115.6	651898.3

2-12 续表 9 continued

行业	Sector	废水治理设施数（套）Facilities for Treatment of Waste Water (set)	废水治理设施处理能力（万吨/日）Capacity of Facilities for Treatment of Waste Water (10000 tons/day)	本年运行费用（万元）Annual Expenditure for Operation (10000 yuan)
医药制造业	Manufacture of Medicines	2565	158.9	129512.4
化学纤维制造业	Manufacture of Chemical Fibers	389	177.2	84688.3
橡胶制品业	Manufacture of Rubber	359	61.7	10840.1
塑料制品业	Manufacture of Plastics	561	14.8	9393.0
非金属矿物制品业	Manufacture of Non-metallic Mineral Products	4782	424.8	96789.8
黑色金属冶炼及压延加工业	Smelting and Pressing of Ferrous Metals	4294	9298.3	959773.9
有色金属冶炼及压延加工业	Smelting and Pressing of Non-ferrous Metals	2228	428.3	196851.1
金属制品业	Manufacture of Metal Products	5086	180.8	143827.7
通用设备制造业	Manufacture of General Purpose Machinery	1418	49.5	28403.2
专用设备制造业	Manufacture of Special Purpose Machinery	782	189.2	15197.6
交通运输设备制造业	Manufacture of Transport Equipment	2040	84.8	122093.1
电气机械及器材制造业	Manufacture of Electrical Machinery and Equipment	1318	44.4	30385.5
通信设备、计算机及其他电子设备制造业	Manufacture of Communication Equipment, Computers and Other Electronic Equipment	2065	202.5	154387.4
仪器仪表及文化、办公用机械制造业	Manufacture of Measuring Instruments and Machinery for Cultural Activity and Office Work	347	19.6	10634.6
工艺品及其他制造业	Manufacture of Artwork and Other Manufacturing	452	10.9	7245.0
废弃资源和废旧材料回收加工业	Recycling and Disposal of Waste	107	4.9	4804.4
电力、热力的生产和供应业	Production and Distribution of Electric Power and Heat Power	6120	1201.9	269954.8
燃气生产和供应业	Production and Distribution of Gas	58	5.2	5935.1
水的生产和供应业	Production and Distribution of Water	109	113.8	52872.6
其它行业	Other Sectors	461	19.5	46621.6

2-13 主要城市工业废水排放及处理情况(2010年)

Discharge and Treatment of Industrial Waste Water in Major Cities (2010)

城 市	City	工业废水排放总量(万吨) Total Volume of Industrial Waste Water Discharged (ton)	工业废水排放达标量(万吨) Industrial Waste Water Meeting Discharge Standards (ton)	工业废水中氨氮排放量(吨) Amount of Ammonia Nitrogen in Industrial Waste Water (ton)
北 京	Beijing	8198	8096	392
天 津	Tianjin	19680	19671	3197
石家庄	Shijiazhuang	19254	19114	4018
太 原	Taiyuan	2557	2490	582
呼和浩特	Hohhot	2637	2637	369
沈 阳	Shenyang	6141	5913	1043
长 春	Changchun	5815	5597	486
哈尔滨	Harbin	3283	3216	344
上 海	Shanghai	36696	35973	3192
南 京	Nanjing	33784	32164	1233
杭 州	Hangzhou	80468	77957	1559
合 肥	Hefei	3290	3167	251
福 州	Fuzhou	4933	4684	513
南 昌	Nanchang	10534	9928	1342
济 南	Jinan	5594	5576	428
郑 州	Zhengzhou	13484	13234	432
武 汉	Wuhan	22465	22286	1299
长 沙	Changsha	4343	3961	257
广 州	Guangzhou	23586	22783	1006
南 宁	Nanning	12426	11866	1184
海 口	Haikou	513	513	11
重 庆	Chongqing	45180	42798	5440
成 都	Chengdu	12259	12234	9307
贵 阳	Guiyang	2380	2280	82
昆 明	Kunming	3225	3225	165
拉 萨	Lhasa	492	217	3
西 安	Xi'an	12330	11800	2413
兰 州	Lanzhou	2529	2406	210
西 宁	Xining	4052	3607	1108
银 川	Yinchuan	5894	5864	1845
乌鲁木齐	Urumqi	5174	4039	1204

2-13 续表 continued

单位：吨 (ton)

城市	City	工业废水中化学需氧量排放量 Amount of COD in Industrial Waste Water	生活污水中化学需氧量排放量 Amount of COD in Household Waste Water	废水治理设施数（套）Facilities for Treatment of Waste Water (set)	废水治理设施本年运行费用（万元）Annual Expenditure for Operation (10000 yuan)
北京	Beijing	4882	87115	481	68058.5
天津	Tianjin	22218	109751	912	69321.1
石家庄	Shijiazhuang	40855	78722	905	60323.7
太原	Taiyuan	4722	22659	230	50670.8
呼和浩特	Hohhot	2853	34148	56	7957.1
沈阳	Shenyang	10732	57868	341	18178.9
长春	Changchun	31815	32179	116	5809.1
哈尔滨	Harbin	10914	68116	189	19656.2
上海	Shanghai	21575	198225	1749	157318.3
南京	Nanjing	26120	94803	708	97166.0
杭州	Hangzhou	87312	33900	1161	92510.4
合肥	Hefei	4009	27823	196	9428.6
福州	Fuzhou	4511	44853	410	21698.0
南昌	Nanchang	24142	32007	219	13041.5
济南	Jinan	8816	38537	230	25586.6
郑州	Zhengzhou	13252	36174	368	16147.2
武汉	Wuhan	19645	125422	251	31663.6
长沙	Changsha	4904	42874	266	4411.0
广州	Guangzhou	21027	73964	1012	62139.3
南宁	Nanning	66507	57928	351	18092.6
海口	Haikou	350	11284	33	1509.1
重庆	Chongqing	86549	147983	1498	56491.5
成都	Chengdu	47468	70872	1203	85280.5
贵阳	Guiyang	1707	47893	298	11220.1
昆明	Kunming	3127	11683	517	21949.8
拉萨	Lhasa	411		13	158.2
西安	Xi'an	35526	61211	346	12907.1
兰州	Lanzhou	3203	43597	81	9462.7
西宁	Xining	15934	18486	70	4927.4
银川	Yinchuan	14834	9309	82	12738.3
乌鲁木齐	Urumqi	7199	16215	82	10621.8

2-14 沿海城市工业废水排放及处理情况(2010年)

Discharge and Treatment of Industrial Waste Water in Coastal Cities (2010)

单位：万吨 (10000 tons)

城　市	City	工业废水排放总量 Total Volume of Industrial Waste Water Discharged	#直接排入海的 Direct Discharge into Sea	工业废水排放达标量 Industrial Waste Water Meeting Discharge Standards	工业废水中氨氮排放量(吨) Amount of Ammonia Nitrogen in Industrial Waste Water (ton)
天　津	Tianjin	19680	469	19671	3197
秦皇岛	Qinhuangdao	5608	177	5608	304
大　连	Dalian	27421	22754	26076	544
上　海	Shanghai	36696	2009	35973	3192
连云港	Lianyungang	3538	351	3473	299
宁　波	Ningbo	18967	8328	18108	1366
温　州	Wenzhou	17008	239	16311	1285
福　州	Fuzhou	4933	155	4684	513
厦　门	Xiamen	4457	228	4456	269
青　岛	Qingdao	10800	2714	10591	786
烟　台	Yantai	8386	2424	8386	762
深　圳	Shenzhen	9001	563	8676	402
珠　海	Zhuhai	6124	65	6004	542
汕　头	Shantou	6150	163	5219	533
湛　江	Zhanjiang	5355	206	4301	530
北　海	Beihai	1369	62	1308	704
海　口	Haikou	513		513	11

2-14 续表 continued

单位：吨 (ton)

城　市	City	工业废水中化学需氧量排放量 Amount of COD in Industrial Waste Water	生活污水中化学需氧量排放量 Amount of COD in Household Waste Water	废水治理设施数(套) Facilities for Treatment of Waste Water (set)	废水治理设施本年运行费用(万元) Annual Expenditure for Operation (10000 yuan)
天　津	Tianjin	22218	109751	912	69321.1
秦皇岛	Qinhuangdao	6688	11563	207	12845.3
大　连	Dalian	14993	35508	294	4205.9
上　海	Shanghai	21575	198225	1749	157318.3
连云港	Lianyungang	4206	29693	203	14468.7
宁　波	Ningbo	20664	20348	884	80042.0
温　州	Wenzhou	26249	77376	1133	28737.3
福　州	Fuzhou	4511	44853	410	21698.0
厦　门	Xiamen	2317	44433	303	10767.5
青　岛	Qingdao	14758	31875	504	33013.4
烟　台	Yantai	15255	26719	464	20583.6
深　圳	Shenzhen	4296	17933	1530	75980.6
珠　海	Zhuhai	7125	19333	377	18701.4
汕　头	Shantou	9983	56600	352	12630.8
湛　江	Zhanjiang	13018	43330	268	6692.7
北　海	Beihai	14632	25129	56	1806.8
海　口	Haikou	350	11284	33	1509.1

2-15 各地区医疗废水排放及处理情况(2010年)
Discharge and Treatment of Medical Waste Water by Region (2010)

单位: 万吨 (10000 tons)

地 区	Region	医疗用水量 Total Amount of Medical Water Use	医疗废水排放量 Medical Waste Water Discharged	#达标排放量 Meeting Discharge Standards	医疗废水中COD排放量(吨) Amount of COD in Medical Waste Water (ton)	医疗废水中氨氮排放量(吨) Amount of Ammonia Nitrogen in Medical Waste Water (ton)
全 国	**National Total**	**61619.4**	**45202.5**	**40245.2**	**61708.8**	**7877.5**
北 京	Beijing	2201.5	1804.7	1759.0	2341.9	298.8
天 津	Tianjin	893.3	768.2	768.2	1286.9	97.3
河 北	Hebei	1740.1	1251.5	1124.0	1642.3	535.9
山 西	Shanxi	1245.1	841.4	723.6	1252.3	347.4
内蒙古	Inner Mongolia	899.3	658.6	529.2	919.8	124.5
辽 宁	Liaoning	1695.0	1338.3	1167.6	1076.0	135.6
吉 林	Jilin	797.7	637.2	523.1	922.8	87.5
黑龙江	Heilongjiang	823.5	573.0	508.0	942.5	42.1
上 海	Shanghai	3141.6	2739.8	2594.2	1960.5	625.8
江 苏	Jiangsu	4633.1	3566.1	3485.1	6988.2	355.2
浙 江	Zhejiang	3424.3	2691.0	2628.4	1681.5	450.2
安 徽	Anhui	2392.3	1771.5	1496.4	2905.9	258.2
福 建	Fujian	1785.3	1409.1	1247.2	1553.9	189.6
江 西	Jiangxi	2317.4	1499.4	1319.0	1646.2	182.3
山 东	Shandong	3237.9	2432.6	2367.9	1857.8	214.8
河 南	Henan	3181.0	2483.4	2370.0	2577.0	288.0
湖 北	Hubei	2427.4	1873.9	1627.1	3418.6	335.3
湖 南	Hunan	5370.0	2662.1	2257.1	3524.6	356.3
广 东	Guangdong	6219.8	4408.8	3645.8	2964.1	495.6
广 西	Guangxi	1962.5	1542.4	1378.3	1606.7	338.0
海 南	Hainan	267.5	223.5	193.2	103.2	15.8
重 庆	Chongqing	1168.7	979.1	956.3	7093.5	218.0
四 川	Sichuan	3328.7	2417.7	2254.8	2800.8	495.6
贵 州	Guizhou	674.5	547.4	437.2	764.0	150.1
云 南	Yunnan	1397.0	942.4	706.8	1763.9	221.4
西 藏	Tibet					
陕 西	Shaanxi	1899.8	1318.5	1086.0	1697.3	184.6
甘 肃	Gansu	674.4	479.4	292.4	753.8	88.7
青 海	Qinghai	328.5	258.7	118.6	1150.7	156.5
宁 夏	Ningxia	361.0	246.2	204.6	432.9	36.0
新 疆	Xinjiang	1131.3	836.6	476.1	2079.3	552.4

2-15 续表 continued

地 区	Region	医疗废水处理量(万吨) Treatment of Medical Waste Water (10000 tons)	废水处理设施数(套) Facilities for Treatment of Medical Waste Water (set)	废水处理设施处理能力(万吨/日) Treatment Capacity of Facilities (10000 tons/day)	废水处理设施运行费用(万元) Annual Expenditure for Operation (10000 yuan)
全 国	**National Total**	**43361.1**	**9703**	**411.0**	**1011512**
北 京	Beijing	1793.2	350	10.2	3136
天 津	Tianjin	767.0	189	3.2	2447
河 北	Hebei	1212.4	363	5.7	58594
山 西	Shanxi	801.4	290	4.2	3056
内蒙古	Inner Mongolia	641.2	211	2.5	941
辽 宁	Liaoning	1299.7	362	6.3	140982
吉 林	Jilin	642.1	212	4.3	1323
黑龙江	Heilongjiang	546.8	242	3.2	11301
上 海	Shanghai	2610.6	352	149.2	3285
江 苏	Jiangsu	3465.0	451	15.3	4433
浙 江	Zhejiang	2684.7	369	11.1	29475
安 徽	Anhui	1731.6	222	7.6	2037
福 建	Fujian	1392.2	324	7.3	35247
江 西	Jiangxi	1304.9	278	5.5	24341
山 东	Shandong	2429.6	601	12.6	4388
河 南	Henan	2362.1	741	11.9	84915
湖 北	Hubei	1733.9	292	7.6	2866
湖 南	Hunan	2331.7	377	11.4	2933
广 东	Guangdong	4307.5	687	18.1	200455
广 西	Guangxi	1482.4	327	7.8	16815
海 南	Hainan	192.6	51	0.7	313
重 庆	Chongqing	975.9	283	4.1	2512
四 川	Sichuan	2383.1	814	16.9	28457
贵 州	Guizhou	512.2	190	3.8	56479
云 南	Yunnan	905.3	309	4.2	2028
西 藏	Tibet				
陕 西	Shaanxi	1260.5	269	65.5	92686
甘 肃	Gansu	475.7	157	2.1	119389
青 海	Qinghai	155.7	65	0.6	8929
宁 夏	Ningxia	235.4	85	2.4	13489
新 疆	Xinjiang	724.8	240	5.7	54262

三、海洋环境

Marine Environment

3-1 全国历年海洋环境情况(2000-2010年)
Marine Environment in Past Years (2000-2010)

单位：万平方公里 (10000 sq.km)

年 份 Year	全海域海水水质 Evaluation of Seawater Quality				近岸海域海水水质 Evaluation of Seawater Quality in Offshore Area			
	较清洁海域面积 Reasonably Clean Area	轻度污染海域面积 Lightly Polluted Area	中度污染海域面积 Moderately Polluted Area	严重污染海域面积 Heavily Polluted Area	较清洁海域面积 Reasonably Clean Area	轻度污染海域面积 Lightly Polluted Area	中度污染海域面积 Moderately Polluted Area	严重污染海域面积 Heavily Polluted Area
2003	8.05	2.20	1.49	2.40	6.79	2.07	1.45	2.42
2004	6.56	4.05	3.08	3.21	3.34	2.25	2.80	3.17
2005	5.78	3.41	1.82	2.93	2.64	2.39	1.55	3.10
2006	5.10	5.21	1.74	2.84	2.02	3.05	1.60	2.77
2007	5.13	4.75	1.68	2.97	2.91	3.13	1.59	2.96
2008	6.55	2.88	1.74	2.53	3.21	2.51	1.69	2.53
2009	7.09	2.55	2.08	2.97	3.80	1.76	1.86	2.91
2010	7.04	3.62	2.31	4.80	4.24	3.15	2.14	4.78

3-1 续表 continued

年 份 Year	主要海洋产业增加值 (亿元) Added Value of Major Marine Industries (100 million yuan)	海洋原油产量 (万吨) Output of Offshore Crude Oil (10000 tons)	海洋天然气产量 (万立方米) Output of Offshore Natural Gas (10000 cu.m)
2000	2297	2080.4	460127
2001	3297	2143.0	457212
2002	4042	2405.6	464689
2003	4623	2545.4	436930
2004	5829	2842.2	613416
2005	7185	3174.7	626921
2006	8286	3239.9	748618
2007	10461	3178.4	823455
2008	12243	3421.1	857847
2009	15531	3698.2	859173

3-2 全海域海水水质评价结果(2010年)
Evaluation of Seawater Quality (2010)

单位：万平方公里 (10000 sq.km)

海 区	Sea Area	测站数量(个) Measuring Stations (unit)	较清洁海域面积 Reasonably Clean Area	轻度污染海域面积 Lightly Polluted Area	中度污染海域面积 Moderately Polluted Area	严重污染海域面积 Heavily Polluted Area
全 国	**National**	**1426**	**7.043**	**3.619**	**2.307**	**4.803**
渤 海	Bohai Sea	273	1.574	0.867	0.510	0.322
黄 海	Yellow Sea	320	1.562	0.810	0.666	0.653
东 海	East China Sea	431	3.276	1.113	0.926	3.038
南 海	South China Sea	402	0.631	0.829	0.205	0.790

资料来源：国家海洋局(下表同)。
Source: State Oceanic Administration (the same as in the following table).

3-3 全国近岸海域海水水质评价结果(按海域污染程度分)(2010年)
Evaluation of Seawater Quality in Offshore Area (by Degree of Pollution)(2010)

单位：万平方公里 (10000 sq.km)

海 区	Sea Area	测站数量(个) Measuring Stations (unit)	较清洁海域面积 Reasonably Clean Area	轻度污染海域面积 Lightly Polluted Area	中度污染海域面积 Moderately Polluted Area	严重污染海域面积 Heavily Polluted Area
全 国	**National**	**716**	**4.241**	**3.145**	**2.138**	**4.775**
渤 海	Bohai Sea	113	0.827	0.750	0.438	0.294
黄 海	Yellow Sea	190	0.939	0.701	0.579	0.653
东 海	East China Sea	225	1.845	0.869	0.916	3.038
南 海	South China Sea	188	0.630	0.825	0.205	0.790

3-4 全国近岸海域海水水质评价结果(按海水类别分)(2010年) Evaluation of Seawater Quality in Offshore Area (by Type of Seawater)(2010)

单位：万平方公里 (10000 sq.km)

海 区	Sea Area	测点数量(个) Measure-ment Stations (unit)	一类海水 Grade I	二类海水 Grade II	三类海水 Grade III	四类海水 Grade IV	超四类海水 Worse than Grade IV
全 国	**National**	**298**	**8.74**	**9.05**	**4.47**	**1.59**	**4.08**
渤 海	Bohai Sea	49	2.22	1.46	1.36	0.46	0.27
黄 海	Yellow Sea	54	3.44	2.77	0.86	0.48	0.02
东 海	East China Sea	95	0.27	2.26	1.63	0.66	3.58
南 海	South China Sea	100	2.80	2.57	0.61		0.21

资料来源：环境保护部。
Source: Ministry Environmental Protection.

3-5 全国主要海洋产业增加值(2009年) Added Value of Major Marine Industries (2009)

海洋产业	Marine Industry	增加值(亿元) Added Value (100 millionyuan)	增加值比上年增长(按可比价计算)(%) Percentage of Added Value of Increase Over Last Year (at comparable price) (%)
合 计	**Total**	**15531**	**13.1**
海洋渔业	Marine Fishery Industry	2813	4.4
海洋油气业	Offshore Oil and Natural Gas	1302	53.9
海洋矿业	Beach Placer	49	-0.5
海洋盐业	Sea Salt Industry	53	15.3
海洋化工业	Marine Chemical	565	12.4
海洋生物医药业	Marine Biological Pharmaceutical	67	25.0
海洋电力业	Marine Electric Power Industry	28	30.1
海水利用业	Marine Seawater Utilization	10	18.4
海洋船舶工业	Marine Shipbuilding Industry	1182	19.5
海洋工程建筑业	Marine Engineering Architecture	808	14.5
海洋交通运输业	Maritime Transportation	3816	16.7
滨海旅游业	Coastal Tourism	4838	7.9

资料来源：国家海洋局(下表同)。
Source: State Oceanic Administration (the same as in the following table).

3-6 海洋资源利用情况(2009年)

Utilization of Marine Resources (2009)

地 区 Region	海洋原油(万吨) Marine Oil (10000 tons)	海洋天然气(万立方米) Marine Natural Gas (10000 cu.m)	海洋矿业(万吨) Beach Placers (10000 tons)	海洋渔业(万吨) Marine Fishery (10000 tons)		海洋盐业(万吨) Marine Salt Industry (10000 tons)
				捕捞产业 Fishing Products	养殖产业 Aquiculture Products	
全 国 National Total	**3698.2**	**859173**	**5590.7**	**1344.1**	**1536.5**	**3500.5**
天 津 Tianjin	1874.0	143002		1.6	1.4	227.6
河 北 Hebei	200.3	37043		25.3	30.1	421.7
辽 宁 Liaoning	15.0	4575		148.3	289.6	222.3
上 海 Shanghai	9.7	58767		16.9		
江 苏 Jiangsu				57.0	73.5	106.6
浙 江 Zhejiang			4755.4	315.2	85.8	17.1
福 建 Fujian			208.3	204.9	293.0	53.1
山 东 Shandong	240.0	16157	342.4	237.1	381.4	2412.7
广 东 Guangdong	1359.2	599629		152.5	234.6	11.6
广 西 Guangxi			56.5	80.1	127.2	15.3
海 南 Hainan			228.1	105.0	19.9	12.5

四、大气环境

Atmospheric Environment

4-1 全国历年废气排放及处理情况(2000-2010年)

Emission and Treatment of Waste Gas in Past Years (2000-2010)

年 份 Year	工业废气排放总量(亿标立方米) Total Volume of Industrial Waste Gas Emission (100 million cu.m)	SO_2排放总量(万吨) Volume of Sulphur Dioxide Emission (10000 tons)	工业 Industry	生活 Household	烟尘排放总量(万吨) Volume of Emission of Soot (10000 tons)	工业 Industry	生活 Household	工业粉尘排放量(万吨) Emission of Industrial Dust (10000 tons)
2000	138145	1995.1	1612.5	382.6	1165.4	953.3	212.1	1092.0
2001	160863	1947.2	1566.0	381.2	1069.9	852.1	217.9	990.6
2002	175257	1926.6	1562.0	364.6	1012.7	804.2	208.5	941.0
2003	198906	2158.5	1791.6	366.9	1048.5	846.1	202.5	1021.3
2004	237696	2254.9	1891.4	363.5	1095.0	886.5	208.5	904.8
2005	268988	2549.4	2168.4	381.0	1182.5	948.9	233.6	911.2
2006	330990	2588.8	2234.8	354.0	1088.8	864.5	224.3	808.4
2007	388169	2468.1	2140.0	328.1	986.6	771.1	215.5	698.7
2008	403866	2321.2	1991.4	329.9	901.6	670.7	230.9	584.9
2009	436064	2214.4	1865.9	348.5	847.7	604.4	243.3	523.6
2010	519168	2185.1	1864.4	320.7	829.1	603.2	225.9	448.7

4-1 续表 continued

年 份 Year	工业SO_2排放达标率(%) Proportion of Industry SO_2 Meeting Discharge Standards (%)	工业烟尘排放达标率(%) Proportion of Industry Soot Meeting Discharge Standards (%)	工业粉尘排放达标率(%) Proportion of Industry Dust Meeting Discharge Standards (%)	工业SO_2去除量(万吨) Industrial Sulphur Dioxide Removed (10000 tons)	工业烟尘去除量(万吨) Industrial Soot Removed (10000 tons)	工业粉尘去除量(万吨) Industrial Dust Removed (10000 tons)	废气治理设施(套) Facilities for Treatment of Waste Gas (set)	本年运行费用(亿元) Annual Expenditure for Operation (100 million yuan)
2000				575.1	10717.4	4479.6	145534	93.7
2001	61.3	67.3	50.2	564.7	12317.0	5321.6	134025	111.1
2002	70.2	75.0	61.7	697.7	13998.5	5569.8	137668	147.1
2003	69.1	78.5	54.5	749.2	15649.4	5994.9	137204	150.6
2004	75.6	80.2	71.1	890.2	18075.0	8528.6	144973	213.8
2005	79.4	82.9	75.1	1090.4	20587.1	6453.9	145043	267.1
2006	81.9	87.0	82.9	1439.0	23564.6	7279.9	154557	464.4
2007	86.3	88.2	88.1	1942.6	25166.4	7669.6	162325	555.0
2008	88.8	89.6	89.3	2286.4	30542.8	8471.2	174164	773.4
2009	91.0	90.3	89.9	2889.9	32848.1	8722.6	176489	873.7
2010	97.9	90.6	91.4	3304.0	38941.4	9501.7	187401	1054.5

4-2 各地区废气排放及处理情况(2010年)

Emission and Treatment of Waste Gas by Region (2010)

地 区	Region	工业废气排放总量(亿标立方米) Total Volume of Industrial Waste Gas Emission (100million cu.m)	燃料燃烧 from Process of Fuel Burning	生产工艺 from Process of Production	SO_2排放总量(万吨) Volume of Sulphur Dioxide Emission (10000 tons)	生活SO_2排放量 Volume of Sulphur Dioxide Emission by Nonproductive Consumption
全 国	**National Total**	**519168**	**303897**	**215271**	**2185.1**	**320.7**
北 京	Beijing	4750	1857	2894	11.5	5.8
天 津	Tianjin	7686	5254	2432	23.5	1.8
河 北	Hebei	56324	27750	28574	123.4	24.0
山 西	Shanxi	35190	22669	12520	124.9	10.2
内蒙古	Inner Mongolia	27488	17476	10013	139.4	20.1
辽 宁	Liaoning	26955	12949	14006	102.2	16.3
吉 林	Jilin	8240	5786	2454	35.6	5.6
黑龙江	Heilongjiang	10111	8304	1807	49.0	7.3
上 海	Shanghai	12969	5089	7880	35.8	13.7
江 苏	Jiangsu	31213	20235	10978	105.0	4.8
浙 江	Zhejiang	20434	13480	6954	67.8	2.4
安 徽	Anhui	17849	8860	8989	53.2	4.8
福 建	Fujian	13507	8322	5185	40.9	1.8
江 西	Jiangxi	9812	5248	4564	55.7	8.6
山 东	Shandong	43837	25874	17963	153.8	15.5
河 南	Henan	22709	12929	9780	133.9	17.6
湖 北	Hubei	13865	7451	6414	63.3	11.7
湖 南	Hunan	14673	5011	9662	80.1	17.4
广 东	Guangdong	24092	16627	7465	105.1	6.1
广 西	Guangxi	14520	8584	5936	90.4	5.6
海 南	Hainan	1360	1010	350	2.9	0.1
重 庆	Chongqing	10943	7756	3187	71.9	14.7
四 川	Sichuan	20107	11111	8995	113.1	19.3
贵 州	Guizhou	10192	6866	3327	114.9	51.1
云 南	Yunnan	10978	5235	5743	50.1	6.1
西 藏	Tibet	16	13	3	0.4	0.3
陕 西	Shaanxi	13510	8695	4815	77.9	7.2
甘 肃	Gansu	6252	3401	2852	55.2	9.9
青 海	Qinghai	3952	855	3097	14.3	1.0
宁 夏	Ningxia	16324	13491	2834	31.1	3.0
新 疆	Xinjiang	9310	5711	3598	58.8	7.0

4-2 续表 1 continued

单位：万吨 (10000 tons)

地 区	Region	工业 SO_2 排放总量 Volume of Sulphur Dioxide Emission by Industry	燃料燃烧 from Process of Fuel Burning	生产工艺 from Process of Produc-tion	工业 SO_2 排放达标量 Emission of Industrial SO_2 Meeting Discharge Standards	烟尘排放总量 Total Volume of Emission of Soot	工业 Industry	生活 Household
全 国	**National Total**	**1864.4**	**1569.6**	**284.7**	**1825.1**	**829.1**	**603.2**	**225.9**
北 京	Beijing	5.7	5.5	0.2	5.7	4.9	2.1	2.7
天 津	Tianjin	21.8	20.7	1.1	21.8	6.5	5.4	1.1
河 北	Hebei	99.4	80.8	18.6	99.3	50.0	32.3	17.7
山 西	Shanxi	114.7	99.7	15.1	114.5	62.1	43.2	18.9
内蒙古	Inner Mongolia	119.3	103.4	15.7	117.9	64.7	47.6	17.1
辽 宁	Liaoning	85.9	74.7	11.2	82.9	63.3	39.8	23.5
吉 林	Jilin	30.1	26.5	3.6	29.8	30.1	21.0	9.1
黑龙江	Heilongjiang	41.7	38.1	3.6	41.4	42.2	29.7	12.5
上 海	Shanghai	22.1	20.7	1.4	22.1	10.2	4.2	6.0
江 苏	Jiangsu	100.2	91.9	8.3	100.1	33.5	29.9	3.6
浙 江	Zhejiang	65.4	61.3	4.1	65.3	17.4	16.5	0.9
安 徽	Anhui	48.4	38.3	9.6	47.8	25.5	20.7	4.8
福 建	Fujian	39.1	34.7	4.4	39.1	13.9	10.0	3.9
江 西	Jiangxi	47.1	36.0	11.1	46.6	16.4	13.9	2.5
山 东	Shandong	138.3	123.7	14.6	138.2	39.2	29.1	10.0
河 南	Henan	116.3	95.3	20.9	114.3	54.7	47.4	7.3
湖 北	Hubei	51.6	41.3	10.2	51.2	19.3	14.5	4.8
湖 南	Hunan	62.7	39.3	23.3	60.9	31.2	23.5	7.7
广 东	Guangdong	98.9	86.5	11.6	97.4	31.1	25.3	5.8
广 西	Guangxi	84.8	70.4	14.4	83.8	26.2	25.0	1.1
海 南	Hainan	2.8	2.3	0.5	2.8	0.8	0.7	0.2
重 庆	Chongqing	57.3	47.7	8.4	55.0	20.8	10.2	10.6
四 川	Sichuan	93.8	81.0	11.6	92.1	34.1	26.0	8.2
贵 州	Guizhou	63.8	57.4	6.3	61.4	25.2	11.3	13.9
云 南	Yunnan	44.0	35.1	8.7	43.3	13.8	8.9	4.9
西 藏	Tibet	0.1	0.1		0.1	0.2	0.1	0.2
陕 西	Shaanxi	70.7	58.9	10.4	69.1	16.3	11.5	4.8
甘 肃	Gansu	45.2	26.5	14.8	38.6	16.3	9.8	6.5
青 海	Qinghai	13.3	7.4	5.9	11.5	7.7	5.2	2.5
宁 夏	Ningxia	28.0	23.5	4.5	26.5	17.2	13.6	3.6
新 疆	Xinjiang	51.8	40.9	10.9	44.7	34.4	24.8	9.6

4-2 续表 2 continued

单位：万吨 (10000 tons)

地 区	Region	工业烟尘排放达标量 Emission of Industrial Soot Meeting Discharge Standards	工业粉尘排放总量 Emission of Industry Dust	工业粉尘排放达标量 Emission of Industrial Dust Meeting Discharge Standards	工业SO_2去除量 Industrial Sulphur Dioxide Removed	燃料燃烧中去除的 Removed in Process of Fuel Burning	生产工艺中去除的 Removed in Process of Production
全 国	**National Total**	**546.6**	**448.7**	**410.0**	**3304.0**	**2231.3**	**1072.7**
北 京	Beijing	2.1	1.7	1.7	13.0	12.2	0.8
天 津	Tianjin	5.4	0.8	0.8	37.4	36.9	0.5
河 北	Hebei	32.0	32.1	31.9	170.6	156.7	13.9
山 西	Shanxi	41.8	36.5	34.0	194.6	164.8	29.9
内蒙古	Inner Mongolia	38.6	16.0	14.7	160.3	147.9	12.3
辽 宁	Liaoning	35.3	16.7	15.3	129.5	59.6	69.9
吉 林	Jilin	20.1	5.3	4.8	20.3	14.0	6.3
黑龙江	Heilongjiang	27.8	5.7	4.6	11.0	9.1	1.9
上 海	Shanghai	4.1	1.0	1.0	35.0	33.3	1.6
江 苏	Jiangsu	29.4	15.1	14.7	215.8	166.6	49.2
浙 江	Zhejiang	16.2	13.9	13.5	129.7	90.1	39.7
安 徽	Anhui	19.9	26.4	25.7	161.3	45.8	115.5
福 建	Fujian	9.5	14.0	13.8	40.5	35.1	5.3
江 西	Jiangxi	13.2	22.4	21.5	162.8	33.8	128.9
山 东	Shandong	28.6	18.9	18.3	315.2	248.7	66.6
河 南	Henan	46.3	22.7	21.9	143.3	88.5	54.8
湖 北	Hubei	13.9	14.6	14.4	109.1	61.9	47.3
湖 南	Hunan	21.5	39.4	35.7	100.2	54.5	45.7
广 东	Guangdong	23.1	10.4	7.3	145.0	107.1	37.9
广 西	Guangxi	24.1	31.8	31.0	98.4	63.9	34.5
海 南	Hainan	0.6	0.7	0.7	8.8	8.7	…
重 庆	Chongqing	8.2	8.4	6.9	96.2	89.0	7.3
四 川	Sichuan	22.6	14.1	13.5	86.8	70.0	16.8
贵 州	Guizhou	7.7	8.6	6.1	215.9	199.9	15.9
云 南	Yunnan	7.9	9.2	8.2	148.3	54.8	93.5
西 藏	Tibet	…	0.1	…			
陕 西	Shaanxi	11.3	18.5	18.3	107.6	87.3	20.4
甘 肃	Gansu	7.3	9.3	8.5	173.5	28.0	145.5
青 海	Qinghai	2.0	9.8	5.7	2.8	2.8	
宁 夏	Ningxia	12.9	6.1	5.7	53.0	47.1	5.9
新 疆	Xinjiang	13.1	18.5	9.9	17.9	12.9	5.0

4-2 续表 3 continued

地 区	Region	工业烟尘去除量(万吨) Industrial Soot Removed (10000 tons)	工业粉尘去除量(万吨) Industrial Dust Removed (10000 tons)	废气治理设施(套) Facilities for Treatment of Waste Gas (set)	#脱硫设施 Desulfurization Facilities	本年运行费用(万元) Annual Expenditure for Operation (10000 yuan)
全 国	**National Total**	**38941.4**	**9501.7**	**187401**	**26611**	**10545255.8**
北 京	Beijing	190.8	78.1	2468	1018	90590.0
天 津	Tianjin	484.5	54.8	3126	1651	185777.4
河 北	Hebei	2806.7	526.7	13743	2358	901330.8
山 西	Shanxi	2581.7	302.2	9517	3475	501016.8
内蒙古	Inner Mongolia	2645.7	259.7	5183	741	439299.4
辽 宁	Liaoning	2220.3	562.2	9641	1797	426449.4
吉 林	Jilin	968.0	436.0	3144	158	88058.8
黑龙江	Heilongjiang	1306.2	108.6	4396	238	283755.9
上 海	Shanghai	472.3	138.2	4319	620	288712.8
江 苏	Jiangsu	2345.9	344.5	11631	1625	931674.7
浙 江	Zhejiang	1246.6	813.1	21702	2029	598701.2
安 徽	Anhui	1716.5	356.8	4933	379	230684.4
福 建	Fujian	740.8	570.5	6470	159	237264.5
江 西	Jiangxi	834.9	463.9	4141	318	243782.7
山 东	Shandong	3596.0	767.2	11886	2743	1039838.9
河 南	Henan	2810.7	540.6	9079	942	490261.7
湖 北	Hubei	1069.6	476.1	5478	351	315735.2
湖 南	Hunan	786.8	373.2	5154	661	223270.1
广 东	Guangdong	1499.3	476.0	12789	1783	973399.7
广 西	Guangxi	526.8	335.7	6017	569	183402.0
海 南	Hainan	78.2	4.7	472	17	26068.7
重 庆	Chongqing	377.3	95.4	3511	276	163084.5
四 川	Sichuan	1275.7	318.8	7346	493	564880.5
贵 州	Guizhou	1325.8	163.1	2910	462	218127.6
云 南	Yunnan	1088.2	211.0	5649	396	277463.5
西 藏	Tibet	0.1	…	46		1711.5
陕 西	Shaanxi	836.5	284.1	3983	420	181976.3
甘 肃	Gansu	355.6	142.5	2769	561	131993.9
青 海	Qinghai	117.6	82.3	981	8	55216.8
宁 夏	Ningxia	2221.5	126.3	1370	127	129330.4
新 疆	Xinjiang	415.2	89.3	3547	236	122395.7

4-3 各行业工业废气排放及处理情况(2010年)

Emission and Treatment of Industrial Waste Gas by Sector (2010)

行业	Sector	工业废气排放量(亿标立方米) Industrial Waste Gas Emission (100 million cu.m)	燃料燃烧 from Process Fuel Burning	生产工艺 from Process of Production	工业烟尘排放量(吨) Volume of Industrial Soot Emission (ton)
行业总计	**Total**	**519167**	**303896**	**215271**	**5492439**
煤炭开采和洗选业	Mining and Washing of Coal	2324	2061	263	116162
石油和天然气开采业	Extraction of Petroleum and Natural Gas	1026	959	67	12837
黑色金属矿采选业	Mining and Processing of Ferrous Metal Ores	2472	734	1737	18869
有色金属矿采选业	Mining and Processing of Non-ferrous Metal Ores	469	182	286	12831
非金属矿采选业	Mining and Processing of Nonmetal Ores	861	436	425	24713
其他采矿业	Mining of Other Ores	30	19	11	1929
农副食品加工业	Processing of Food from Agricultural Products	4154	3776	379	119663
食品制造业	Manufacture of Foods	3270	3185	86	58519
饮料制造业	Manufacture of Beverages	3097	3082	15	71877
烟草制品业	Manufacture of Tobacco	505	198	308	3960
纺织业	Manufacture of Textile	3258	3031	227	119851
纺织服装、鞋、帽制造业	Manufacture of Textile Wearing Apparel, Footware, and Caps	176	156	20	7835
皮革、毛皮、羽毛(绒)及其制品业	Manufacture of Leather, Fur, Feather and Related Products	176	146	30	8428
木材加工及木、竹、藤、棕、草制品业	Processing of Timber, Manufacture of Wood, Bamboo,Rattan, Palm, and Straw Products	1567	646	921	43126
家具制造业	Manufacture of Furniture	134	30	104	1659
造纸及纸制品业	Manufacture of Paper and Paper Products	7697	7364	333	195708
印刷业和记录媒介的复制	Printing,Reproduction of Recording Media	110	35	75	1703
文教体育用品制造业	Manufacture of Articles for Culture, Education and Sport Activity	53	25	28	794
石油加工、炼焦及核燃料加工业	Processing of Petroleum, Coking, Processing of Nuclear Fuel	18712	7624	11088	230270
化学原料及化学制品制造业	Manufacture of Raw Chemical Materials and Chemical Products	25741	12885	12856	435553
医药制造业	Manufacture of Medicines	1603	1317	287	44044

4-3 续表 1 continued

行业	Sector	工业废气排放量(亿标立方米) Industrial Waste Gas Emission (100 million cu.m)	燃料燃烧 from Process Fuel Burning	生产工艺 from Process of Production	工业烟尘排放量(吨) Volume of Industrial Soot Emission (ton)
化学纤维制造业	Manufacture of Chemical Fibers	2767	1713	1054	27625
橡胶制品业	Manufacture of Rubber	1021	515	506	16691
塑料制品业	Manufacture of Plastics	767	315	452	10711
非金属矿物制品业	Manufacture of Non-metallic Mineral Products	87263	29283	57980	1069291
黑色金属冶炼及压延加工业	Smelting and Pressing of Ferrous Metals	122928	29858	93071	562751
有色金属冶炼及压延加工业	Smelting and Pressing of Non-ferrous Metals	24299	6114	18185	149764
金属制品业	Manufacture of Metal Products	2077	561	1516	19070
通用设备制造业	Manufacture of General Purpose Machinery	2430	1041	1389	37802
专用设备制造业	Manufacture of Special Purpose Machinery	1939	791	1148	11666
交通运输设备制造业	Manufacture of Transport Equipment	4184	644	3540	26986
电气机械及器材制造业	Manufacture of Electrical Machinery and Equipment	1063	178	885	6470
通信设备、计算机及其他电子设备制造业	Manufacture of Communication Equipment, Computers and Other Electronic Equipment	6369	1813	4556	3397
仪器仪表及文化、办公用机械制造业	Manufacture of Measuring Instruments and Machinery for Cultural Activity and Office Work	555	30	524	523
工艺品及其他制造业	Manufacture of Artwork and Other Manufacturing	154	65	89	3076
废弃资源和废旧材料回收加工业	Recycling and Disposal of Waste	85	61	25	749
电力、热力的生产和供应业	Production and Distribution of Electric Power and Heat Power	182550	182477	73	1989463
燃气生产和供应业	Production and Distribution of Gas	834	218	616	7702
水的生产和供应业	Production and Distribution of Water	11	11	…	528
其它行业	Other Sectors	435	320	115	17845

4-3 续表 2 continued

单位：吨 (ton)

行业	Sector	工业 SO_2 排放总量 Volume of Sulphur Dioxide Emission by Industry	燃料燃烧 from Process Fuel Burning	生产工艺 from Process of Production	工业粉尘排放量 Volume of Industrial Dust Emission
行业总计	**Total**	**17054510**	**14416983**	**2637812**	**4089407**
煤炭开采和洗选业	Mining and Washing of Coal	160255	140171	20084	149119
石油和天然气开采业	Extraction of Petroleum and Natural Gas	35589	24862	10728	12
黑色金属矿采选业	Mining and Processing of Ferrous Metal Ores	52769	28357	24413	53335
有色金属矿采选业	Mining and Processing of Non-ferrous Metal Ores	111247	12869	98377	8585
非金属矿采选业	Mining and Processing of Nonmetal Ores	41345	36864	4481	28589
其他采矿业	Mining of Other Ores	1309	1053	256	1264
农副食品加工业	Processing of Food from Agricultural Products	169325	168723	603	4571
食品制造业	Manufacture of Foods	115646	115562	84	782
饮料制造业	Manufacture of Beverages	111783	111757	26	766
烟草制品业	Manufacture of Tobacco	10013	9980	33	827
纺织业	Manufacture of Textile	247218	246899	319	1189
纺织服装、鞋、帽制造业	Manufacture of Textile Wearing Apparel, Footware, and Caps	11193	11191	3	203
皮革、毛皮、羽毛(绒)及其制品业	Manufacture of Leather, Fur, Feather and Related Products	14016	14011	5	49
木材加工及木、竹、藤、棕、草制品业	Processing of Timber, Manufacture of Wood, Bamboo,Rattan, Palm, and Straw Products	32566	32022	545	24961
家具制造业	Manufacture of Furniture	2212	2200	12	1237
造纸及纸制品业	Manufacture of Paper and Paper Products	508206	501327	6879	5679
印刷业和记录媒介的复制	Printing,Reproduction of Recording Media	2995	2979	16	7
文教体育用品制造业	Manufacture of Articles for Culture, Education and Sport Activity	1095	1091	4	232
石油加工、炼焦及核燃料加工业	Processing of Petroleum, Coking, Processing of Nuclear Fuel	635334	310222	325113	192106
化学原料及化学制品制造业	Manufacture of Raw Chemical Materials and Chemical Products	1040040	853243	186868	141194

4-3 续表 3 continued

单位：吨 (ton)

行业	Sector	工业 SO_2 排放总量 Volume of Sulphur Dioxide Emission by Industry	燃料燃烧 from Process Fuel Burning	生产工艺 from Process of Production	工业粉尘排放量 Volume of Industrial Dust Emission
医药制造业	Manufacture of Medicines	79395	79130	265	659
化学纤维制造业	Manufacture of Chemical Fibers	106884	103696	3187	666
橡胶制品业	Manufacture of Rubber	39475	39103	373	738
塑料制品业	Manufacture of Plastics	29452	29423	28	223
非金属矿物制品业	Manufacture of Non-metallic Mineral Products	1686183	1097844	588484	2324692
黑色金属冶炼及压延加工业	Smelting and Pressing of Ferrous Metals	1766511	806035	960542	934691
有色金属冶炼及压延加工业	Smelting and Pressing of Non-ferrous Metals	803326	422199	381127	103848
金属制品业	Manufacture of Metal Products	35033	34195	838	7168
通用设备制造业	Manufacture of General Purpose Machinery	50475	39692	10787	34635
专用设备制造业	Manufacture of Special Purpose Machinery	39112	38832	280	17739
交通运输设备制造业	Manufacture of Transport Equipment	33874	33535	339	32071
电气机械及器材制造业	Manufacture of Electrical Machinery and Equipment	13488	12411	1078	856
通信设备、计算机及其他电子设备制造业	Manufacture of Communication Equipment, Computers and Other Electronic Equipment	6523	6473	50	641
仪器仪表及文化、办公用机械制造业	Manufacture of Measuring Instruments and Machinery for Cultural Activity and Office Work	1401	1389	12	330
工艺品及其他制造业	Manufacture of Artwork and Other Manufacturing	8828	8534	294	236
废弃资源和废旧材料回收加工业	Recycling and Disposal of Waste	2221	2018	203	2814
电力、热力的生产和供应业	Production and Distribution of Electric Power and Heat Power	8997911	8996566	1345	6217
燃气生产和供应业	Production and Distribution of Gas	20092	13074	7018	3217
水的生产和供应业	Production and Distribution of Water	2068	519	1549	
其它行业	Other Sectors	28102	26936	1166	3263

4-3 续表 4 continued

单位：吨 (ton)

行　　业	Sector	工业 SO_2 排放达标量 Emission of Industrial SO_2 Meeting Discharge Standards	工业烟尘排放达标量 Emission of Industrial Soot Meeting Discharge Standards	工业粉尘排放达标量 Emission of Industrial Dust Meeting Discharge Standards
行业总计	**Total**	**15915970**	**5015838**	**3768644**
煤炭开采和洗选业	Mining and Washing of Coal	139269	99409	111748
石油和天然气开采业	Extraction of Petroleum and Natural Gas	34137	12802	12
黑色金属矿采选业	Mining and Processing of Ferrous Metal Ores	51315	15326	36580
有色金属矿采选业	Mining and Processing of Non-ferrous Metal Ores	72555	10275	6644
非金属矿采选业	Mining and Processing of Nonmetal Ores	37962	21460	16745
其他采矿业	Mining of Other Ores	1186	1678	1031
农副食品加工业	Processing of Food from Agricultural Products	146578	104151	4360
食品制造业	Manufacture of Foods	98952	53168	715
饮料制造业	Manufacture of Beverages	97592	64291	729
烟草制品业	Manufacture of Tobacco	9292	3738	819
纺织业	Manufacture of Textile	233471	115075	1102
纺织服装、鞋、帽制造业	Manufacture of Textile Wearing Apparel, Footware, and Caps	10610	7686	200
皮革、毛皮、羽毛(绒)及其制品业	Manufacture of Leather, Fur, Feather and Related Products	12625	8097	31
木材加工及木、竹、藤、棕、草制品业	Processing of Timber, Manufacture of Wood, Bamboo,Rattan, Palm, and Straw Products	28736	39257	18254
家具制造业	Manufacture of Furniture	2014	1386	1213
造纸及纸制品业	Manufacture of Paper and Paper Products	478499	182046	4826
印刷业和记录媒介的复制	Printing,Reproduction of Recording Media	2711	1588	7
文教体育用品制造业	Manufacture of Articles for Culture, Education and Sport Activity	926	716	227
石油加工、炼焦及核燃料加工业	Processing of Petroleum, Coking, Processing of Nuclear Fuel	569492	213343	175177
化学原料及化学制品制造业	Manufacture of Raw Chemical Materials and Chemical Products	954254	393573	122553

4-3　续表 5　continued

单位：吨　(ton)

行　业	Sector	工业 SO_2 排放达标量 Emission of Industrial SO_2 Meeting Discharge Standards	工业烟尘排放达标量 Emission of Industrial Soot Meeting Discharge Standards	工业粉尘排放达标量 Emission of Industrial Dust Meeting Discharge Standards
医药制造业	Manufacture of Medicines	73584	39671	616
化学纤维制造业	Manufacture of Chemical Fibers	105196	27208	666
橡胶制品业	Manufacture of Rubber	38267	16366	719
塑料制品业	Manufacture of Plastics	28566	10266	220
非金属矿物制品业	Manufacture of Non-metallic Mineral Products	1488243	928857	2200812
黑色金属冶炼及压延加工业	Smelting and Pressing of Ferrous Metals	1692481	536563	867387
有色金属冶炼及压延加工业	Smelting and Pressing of Non-ferrous Metals	736903	143329	90622
金属制品业	Manufacture of Metal Products	33190	17767	6921
通用设备制造业	Manufacture of General Purpose Machinery	47089	34140	31877
专用设备制造业	Manufacture of Special Purpose Machinery	38190	11295	17528
交通运输设备制造业	Manufacture of Transport Equipment	32604	25668	31205
电气机械及器材制造业	Manufacture of Electrical Machinery and Equipment	12214	6115	807
通信设备、计算机及其他电子设备制造业	Manufacture of Communication Equipment, Computers and Other Electronic Equipment	6375	3251	634
仪器仪表及文化、办公用机械制造业	Manufacture of Measuring Instruments and Machinery for Cultural Activity and Office Work	1354	515	330
工艺品及其他制造业	Manufacture of Artwork and Other Manufacturing	8132	2691	167
废弃资源和废旧材料回收加工业	Recycling and Disposal of Waste	2081	690	2812
电力、热力的生产和供应业	Production and Distribution of Electric Power and Heat Power	8545077	1838443	5927
燃气生产和供应业	Production and Distribution of Gas	17605	7331	3168
水的生产和供应业	Production and Distribution of Water	422	302	
其它行业	Other Sectors	26220	16303	3255

4-3 续表 6 continued

行 业	Sector	废气治理设施（套）Facilities for Treatment of Waste Gas (set)	#脱硫设施 Desulfuri-zation Facilities	本年运行费用（万元）Annual Expenditure for Operation (10000 yuan)
行业总计	**Total**	**187400**	**26611**	**10545218.8**
煤炭开采和洗选业	Mining and Washing of Coal	4449	1547	49007.6
石油和天然气开采业	Extraction of Petroleum and Natural Gas	345	105	11250.7
黑色金属矿采选业	Mining and Processing of Ferrous Metal Ores	685	121	23382.9
有色金属矿采选业	Mining and Processing of Non-ferrous Metal Ores	637	150	34184.0
非金属矿采选业	Mining and Processing of Nonmetal Ores	508	111	10715.1
其他采矿业	Mining of Other Ores	21	4	160.4
农副食品加工业	Processing of Food from Agricultural Products	5205	875	79657.0
食品制造业	Manufacture of Foods	2993	615	27423.7
饮料制造业	Manufacture of Beverages	2398	736	30828.8
烟草制品业	Manufacture of Tobacco	811	89	13080.8
纺织业	Manufacture of Textile	8233	1898	413472.5
纺织服装、鞋、帽制造业	Manufacture of Textile Wearing Apparel, Footware, and Caps	770	127	4815.4
皮革、毛皮、羽毛(绒)及其制品业	Manufacture of Leather, Fur, Feather and Related Products	1222	212	5702.8
木材加工及木、竹、藤、棕、草制品业	Processing of Timber, Manufacture of Wood, Bamboo,Rattan, Palm, and Straw Products	2090	196	14307.2
家具制造业	Manufacture of Furniture	824	25	4396.6
造纸及纸制品业	Manufacture of Paper and Paper Products	5281	1112	141794.3
印刷业和记录媒介的复制	Printing,Reproduction of Recording Media	191	57	44211.5
文教体育用品制造业	Manufacture of Articles for Culture, Education and Sport Activity	226	23	1155.0
石油加工、炼焦及核燃料加工业	Processing of Petroleum, Coking, Processing of Nuclear Fuel	2761	744	498975.3
化学原料及化学制品制造业	Manufacture of Raw Chemical Materials and Chemical Products	17241	3345	523021.1

4-3 续表 7 continued

行 业	Sector	废气治理设施(套) Facilities for Treatment of Waste Gas (set)	#脱硫设施 Desulfurization Facilities	本年运行费用(万元) Annual Expenditure for Operation (10000 yuan)
医药制造业	Manufacture of Medicines	3179	648	40594.7
化学纤维制造业	Manufacture of Chemical Fibers	880	260	50326.7
橡胶制品业	Manufacture of Rubber	8507	275	22897.1
塑料制品业	Manufacture of Plastics	1552	234	17970.8
非金属矿物制品业	Manufacture of Non-metallic Mineral Products	52931	1983	1012009.9
黑色金属冶炼及压延加工业	Smelting and Pressing of Ferrous Metals	15105	1020	2076732.4
有色金属冶炼及压延加工业	Smelting and Pressing of Non-ferrous Metals	7034	1281	567605.2
金属制品业	Manufacture of Metal Products	4500	382	30702.8
通用设备制造业	Manufacture of General Purpose Machinery	3954	655	39997.4
专用设备制造业	Manufacture of Special Purpose Machinery	1965	258	17414.3
交通运输设备制造业	Manufacture of Transport Equipment	6692	538	56535.1
电气机械及器材制造业	Manufacture of Electrical Machinery and Equipment	2978	159	18549.7
通信设备、计算机及其他电子设备制造业	Manufacture of Communication Equipment, Computers and Other Electronic Equipment	3951	132	149325.6
仪器仪表及文化、办公用机械制造业	Manufacture of Measuring Instruments and Machinery for Cultural Activity and Office Work	537	32	7119.3
工艺品及其他制造业	Manufacture of Artwork and Other Manufacturing	323	47	1856.0
废弃资源和废旧材料回收加工业	Recycling and Disposal of Waste	167	17	2856.7
电力、热力的生产和供应业	Production and Distribution of Electric Power and Heat Power	15173	6198	4286210.3
燃气生产和供应业	Production and Distribution of Gas	392	125	5897.6
水的生产和供应业	Production and Distribution of Water	27	2	122.2
其它行业	Other Sectors	662	273	208952.3

4-4 主要城市工业废气排放及处理情况(2010年)

Emission and Treatment of Industrial Waste Gas in Major Cities (2010)

单位: 吨 (ton)

城市	City	工业二氧化硫排放量 Volume of Sulphur Dioxide Emission by Industry	工业烟尘排放量 Volume of Industrial Soot Emission	工业粉尘排放量 Volume of Industrial Dust Emission	工业二氧化硫去除量 Industrial Sulphur Dioxide Removed
北　京	Beijing	56844	21266	16550	129888
天　津	Tianjin	217620	53831	7970	374014
石家庄	Shijiazhuang	137974	32631	14104	371446
太　原	Taiyuan	94233	34814	27852	254968
呼和浩特	Hohhot	82813	14766	2190	224259
沈　阳	Shenyang	77333	60364	4542	87775
长　春	Changchun	60528	94173	25323	35162
哈尔滨	Harbin	53941	29515	5794	29844
上　海	Shanghai	221476	41793	9705	349849
南　京	Nanjing	115507	33788	37643	606632
杭　州	Hangzhou	88682	30860	13381	92156
合　肥	Hefei	31988	10604	5186	22370
福　州	Fuzhou	93639	8594	8325	112208
南　昌	Nanchang	30636	6264	9773	52134
济　南	Jinan	70296	19709	28631	149428
郑　州	Zhengzhou	116857	45011	31418	51684
武　汉	Wuhan	87256	12631	8571	153925
长　沙	Changsha	54690	24746	105217	48333
广　州	Guangzhou	85871	9371	1504	392842
南　宁	Nanning	65696	24506	6972	24157
海　口	Haikou	92	93	1	
重　庆	Chongqing	572747	102132	83601	962388
成　都	Chengdu	61928	28901	5521	61402
贵　阳	Guiyang	84508	12601	14931	361595
昆　明	Kunming	77461	7842	6103	567547
拉　萨	Lhasa	378	247	283	
西　安	Xi'an	81503	15075	3027	63563
兰　州	Lanzhou	94557	9356	11913	86667
西　宁	Xining	72874	21034	45658	27817
银　川	Yinchuan	24150	8329	2133	35800
乌鲁木齐	Urumqi	94146	32993	8590	68796

4-4 续表 continued

单位：吨 (ton)

城 市	City	工业烟尘去除量 Industrial Soot Removed	工业粉尘去除量 Industrial Dust Removed	废气治理设施(套) Facilities for Treatment of Waste Gas (set)	#脱硫设施 Desulfurization Facilities	本年运行费用(万元) Annual Expenditure for Operation (10000 yuan)
北 京	Beijing	1907537	780542	2468	1018	90590.0
天 津	Tianjin	4844544	548424	3126	1651	185777.4
石家庄	Shijiazhuang	3823559	52216	1540	368	73573.6
太 原	Taiyuan	3245803	897276	1116	431	88754.7
呼和浩特	Hohhot	1358919	151689	585	19	46403.6
沈 阳	Shenyang	2343065	6008	2150	489	32511.9
长 春	Changchun	1577652	849045	676	61	14361.8
哈尔滨	Harbin	1639587	210801	833	60	17153.7
上 海	Shanghai	4723090	1381789	4319	620	288712.8
南 京	Nanjing	3008848	870054	1184	164	160618.0
杭 州	Hangzhou	1061174	926747	8917	436	91838.2
合 肥	Hefei	1435799	128718	404	42	13805.6
福 州	Fuzhou	1373417	1913584	490	17	82816.0
南 昌	Nanchang	127397	7988	517	43	28074.2
济 南	Jinan	2186420	693352	1021	189	129326.5
郑 州	Zhengzhou	3555305	679244	1320	90	56865.8
武 汉	Wuhan	2473257	274425	649	40	71994.5
长 沙	Changsha	103169	126159	342	52	6639.8
广 州	Guangzhou	5394260	196277	1508	253	425816.5
南 宁	Nanning	475427	373381	815	188	12571.9
海 口	Haikou	629	15	25		2029.3
重 庆	Chongqing	3773199	954137	3511	276	163084.5
成 都	Chengdu	727269	152959	1616	64	33820.4
贵 阳	Guiyang	1042180	412766	694	131	42489.7
昆 明	Kunming	1801015	534556	1369	90	94332.9
拉 萨	Lhasa	507	8	13		1345.0
西 安	Xi'an	1299580	137873	816	88	17320.7
兰 州	Lanzhou	1079974	52001	534	18	35705.3
西 宁	Xining	915839	403559	550	5	48495.0
银 川	Yinchuan	534338	173717	253	49	9286.6
乌鲁木齐	Urumqi	966256	275147	554	84	36920.3

4-5 沿海城市工业废气排放及处理情况(2010年)

Emission and Treatment of Industrial Waste Gas in Coastal Cities (2010)

单位：吨 (ton)

城 市	City	工业二氧化硫排放量 Volume of Sulphur Dioxide Emission by Industry	工业烟尘排放量 Volume of Industrial Soot Emission	工业粉尘排放量 Volume of Industrial Dust Emission	工业二氧化硫去除量 Industrial Sulphur Dioxide Removed
天 津	Tianjin	217620	53831	7970	374014
秦皇岛	Qinhuangdao	44737	11365	32972	63450
大 连	Dalian	88477	24171	3842	275718
上 海	Shanghai	221476	41793	9705	349849
连云港	Lianyungang	34430	7356	1870	26668
宁 波	Ningbo	109840	32677	8718	721536
温 州	Wenzhou	61788	5666	31	71449
福 州	Fuzhou	93639	8594	8325	112208
厦 门	Xiamen	51545	2252	296	17461
青 岛	Qingdao	86190	12967	5074	156983
烟 台	Yantai	88047	13051	21116	189421
深 圳	Shenzhen	30941	912	758	38554
珠 海	Zhuhai	34839	8041	1603	61720
汕 头	Shantou	25744	4937	281	65338
湛 江	Zhanjiang	46720	12443	6527	17189
北 海	Beihai	34185	5188	9016	12561
海 口	Haikou	92	93	1	

4-5 续表 continued

单位：吨 (ton)

城 市	City	工业烟尘去除量 Industrial Soot Removed	工业粉尘去除量 Industrial Dust Removed	废气治理设施(套) Facilities for Treatment of Waste Gas (set)	#脱硫设施 Desulfuri-zation Facilities	本年运行费用(万元) Annual Expenditure for Operation (10000 yuan)
天 津	Tianjin	4844544	548424	3126	1651	185777.4
秦皇岛	Qinhuangdao	1621884	580140	3136	113	50338.7
大 连	Dalian	3061279	288202	953	229	33809.4
上 海	Shanghai	4723090	1381789	4319	620	288712.8
连云港	Lianyungang	752553	127228	318	16	17613.8
宁 波	Ningbo	5776668	530090	2265	264	203169.1
温 州	Wenzhou	865893	281	1324	137	37456.3
福 州	Fuzhou	1373417	1913584	490	17	82816.0
厦 门	Xiamen	617166	6537	658	24	26863.0
青 岛	Qingdao	2178880	183104	912	307	54471.5
烟 台	Yantai	1883089	191823	853	346	80817.9
深 圳	Shenzhen	408996	661	769	46	27243.2
珠 海	Zhuhai	763062	112024	844	39	44927.2
汕 头	Shantou	496129	23604	487	7	29024.4
湛 江	Zhanjiang	107101	83758	377	19	19692.1
北 海	Beihai	441633		53	6	6810.9
海 口	Haikou	629	15	25		2029.3

五、固体废物

Solid Wastes

5-1 全国历年工业固体废物产生、排放和综合利用情况(2000-2010年)

Generation, Discharge and Utilization of Industrial Solid Wastes in Past Years (2000-2010)

年 份 Year	工业固体废物产生量(万吨) Industrial Solid Wastes Generated (10000 tons)	工业固体废物排放量(万吨) Industrial Solid Wastes Discharged (10000 tons)	工业固体废物综合利用量(万吨) Industrial Solid Wastes Utilized (10000 tons)	工业固体废物贮存量(万吨) Stock of Industrial Solid Wastes (10000 tons)	工业固体废物处置量(万吨) Industrial Solid Wastes Disposed (10000 tons)	工业固体废物综合利用率(%) Ratio of Industrial Solid Wastes Utilized (%)	"三废"综合利用产品产值(亿元) Output Value of Products Made from Waste Gas, Waste Water & Solid Wastes (100 million yuan)
2000	81608	3186.2	37451	28921	9152	45.9	310.5
2001	88840	2893.8	47290	30183	14491	52.1	344.6
2002	94509	2635.2	50061	30040	16618	51.9	385.6
2003	100428	1940.9	56040	27667	17751	54.8	441.0
2004	120030	1762.0	67796	26012	26635	55.7	573.3
2005	134449	1654.7	76993	27876	31259	56.1	755.5
2006	151541	1302.1	92601	22399	42883	60.2	1026.8
2007	175632	1196.7	110311	24119	41350	62.1	1351.3
2008	190127	781.8	123482	21883	48291	64.3	1621.4
2009	203943	710.5	138186	20929	47488	67.0	1608.2
2010	240944	498.2	161772	23918	57264	66.7	1778.5

5-2 各地区工业固体废物产生和排放情况(2010年)

Generation and Discharge of Industrial Solid Wastes by Region (2010)

地 区	Region	工业固体废物产生量(万吨) Industrial Solid Wastes Generated (10000 tons)	#危险废物 Hazardous Wastes	工业固体废物排放量(吨) Industrial Solid Wastes Discharged (ton)
全 国	**National Total**	**240943.5**	**1586.8**	**4981976**
北 京	Beijing	1268.9	11.4	611
天 津	Tianjin	1862.4	10.2	
河 北	Hebei	31688.2	37.3	44506
山 西	Shanxi	18270.3	10.9	953817
内蒙古	Inner Mongolia	16996.0	34.8	45294
辽 宁	Liaoning	17272.9	95.2	27877
吉 林	Jilin	4641.6	78.3	
黑龙江	Heilongjiang	5404.6	15.8	18619
上 海	Shanghai	2448.4	51.2	2
江 苏	Jiangsu	9063.8	132.9	
浙 江	Zhejiang	4267.6	63.6	6177
安 徽	Anhui	9158.2	11.8	15
福 建	Fujian	7486.6	8.0	35163
江 西	Jiangxi	9407.3	9.0	132314
山 东	Shandong	16038.5	289.3	110
河 南	Henan	10713.8	18.6	2150
湖 北	Hubei	6813.0	17.0	41693
湖 南	Hunan	5773.3	66.6	163714
广 东	Guangdong	5455.8	118.1	141609
广 西	Guangxi	6231.7	23.9	91391
海 南	Hainan	212.1	0.3	10
重 庆	Chongqing	2837.4	36.4	1336308
四 川	Sichuan	11239.2	133.1	32240
贵 州	Guizhou	8187.7	52.5	597582
云 南	Yunnan	9392.4	61.5	363098
西 藏	Tibet	11.1		41243
陕 西	Shaanxi	6892.3	25.6	133926
甘 肃	Gansu	3745.5	34.0	113758
青 海	Qinghai	1783.3	86.4	21652
宁 夏	Ningxia	2465.5	4.1	9220
新 疆	Xinjiang	3914.1	48.9	627877

资料来源：环境保护部(以下各表同)。

Source:Ministy of Environmental Protection (the same as in the following tables).

5-3 各地区工业固体废物综合利用和处置情况(2010年)
Treatment and Utilization of Industrial Solid Wastes by Region (2010)

单位：万吨 (10000 tons)

地 区	Region	工业固体废物综合利用量 Industrial Solid Wastes Utilized	#危险废物 Hazardous Wastes	工业固体废物贮存量 Stock of Industrial Solid Wastes	综合利用往年贮存量 Utilization of Stock of Wastes in Early Years
全 国	**National Total**	**161772.0**	**976.8**	**23918.3**	**1533.7**
北 京	Beijing	835.2	5.0	39.9	
天 津	Tianjin	1845.1	1.6	…	9.5
河 北	Hebei	17973.4	19.2	1830.7	87.0
山 西	Shanxi	12059.4	9.4	997.0	140.8
内蒙古	Inner Mongolia	9562.4	15.6	2151.6	0.0
辽 宁	Liaoning	8209.7	54.2	2534.5	235.1
吉 林	Jilin	3114.1	54.4	952.1	1.9
黑龙江	Heilongjiang	4168.8	6.9	835.0	44.8
上 海	Shanghai	2366.9	28.5	0.7	13.2
江 苏	Jiangsu	8760.6	75.2	215.4	49.4
浙 江	Zhejiang	4032.8	28.2	68.9	8.6
安 徽	Anhui	7849.1	7.6	518.0	125.3
福 建	Fujian	6214.9	3.4	107.7	10.9
江 西	Jiangxi	4379.1	7.9	557.1	1.3
山 东	Shandong	15297.3	269.8	384.1	112.5
河 南	Henan	8380.4	18.6	721.7	154.5
湖 北	Hubei	5520.9	8.5	237.6	42.3
湖 南	Hunan	4797.3	58.9	769.3	152.1
广 东	Guangdong	4952.6	74.5	177.4	37.8
广 西	Guangxi	4230.7	21.5	439.1	9.6
海 南	Hainan	178.4	0.1	33.4	
重 庆	Chongqing	2316.8	25.7	288.3	51.9
四 川	Sichuan	6159.2	68.4	1322.8	2.7
贵 州	Guizhou	4174.1	20.6	1472.9	7.8
云 南	Yunnan	4798.4	8.4	1844.5	59.7
西 藏	Tibet	0.2		6.8	
陕 西	Shaanxi	3753.2	14.8	1030.0	10.9
甘 肃	Gansu	1783.0	15.3	1011.5	107.3
青 海	Qinghai	758.6	10.9	1035.4	14.1
宁 夏	Ningxia	1422.3	2.6	563.5	8.8
新 疆	Xinjiang	1876.9	41.2	1771.1	34.1

5-3 续表 continued

地 区	Region	工业固体废物处置量(万吨) Industrial Solid Wastes Disposed (10000 tons)	#危险废物 Hazardous Wastes	工业固体废物综合利用率(%) Ratio of Industrial Solid Wastes Utilized (%)	"三废"综合利用产品产值(万元) Output Value of Products Made from Waste Gas, Waste Water & Solid Wastes (10000 yuan)
全 国	**National Total**	**57263.8**	**512.7**	**66.7**	**17785034**
北 京	Beijing	780.3	6.5	65.8	34366
天 津	Tianjin	27.0	8.7	98.6	192650
河 北	Hebei	12007.3	18.0	56.6	1071801
山 西	Shanxi	5273.2	1.5	65.5	426372
内蒙古	Inner Mongolia	5295.2	17.9	56.3	272375
辽 宁	Liaoning	6767.3	50.9	46.9	328090
吉 林	Jilin	577.5	23.9	67.1	391663
黑龙江	Heilongjiang	445.0	10.8	76.5	323471
上 海	Shanghai	93.9	23.4	96.2	170379
江 苏	Jiangsu	138.7	58.1	96.1	2189749
浙 江	Zhejiang	174.5	35.6	94.3	2863867
安 徽	Anhui	916.4	7.0	84.6	566922
福 建	Fujian	1181.1	5.0	82.9	375029
江 西	Jiangxi	4486.6	1.3	46.5	593473
山 东	Shandong	475.0	19.6	94.7	1871898
河 南	Henan	1770.4	3.5	77.1	743909
湖 北	Hubei	1096.5	8.8	80.5	822836
湖 南	Hunan	447.8	5.1	81.0	901207
广 东	Guangdong	350.5	43.1	90.2	624265
广 西	Guangxi	1563.1	1.9	67.8	510233
海 南	Hainan	0.4	0.2	84.1	31623
重 庆	Chongqing	155.2	10.8	80.2	291327
四 川	Sichuan	3758.5	39.7	54.8	457847
贵 州	Guizhou	2497.6	25.8	50.9	179143
云 南	Yunnan	2911.4	50.0	50.8	654555
西 藏	Tibet			1.8	239
陕 西	Shaanxi	2176.8	10.8	54.4	293500
甘 肃	Gansu	1150.2	13.8	46.3	224121
青 海	Qinghai	1.3	0.2	42.2	55188
宁 夏	Ningxia	489.5	1.5	57.5	100750
新 疆	Xinjiang	255.9	9.3	47.5	222187

5-4 各行业工业固体废物产生和排放情况(2010年)

Generation and Discharge of Industrial Solid Wastes by Sector (2010)

行　业	Sector	工业固体废物产生量(万吨) Industrial Solid Wastes Generated (10000 tons)	#危险废物 Hazardous Wastes	工业固体废物排放量(吨) Industrial Solid Wastes Dischared (ton)
行业合计	**Total**	**225093.65**	**1586.75**	**4378876**
煤炭开采和洗选业	Mining and Washing of Coal	27316.09	0.01	1877292
石油和天然气开采业	Extraction of Petroleum and Natural Gas	206.61	17.50	386
黑色金属矿采选业	Mining and Processing of Ferrous Metal Ores	31968.87	0.01	216175
有色金属矿采选业	Mining and Processing of Non-ferrous Metal Ores	29338.37	164.31	778360
非金属矿采选业	Mining and Processing of Nonmetal Ores	1780.21	93.49	56630
其他采矿业	Mining of Other Ores	72.62		2946
农副食品加工业	Processing of Food from Agricultural Products	2119.71	0.18	47087
食品制造业	Manufacture of Foods	668.43	0.86	15350
饮料制造业	Manufacture of Beverages	929.09	0.17	23929
烟草制品业	Manufacture of Tobacco	40.67	0.01	5739
纺织业	Manufacture of Textile	753.79	17.00	4455
纺织服装、鞋、帽制造业	Manufacture of Textile Wearing Apparel, Footware, and Caps	56.04	0.31	4165
皮革、毛皮、羽毛(绒)及其制品业	Manufacture of Leather, Fur, Feather and Related Products	74.67	3.45	3219
木材加工及木、竹、藤、棕、草制品业	Processing of Timber, Manufacture of Wood, Bamboo, Rattan, Palm, and Straw Products	209.72	0.01	2347
家具制造业	Manufacture of Furniture	17.90	0.14	773
造纸及纸制品业	Manufacture of Paper and Paper Products	2321.34	123.95	28715
印刷业和记录媒介的复制	Printing,Reproduction of Recording Media	13.14	1.15	6
文教体育用品制造业	Manufacture of Articles for Culture, Education and Sport Activity	4.07	0.31	401
石油加工、炼焦及核燃料加工业	Processing of Petroleum, Coking, Processing of Nuclear Fuel	3512.61	176.85	23649
化学原料及化学制品制造业	Manufacture of Raw Chemical Materials and Chemical Products	14359.14	390.03	120969

5-4 续表 continued

行 业	Sector	工业固体废物产生量(万吨) Industrial Solid Wastes Generated (10000 tons)	#危险废物 Hazardous Wastes	工业固体废物排放量(吨) Industrial Solid Wastes Dischared (ton)
医药制造业	Manufacture of Medicines	405.61	33.71	14243
化学纤维制造业	Manufacture of Chemical Fibers	460.55	49.10	14798
橡胶制品业	Manufacture of Rubber	140.78	0.45	3694
塑料制品业	Manufacture of Plastics	74.58	2.43	539
非金属矿物制品业	Manufacture of Non-metallic Mineral Products	5160.60	12.33	269758
黑色金属冶炼及压延加工业	Smelting and Pressing of Ferrous Metals	38007.86	103.16	105512
有色金属冶炼及压延加工业	Smelting and Pressing of Non-ferrous Metals	8791.10	181.84	266752
金属制品业	Manufacture of Metal Products	364.15	37.46	1781
通用设备制造业	Manufacture of General Purpose Machinery	573.23	7.87	11242
专用设备制造业	Manufacture of Special Purpose Machinery	211.21	3.72	13685
交通运输设备制造业	Manufacture of Transport Equipment	561.80	20.34	10686
电气机械及器材制造业	Manufacture of Electrical Machinery and Equipment	80.52	13.48	238
通信设备、计算机及其他电子设备制造业	Manufacture of Communication Equipment, Computers and Other Electronic Equipment	166.34	96.19	1161
仪器仪表及文化、办公用机械制造业	Manufacture of Measuring Instruments and Machinery for Cultural Activity and Office Work	30.59	15.11	5
工艺品及其他制造业	Manufacture of Artwork and Other Manufacturing	34.22	0.42	913
废弃资源和废旧材料回收加工业	Recycling and Disposal of Waste	66.43	0.52	2061
电力、热力的生产和供应业	Production and Distribution of Electric Power and Heat Power	53823.12	16.79	448578
燃气生产和供应业	Production and Distribution of Gas	73.34	0.58	264
水的生产和供应业	Production and Distribution of Water	21.94	1.34	333
其它行业	Other Sectors	282.59	0.17	40

5-5 各行业工业固体废物综合利用和处置情况(2010年)
Treatment and Utilization of Industrial Solid Wastes by Sector (2010)

单位：万吨 (10000 tons)

行业	Sector	工业固体废物综合利用量 Industrial Solid Wastes Utilized	#危险废物 Hazardous Wastes	工业固体废物处置量 Industrial Solid Wastes Disposed	#危险废物 Hazardous Wastes
行业合计	**Total**	**150899.41**	**976.80**	**53652.52**	**512.66**
煤炭开采和洗选业	Mining and Washing of Coal	20906.06	…	5327.00	0.01
石油和天然气开采业	Extraction of Petroleum and Natural Gas	77.98	8.73	122.70	8.91
黑色金属矿采选业	Mining and Processing of Ferrous Metal Ores	6657.94		19841.32	4.79
有色金属矿采选业	Mining and Processing of Non-ferrous Metal Ores	11581.93	80.89	12908.42	72.31
非金属矿采选业	Mining and Processing of Nonmetal Ores	932.54	20.30	432.04	…
其他采矿业	Mining of Other Ores	52.27		15.18	
农副食品加工业	Processing of Food from Agricultural Products	2073.01	0.07	34.79	0.17
食品制造业	Manufacture of Foods	652.74	0.04	13.34	0.86
饮料制造业	Manufacture of Beverages	910.05	0.09	15.90	0.10
烟草制品业	Manufacture of Tobacco	33.65	…	5.83	0.02
纺织业	Manufacture of Textile	706.40	9.32	46.62	8.31
纺织服装、鞋、帽制造业	Manufacture of Textile Wearing Apparel, Footware, and Caps	53.19	0.16	2.42	0.16
皮革、毛皮、羽毛(绒)及其制品业	Manufacture of Leather, Fur, Feather and Related Products	59.95	0.43	14.33	3.02
木材加工及木、竹、藤、棕、草制品业	Processing of Timber, Manufacture of Wood, Bamboo,Rattan, Palm, and Straw Products	207.47	…	2.00	0.01
家具制造业	Manufacture of Furniture	17.53	0.02	0.29	0.12
造纸及纸制品业	Manufacture of Paper and Paper Products	2107.06	122.43	160.89	3.74
印刷业和记录媒介的复制	Printing,Reproduction of Recording Media	10.91	0.41	2.19	0.74
文教体育用品制造业	Manufacture of Articles for Culture, Education and Sport Activity	3.58	0.12	0.45	0.19
石油加工、炼焦及核燃料加工业	Processing of Petroleum, Coking, Processing of Nuclear Fuel	2761.15	123.99	710.90	54.16
化学原料及化学制品制造业	Manufacture of Raw Chemical Materials and Chemical Products	10178.52	236.10	2787.65	132.57

5-5 续表 1 continued

单位：万吨 (10000 tons)

行业	Sector	工业固体废物综合利用量 Industrial Solid Wastes Utilized	#危险废物 Hazardous Wastes	工业固体废物处置量 Industrial Solid Wastes Disposed	#危险废物 Hazardous Wastes
医药制造业	Manufacture of Medicines	370.86	25.18	31.76	8.71
化学纤维制造业	Manufacture of Chemical Fibers	436.26	46.84	15.43	2.18
橡胶制品业	Manufacture of Rubber	136.93	0.12	3.46	0.32
塑料制品业	Manufacture of Plastics	69.79	0.50	4.74	1.96
非金属矿物制品业	Manufacture of Non-metallic Mineral Products	5234.52	9.22	235.04	3.30
黑色金属冶炼及压延加工业	Smelting and Pressing of Ferrous Metals	33318.52	79.77	3370.88	26.50
有色金属冶炼及压延加工业	Smelting and Pressing of Non-ferrous Metals	4352.85	105.43	3261.32	71.77
金属制品业	Manufacture of Metal Products	322.48	14.54	41.12	22.93
通用设备制造业	Manufacture of General Purpose Machinery	535.62	4.40	34.58	3.58
专用设备制造业	Manufacture of Special Purpose Machinery	183.42	1.88	17.30	1.85
交通运输设备制造业	Manufacture of Transport Equipment	495.53	3.86	64.07	16.48
电气机械及器材制造业	Manufacture of Electrical Machinery and Equipment	69.78	6.87	10.66	6.60
通信设备、计算机及其他电子设备制造业	Manufacture of Communication Equipment, Computers and Other Electronic Equipment	123.38	63.60	42.60	32.93
仪器仪表及文化、办公用机械制造业	Manufacture of Measuring Instruments and Machinery for Cultural Activity and Office Work	14.92	2.12	15.68	13.03
工艺品及其他制造业	Manufacture of Artwork and Other Manufacturing	33.26	0.13	0.86	0.29
废弃资源和废旧材料回收加工业	Recycling and Disposal of Waste	63.66	0.01	1.70	0.34
电力、热力的生产和供应业	Production and Distribution of Electric Power and Heat Power	44819.53	8.48	4040.34	8.42
燃气生产和供应业	Production and Distribution of Gas	65.82	0.54	7.46	0.05
水的生产和供应业	Production and Distribution of Water	13.12	0.08	8.71	1.18
其它行业	Other Sectors	255.24	0.12	0.51	0.05

5-5 续表 2 continued

行　业	Sector	工业固体废物综合利用率(%) Ratio of Industrial Solid Wastes Utilizedsed (%)	"三废"综合利用产品产值(万元) Output Value of Products Made from Waste Gas, WasteWater & Solid Wastes (10000 yuan)
行业合计	**Total**	**66.6**	**17785034**
煤炭开采和洗选业	Mining and Washing of Coal	75.6	299842
石油和天然气开采业	Extraction of Petroleum and Natural Gas	37.7	235807
黑色金属矿采选业	Mining and Processing of Ferrous Metal Ores	20.8	36844
有色金属矿采选业	Mining and Processing of Non-ferrous Metal Ores	39.3	325171
非金属矿采选业	Mining and Processing of Nonmetal Ores	52.4	30891
其他采矿业	Mining of Other Ores	72.0	1457
农副食品加工业	Processing of Food from Agricultural Products	97.8	513159
食品制造业	Manufacture of Foods	97.7	198922
饮料制造业	Manufacture of Beverages	97.9	284846
烟草制品业	Manufacture of Tobacco	82.7	8031
纺织业	Manufacture of Textile	93.7	278413
纺织服装、鞋、帽制造业	Manufacture of Textile Wearing Apparel, Footware, and Caps	94.9	2965
皮革、毛皮、羽毛(绒)及其制品业	Manufacture of Leather, Fur, Feather and Related Products	80.3	19013.8
木材加工及木、竹、藤、棕、草制品业	Processing of Timber, Manufacture of Wood, Bamboo,Rattan, Palm, and Straw Products	98.9	109439
家具制造业	Manufacture of Furniture	97.9	6853.3
造纸及纸制品业	Manufacture of Paper and Paper Products	90.5	2298091
印刷业和记录媒介的复制	Printing,Reproduction of Recording Media	83.1	6487
文教体育用品制造业	Manufacture of Articles for Culture, Education and Sport Activity	88.0	830
石油加工、炼焦及核燃料加工业	Processing of Petroleum, Coking, Processing of Nuclear Fuel	78.2	1118174
化学原料及化学制品制造业	Manufacture of Raw Chemical Materials and Chemical Products	70.4	1357445

5-5 续表 3 continued

行　　业	Sector	工业固体废物综合利用率(%) Ratio of Industrial Solid Wastes Utilizedsed (%)	"三废"综合利用产品产值(万元) Output Value of Products Made from Waste Gas, WasteWater & Solid Wastes (10000 yuan)
医药制造业	Manufacture of Medicines	91.4	144234
化学纤维制造业	Manufacture of Chemical Fibers	94.5	111179
橡胶制品业	Manufacture of Rubber	97.3	90802
塑料制品业	Manufacture of Plastics	93.6	65850
非金属矿物制品业	Manufacture of Non-metallic Mineral Products	96.1	4303750
黑色金属冶炼及压延加工业	Smelting and Pressing of Ferrous Metals	87.5	2782605
有色金属冶炼及压延加工业	Smelting and Pressing of Non-ferrous Metals	49.3	1238399
金属制品业	Manufacture of Metal Products	88.6	150871
通用设备制造业	Manufacture of General Purpose Machinery	93.4	123278
专用设备制造业	Manufacture of Special Purpose Machinery	86.8	72677
交通运输设备制造业	Manufacture of Transport Equipment	88.2	234705
电气机械及器材制造业	Manufacture of Electrical Machinery and Equipment	86.7	77390
通信设备、计算机及其他电子设备制造业	Manufacture of Communication Equipment, Computers and Other Electronic Equipment	74.2	301913
仪器仪表及文化、办公用机械制造业	Manufacture of Measuring Instruments and Machinery for Cultural Activity and Office Work	48.8	18900
工艺品及其他制造业	Manufacture of Artwork and Other Manufacturing	97.2	6514
废弃资源和废旧材料回收加工业	Recycling and Disposal of Waste	95.8	140315
电力、热力的生产和供应业	Production and Distribution of Electric Power and Heat Power	82.4	742238
燃气生产和供应业	Production and Distribution of Gas	89.8	2342
水的生产和供应业	Production and Distribution of Water	59.8	538
其它行业	Other Sectors	90.3	43855

5-6 主要城市工业固体废物产生、排放和综合利用情况(2010年)
Generation, Discharge and Utilization of Industrial Solid Wastes in Major Cities (2010)

城市	City	工业固体废物产生量(万吨) Industrial Solid Wastes Generated (10000 tons)	#危险废物 Hazardous Wastes	工业固体废物综合利用量(万吨) Industrial Solid Wastes Utilized (10000 tons)	工业固体废物排放量(吨) Industrial Solid Wastes Dischared (ton)	工业固体废物综合利用率(%) Ratio of Industrial Solid Wastes Utilizedsed (%)
北京	Beijing	1268.9	11.45	835.2	611	65.8
天津	Tianjin	1862.4	10.21	1845.1		98.6
石家庄	Shijiazhuang	1567.6	23.33	1498.1		93.4
太原	Taiyuan	2554.6	2.28	1335.3	78754	52.3
呼和浩特	Hohhot	826.1	0.23	319.8		38.7
沈阳	Shenyang	895.4	7.73	856.7	214	95.7
长春	Changchun	474.2	1.26	472.1		99.6
哈尔滨	Harbin	1442.8	1.27	1293.9	2481	89.7
上海	Shanghai	2448.4	51.25	2366.9	2	96.2
南京	Nanjing	1656.5	22.53	1471.4		88.8
杭州	Hangzhou	707.2	8.21	665.7	1800	94.1
合肥	Hefei	339.5	0.39	335.3		98.8
福州	Fuzhou	693.3	1.50	557.6	2820	80.4
南昌	Nanchang	216.9	0.44	203.0	6472	93.6
济南	Jinan	1011.7	4.13	986.7		97.5
郑州	Zhengzhou	958.9	0.25	796.2	350	83.0
武汉	Wuhan	1324.8	3.64	1337.3		98.6
长沙	Changsha	149.0	0.15	148.6	1799	99.7
广州	Guangzhou	692.1	24.54	622.2	45	89.8
南宁	Nanning	407.7	0.04	384.2	1100	94.0
海口	Haikou	4.2	0.10	4.1		97.0
重庆	Chongqing	2837.4	36.42	2316.8	1336308	80.2
成都	Chengdu	513.4	1.94	511.2		99.6
贵阳	Guiyang	1167.7	0.91	658.5	508	56.2
昆明	Kunming	2284.0	1.30	944.0	94830	41.3
拉萨	Lhasa	6.7		0.1	8361	1.3
西安	Xi'an	248.5	1.01	243.6	1790	98.1
兰州	Lanzhou	507.3	13.99	413.2		78.9
西宁	Xining	391.8	13.26	339.2	8172	83.6
银川	Yinchuan	197.7	0.74	149.1	6900	75.4
乌鲁木齐	Urumqi	691.8	1.03	471.8	7712	68.2

5-7 沿海城市工业固体废物产生、排放和综合利用情况(2010年) Generation, Discharge and Utilization of Industrial Solid Wastes in Coastal Cities (2010)

城市	City	工业固体废物产生量(万吨) Industrial Solid Wastes Generated (10000 tons)	#危险废物 Hazardous Wastes	工业固体废物综合利用量(万吨) Industrial Solid Wastes Utilized (10000 tons)	工业固体废物排放量(吨) Industrial Solid Wastes Dischared (ton)	工业固体废物综合利用率(%) Ratio of Industrial Solid Wastes Utilizedsed (%)
天津	Tianjin	1862.4	10.21	1845.1		98.6
秦皇岛	Qinhuangdao	1482.3	1.24	883.0		59.6
大连	Dalian	290.0	7.06	274.5	7658	94.7
上海	Shanghai	2448.4	51.25	2366.9	2	96.2
连云港	Lianyungang	293.0	0.51	282.8		91.9
宁波	Ningbo	1154.1	21.46	1034.8	300	89.7
温州	Wenzhou	217.7	5.93	207.6	2733	95.4
福州	Fuzhou	693.3	1.50	557.6	2820	80.4
厦门	Xiamen	135.1	1.89	117.9		87.3
青岛	Qingdao	909.2	2.55	907.5		98.3
烟台	Yantai	2155.5	111.46	1908.0		88.5
深圳	Shenzhen	146.4	38.38	134.7	500	92.0
珠海	Zhuhai	274.9	6.35	270.0	3600	98.2
汕头	Shantou	101.1	0.69	96.9	201	94.9
湛江	Zhanjiang	305.4	0.15	280.8	9721	91.3
北海	Beihai	170.7	0.08	126.0	6494	73.9
海口	Haikou	4.2	0.10	4.1		97.0

5-8 各地区医疗废物产生和处置情况(2010年)
Generation and Treatment of Medical Wastes by Region (2010)

地　区	Region	医疗废物产生量(吨) Generation of Medical Wastes (ton)	医疗废物处置量(吨) Treatment of Medical Wastes (ton)	医疗废物处理设施数(个) Facilities for Treatment of Medical Wastes (set)	处理设施运行费用(万元) Annual Expenditure for Operation (10000 yuan)	放射源数(个) Number of Radioactive Sources (set)
全　国	**National Total**	**336209**	**332217**	**4945**	**935764**	**10505**
北　京	Beijing	14853	14853	72	479	340
天　津	Tianjin	3846	3846	3	187	73
河　北	Hebei	6354	6292	265	16943	605
山　西	Shanxi	7522	7443	154	6742	344
内蒙古	Inner Mongolia	6361	6357	138	833	181
辽　宁	Liaoning	8098	7807	180	33158	384
吉　林	Jilin	3677	3666	161	379	532
黑龙江	Heilongjiang	7168	6942	160	960	364
上　海	Shanghai	15511	15504	212	769	77
江　苏	Jiangsu	20515	20512	111	1941	471
浙　江	Zhejiang	21125	21038	135	51099	344
安　徽	Anhui	7205	7186	100	3150	286
福　建	Fujian	8024	8023	65	1169	236
江　西	Jiangxi	45910	45868	533	55286	290
山　东	Shandong	18864	18843	134	83657	714
河　南	Henan	13890	13799	193	130710	403
湖　北	Hubei	6478	5850	142	845	212
湖　南	Hunan	10985	10797	148	49486	666
广　东	Guangdong	33201	33183	439	74787	955
广　西	Guangxi	12231	12204	177	26561	244
海　南	Hainan	1838	1838	71	209	66
重　庆	Chongqing	8222	8222	56	1295	549
四　川	Sichuan	12317	11677	224	7699	669
贵　州	Guizhou	6143	5554	60	12542	199
云　南	Yunnan	8338	8045	182	1273	101
西　藏	Tibet					
陕　西	Shaanxi	9757	9730	176	145693	362
甘　肃	Gansu	4290	4112	128	293	334
青　海	Qinghai	1994	1917	9	40	64
宁　夏	Ningxia	1594	1594	70	67691	54
新　疆	Xinjiang	9901	9517	447	159893	386

六、自然生态

Natural Ecology

6-1 全国历年自然生态情况(2000-2010年)
Natural Ecology in Past Years (2000-2010)

年 份 Year	自然保护区数 (个) Number of Nature Reserves (unit)	自然保护区面积 (万公顷) Area of Nature Reserves (10000 hectares)	保护区面积占辖区面积比重 (%) Percentage of Nature Reserves in the Region (%)	除涝面积 (万公顷) Area with Flood Prevention Measures (10000 hectares)	水土流失治理面积 (万公顷) Area of Soil Erosion under Control (10000 hectares)
2000	1227	9821	9.9		8096.1
2001	1551	12989	12.9		8153.9
2002	1757	13295	13.2		8541.0
2003	1999	14398	14.4	2113.9	8971.4
2004	2194	14823	14.8	2119.8	9200.5
2005	2349	14995	15.0	2134.0	9465.5
2006	2395	15154	15.2	2137.6	9749.1
2007	2531	15188	15.2	2141.9	9987.1
2008	2538	14894	14.9	2142.5	10158.7
2009	2541	14775	14.7	2158.4	10454.5
2010	2588	14944	14.9	2169.2	10680.0

6-2 各地区自然保护基本情况(2010年)

Basic Situation of Natural Protection by Region (2010)

地　区	Region	自然保护区数(个) Number of Nature Reserves (unit)	#国家级 Nation Level	#省级 Province Level	自然保护区面积(万公顷) Area of Nature Reserves (10000 hectares)	#国家级 Nation Level	#省级 Province Level	保护区面积占辖区面积比重(%) Percentage of Nature Reserves in the Region (%)
全　国	**National Total**	**2588**	**319**	**859**	**14944.1**	**9267.6**	**4174.8**	**14.9**
北　京	Beijing	20	2	12	13.4	2.6	7.1	8.0
天　津	Tianjin	8	3	5	9.1	3.8	5.3	8.1
河　北	Hebei	35	11	20	58.7	21.7	35.1	3.1
山　西	Shanxi	46	5	41	115.4	8.3	107.1	7.4
内蒙古	Inner Mongolia	185	23	61	1382.4	384.4	709.0	11.7
辽　宁	Liaoning	98	12	27	266.2	93.6	83.1	12.5
吉　林	Jilin	38	13	16	230.4	92.1	133.9	12.3
黑龙江	Heilongjiang	202	23	78	640.8	233.7	289.1	14.1
上　海	Shanghai	4	2	2	9.4	6.6	2.8	5.2
江　苏	Jiangsu	30	3	10	56.5	33.6	8.5	4.1
浙　江	Zhejiang	31	9	9	19.5	9.8	6.1	1.5
安　徽	Anhui	98	6	27	50.2	13.1	29.0	3.6
福　建	Fujian	92	12	26	44.5	20.6	13.1	3.2
江　西	Jiangxi	178	8	32	111.6	14.4	38.9	6.7
山　东	Shandong	86	7	33	113.5	25.7	49.9	4.9
河　南	Henan	34	11	21	73.5	42.6	30.7	4.4
湖　北	Hubei	64	10	19	95.9	24.0	39.6	5.2
湖　南	Hunan	123	17	31	124.5	50.1	43.8	5.9
广　东	Guangdong	367	11	63	359.2	22.6	64.4	7.0
广　西	Guangxi	78	16	50	145.1	30.8	90.4	6.0
海　南	Hainan	50	9	24	273.7	10.7	261.6	7.0
重　庆	Chongqing	48	3	19	82.8	19.6	33.9	9.9
四　川	Sichuan	166	23	66	890.4	277.5	295.2	18.4
贵　州	Guizhou	129	8	4	95.2	24.4	5.7	5.4
云　南	Yunnan	167	16	44	298.8	142.7	88.3	7.8
西　藏	Tibet	47	9	13	4150.3	3715.3	434.3	34.0
陕　西	Shaanxi	54	12	35	116.1	35.1	71.4	5.6
甘　肃	Gansu	59	15	40	734.7	478.4	244.8	16.2
青　海	Qinghai	11	5	6	2182.2	2025.2	157.0	30.2
宁　夏	Ningxia	13	6	7	50.7	44.0	6.8	9.8
新　疆	Xinjiang	27	9	18	2149.4	1360.6	788.8	13.0

资料来源：环境保护部。

Source:Ministry of Environmental Protection.

6-3 各地区草原建设利用情况(2010年)

Construction & Utilization of Grassland by Region (2010)

单位：千公顷　　　　(1000 hectares)

地　区	Region	草原总面积 Area of Grassland	可利用草原面积 Grassland Available	累计种草保留面积 Accumulated Grass Reserved	当年新增种草面积 Newly Increased Grassland of the Year
全　国	**National Total**	**392832.7**	**330995.4**	**21350.0**	**7502.3**
北　京	Beijing	394.8	336.3	11.1	6.8
天　津	Tianjin	146.6	135.4	7.0	6.5
河　北	Hebei	4712.1	4085.3	668.5	138.6
山　西	Shanxi	4552.0	4552.0	365.7	90.4
内蒙古	Inner Mongolia	78804.5	63591.1	4368.1	1901.1
辽　宁	Liaoning	3388.8	3239.3	575.9	362.8
吉　林	Jilin	5842.2	4379.0	702.4	363.9
黑龙江	Heilongjiang	7531.8	6081.7	1328.1	381.2
上　海	Shanghai	73.3	37.3	1.2	
江　苏	Jiangsu	412.7	325.7	39.9	31.9
浙　江	Zhejiang	3169.9	2075.2	50.5	34.9
安　徽	Anhui	1663.2	1485.2	127.5	70.3
福　建	Fujian	2048.0	1957.1	54.4	32.2
江　西	Jiangxi	4442.3	3847.6	247.5	134.2
山　东	Shandong	1638.0	1329.2	180.2	82.0
河　南	Henan	4433.8	4043.3	293.0	52.7
湖　北	Hubei	6352.2	5071.5	179.1	82.0
湖　南	Hunan	6372.7	5666.3	226.2	58.9
广　东	Guangdong	3266.2	2677.2	36.6	22.1
广　西	Guangxi	8698.3	6500.3	86.2	19.5
海　南	Hainan	949.8	843.3	18.2	0.2
重　庆	Chongqing	2158.4	1867.2	81.1	35.6
四　川	Sichuan	20380.4	17753.1	1818.4	1082.5
贵　州	Guizhou	4287.3	3759.7	491.4	174.5
云　南	Yunnan	15308.4	11925.6	657.9	212.8
西　藏	Tibet	82051.9	70846.8	1176.1	220.0
陕　西	Shaanxi	5206.2	4349.2	856.0	91.8
甘　肃	Gansu	17904.2	16071.6	3409.4	583.2
青　海	Qinghai	36369.7	31530.7	799.3	580.2
宁　夏	Ningxia	3014.1	2625.6	831.6	236.6
新　疆	Xinjiang	54504.2	45902.2	1527.6	391.0
新疆兵团	Xinjiang Production & Construction Corps	2754.6	2104.6	133.7	21.6

资料来源：农业部。
Source: Ministry of Agriculture.

6-4 各地区地质公园建设情况(2010年)

Construction of Geoparks by Region (2010)

地　区 Region	地质公园(个) Geopark (unit)	#国家级 Nation Level	地质公园积(公顷) Area of Geopark (hectare)	#国家级 Nation Level	地质公园类别(个) Categories of Geoparks (unit)			建设投资(万元) Investment in Construction (10000 yuan)	#本年投资 Investment in Current Year
					地质构造、剖面和形迹 Geological Structure, Section or Traces	古生物化石 Fossil	地质地貌景观 Geological-geomor Phological Landscape		
全　国 National Total	**327**	**138**	**10425486**	**6509322**	**45**	**30**	**252**	**3127611**	**336729**
北　京 Beijing	7	3	193657	56350	1	1	5	177300	37700
天　津 Tianjin	1	1	34200	34200	1			5612	380
河　北 Hebei	14	7	544263	134750	3	1	10	72044	1660
山　西 Shanxi	14	4	124102	124102	1	1	12	57649	15986
内蒙古 Inner Mongolia	12	3	661647	335190		3	9	15412	4530
辽　宁 Liaoning	6	4	276233	255321	1	2	3	46211	9196
吉　林 Jilin	8	1	325281	38278			8	14824	3160
黑龙江 Heilongjiang	23	5	1121312	776386		1	22	59615	21300
上　海 Shanghai	1	1	14500	14500			1	3230	1300
江　苏 Jiangsu	5	2	10979	492			5	45599	5108
浙　江 Zhejiang	7	4	50329	44546	1	1	5	29160	3373
安　徽 Anhui	14	7	145774	112912	2		12	47175	6245
福　建 Fujian	10	8	172882	143952	1		9	218607	12350
江　西 Jiangxi	8	4	365809	203613			8	208108	17474
山　东 Shandong	25	6	353788	231560	2	1	22	114940	17515
河　南 Henan	25	11	357124	557300	11	3	11	134346	24386
湖　北 Hubei	18	4	288444	101575	1	2	15	40943	16306
湖　南 Hunan	15	6	289000	140200			15	149772	4800
广　东 Guangdong	7	7	95870	95870	2		5	235986	7737
广　西 Guangxi	9	5	128827	61147	1		8	29469	3493
海　南 Hainan	3	1	337398	10800			3	3291	160
重　庆 Chongqing	7	3	13836	13722		1	6	7159	3857
四　川 Sichuan	25	12	497858	97343	7	4	14	617336	34120
贵　州 Guizhou	11	6	258813	219160		2	9	10306	3747
云　南 Yunnan	6	6	1462179	1404469		2	4	178501	11809
西　藏 Tibet	5	2	540886	462480	3		2	7425	1390
陕　西 Shaanxi	9	3	121283	118405	2		7	282771	19710
甘　肃 Gansu	21	4	1227513	334240	3	3	15	25020	6330
青　海 Qinghai	4	4	174900	174900			4	4780	1880
宁　夏 Ningxia	4	1	38201	12960	2	1	1	2230	1560
新　疆 Xinjiang	3	3	198600	198600		1	2	282790	38168

资料来源：国土资源部(下表同)。

Source:Ministry of Land and Resources (the same as in the following table).

6-5 各地区矿山环境保护情况(2010年)
Protection of Mine Environment by Region (2010)

地 区	Region	矿山占用破坏土地(公顷) Land Occupied or Destructed by Mines (hectare)	矿山环境恢复治理 Rehabilitation and Inprovement of Mine Environment			
			投入资金(万元) Investment (10000 yuan)	中央财政 Central Finance	地方财政 Local Finance	恢复面积(公顷) Area of Rehabilitation (hectare)
全 国	**National Total**	**2484184**	**1182251**	**565310**	**242337**	**52463**
北 京	Beijing	21950	9999	7200	2116	330
天 津	Tianjin	1646	10140	3640		50
河 北	Hebei	44866	47605	29210	5233	1685
山 西	Shanxi	109857	27276	10000	10716	1016
内蒙古	Inner Mongolia	399528	175992	11500	19300	19238
辽 宁	Liaoning	102935	106847	85310	13645	669
吉 林	Jilin	15036	37100	26530	3000	327
黑龙江	Heilongjiang	895956	32652	17690	13230	937
上 海	Shanghai	31	990	140		4
江 苏	Jiangsu	24682	55685	10500	42874	1200
浙 江	Zhejiang	10216	18628	3550	9492	353
安 徽	Anhui	70283	45378	27800	4749	814
福 建	Fujian	4556	16507	1580	1375	472
江 西	Jiangxi	81331	35858	24970	2597	901
山 东	Shandong	28222	83638	30030	20931	3278
河 南	Henan	38715	59541	27040	31369	231
湖 北	Hubei	20747	48251	38380	9541	376
湖 南	Hunan	22848	92583	44000	12868	1510
广 东	Guangdong	14408	19995	5110	2528	842
广 西	Guangxi	56895	32048	21850	6889	922
海 南	Hainan	6241	1020	650		436
重 庆	Chongqing	13220	16309	11060	3260	3048
四 川	Sichuan	13750	26018	10000	10344	1532
贵 州	Guizhou	12438	28349	11120	765	217
云 南	Yunnan	36802	41823	23430	4632	1386
西 藏	Tibet	9074	3570	3570		510
陕 西	Shaanxi	52156	28708	19390	2804	267
甘 肃	Gansu	39930	30649	23000	6030	938
青 海	Qinghai	244000	12500	12500		5537
宁 夏	Ningxia	63830	17970	15670	300	1428
新 疆	Xinjiang	28035	18623	8890	1750	2008

6-6 各流域除涝情况(2010年)
Flood Prevention Measures by River Valley (2010)

单位：千公顷 (1000 hectares)

流域片	River Valley	累计除涝面积 Area with Flood Prevention Measures	本年除涝面积 Change in Area with Flood Prevention Measures	
			新 增 Increase	减 少 Reduction
全 国	**National Total**	**21691.74**	**224.91**	**123.89**
松花江区	Songhuajiang River	4284.38	25.81	6.80
辽河区	Liaohe River	1290.87	6.19	4.11
海河区	Haihe River	3231.61	31.29	17.83
黄河区	Huanghe River	597.70	6.62	5.30
淮河区	Huaihe River	6764.82	101.11	66.91
长江区	Changjiang River	4142.50	37.14	20.88
东南诸河区	Southeastern Rivers	401.03	4.98	1.34
珠江区	Zhujiang River	827.16	4.78	0.53
西南诸河区	Southwestern Rivers	106.78	3.58	0.17
西北诸河区	Northwestern Rivers	44.90	3.41	0.01

资料来源:水利部(以下各表同)。
Source:Ministry of Water Resource (the same as in the following tables).

6-7 各流域水土流失治理情况(2010年)
Area of Soil Erosion under Control by River Valley (2010)

单位：千公顷 (1000 hectares)

流域片	River Valley	累计水土流失治理面积 Area of Soil Erosion under Control	#小流域治理面积 Small Drainage Area	水土流失治理面积 Change in Area of Soil Erosion under Control	
				新 增 Increase	减 少 Reduction
全 国	**National Total**	**106799.9**	**41602.0**	**4014.7**	**1737.2**
松花江区	Songhuajiang River	9050.8	2229.1	275.5	61.4
辽河区	Liaohe River	11035.0	5124.9	264.5	65.3
海河区	Haihe River	10036.6	4621.7	319.1	176.2
黄河区	Huanghe River	23994.8	6817.1	1064.9	728.1
淮河区	Huaihe River	6862.7	2813.6	120.8	34.2
长江区	Changjiang River	32932.3	15339.3	1484.6	559.2
东南诸河区	Southeastern Rivers	4100.7	1360.0	146.6	82.1
珠江区	Zhujiang River	5162.4	2055.9	145.6	10.8
西南诸河区	Southwestern Rivers	1783.2	727.2	93.5	3.3
西北诸河区	Northwestern Rivers	1841.5	513.4	99.6	16.6

6-8 各地区除涝情况(2010年)

Flood Prevention Measures by Region (2010)

单位：千公顷 (1000 hectares)

地 区	Region	累计除涝面积 Area with Flood Prevention Measures	本年除涝面积 Change in Area with Flood Prevention Measures	
			新 增 Increase	减 少 Reduction
全 国	**National Total**	**21691.74**	**224.91**	**123.89**
北 京	Beijing	149.77		
天 津	Tianjin	377.22		9.11
河 北	Hebei	1648.64	1.13	
山 西	Shanxi	89.13		
内蒙古	Inner Mongolia	277.00		
辽 宁	Liaoning	985.25	6.19	4.11
吉 林	Jilin	1021.40	0.08	
黑龙江	Heilongjiang	3334.90	25.73	6.80
上 海	Shanghai	55.35	2.56	1.78
江 苏	Jiangsu	2802.51	22.93	31.71
浙 江	Zhejiang	496.71	1.59	1.50
安 徽	Anhui	2269.05	18.24	0.57
福 建	Fujian	129.58	3.58	0.18
江 西	Jiangxi	375.72	6.68	1.39
山 东	Shandong	2651.80	39.16	10.76
河 南	Henan	1958.97	75.69	52.70
湖 北	Hubei	1219.17	4.20	1.64
湖 南	Hunan	486.34	2.16	0.80
广 东	Guangdong	514.49	2.27	0.42
广 西	Guangxi	209.57	0.92	0.10
海 南	Hainan	17.51	0.30	
重 庆	Chongqing			
四 川	Sichuan	93.98	1.35	0.01
贵 州	Guizhou	54.00	1.62	
云 南	Yunnan	253.99	5.02	0.18
西 藏	Tibet	22.34		
陕 西	Shaanxi	130.81	0.11	0.12
甘 肃	Gansu	12.48		
青 海	Qinghai			
宁 夏	Ningxia	10.50		
新 疆	Xinjiang	43.56	3.41	0.01

6-9 各地区水土流失治理情况(2010年)
Area of Soil Erosion under Control by Region (2010)

单位：千公顷 (1000 hectares)

地 区	Region	累计水土流失治理面积 Area of Soil Erosion under Control	#小流域治理面积 Smasll Drainage Area	水土流失治理面积 Change in Area of Soil Erosion under Control 新增 Increase	减少 Reduction
全 国	**National Total**	**106799.9**	**41602.0**	**4014.7**	**1737.2**
北 京	Beijing	542.8	542.8	31.0	
天 津	Tianjin	46.4	23.7	1.4	0.6
河 北	Hebei	6290.3	3163.0	151.5	91.9
山 西	Shanxi	5352.5	794.2	287.4	28.8
内蒙古	Inner Mongolia	10897.5	3400.9	447.0	116.9
辽 宁	Liaoning	6333.7	3550.0	144.0	52.7
吉 林	Jilin	3586.6	465.6	50.3	4.3
黑龙江	Heilongjiang	4690.5	1584.2	153.3	57.4
上 海	Shanghai				
江 苏	Jiangsu	1052.3	333.2	22.1	7.3
浙 江	Zhejiang	2431.6	530.4	77.1	47.3
安 徽	Anhui	2136.1	932.2	34.0	0.2
福 建	Fujian	1470.8	771.2	67.5	34.6
江 西	Jiangxi	4514.0	879.2	206.2	27.0
山 东	Shandong	4651.5	1423.0	82.3	24.0
河 南	Henan	4428.7	2648.0	188.0	208.7
湖 北	Hubei	4666.5	1821.1	217.5	0.7
湖 南	Hunan	2899.0	805.1	43.2	7.0
广 东	Guangdong	1378.5	560.7	13.8	2.3
广 西	Guangxi	1873.8	282.4	32.7	2.6
海 南	Hainan	32.7	0.4	0.2	
重 庆	Chongqing	2312.3	1944.4	92.8	47.0
四 川	Sichuan	6329.6	3742.1	243.1	13.7
贵 州	Guizhou	3109.1	2740.7	112.0	0.1
云 南	Yunnan	5555.6	2856.5	324.7	17.0
西 藏	Tibet	40.4	3.6		
陕 西	Shaanxi	9120.7	3165.2	660.8	682.9
甘 肃	Gansu	7944.7	1924.6	190.1	52.5
青 海	Qinghai	825.5	305.0	13.2	
宁 夏	Ningxia	1865.8	253.2	100.9	209.5
新 疆	Xinjiang	420.4	155.4	26.5	

6-10 各地区湿地情况
Area of Wetland by Region

地 区	Region	湿地面积（千公顷）Area of Wetland (1000 hectares)	自然湿地 Natural Wetland	近岸及海岸 Coast & Seashores	河流 Rivers	湖泊 Lakes	沼泽 Marshland	人工湿地 Man-made Wetland	湿地总面积占国土面积比重(%) Proportion of Wetland in Total Aera of Territory (%)
全 国	**National Total**	**38485.5**	**36200.6**	**5941.7**	**8207.0**	**8351.6**	**13700.3**	**2285.0**	**4.01**
北 京	Beijing	34.4	5.0		5.0			29.4	1.93
天 津	Tianjin	171.8	133.7	58.1	55.1	12.3	8.2	38.1	14.95
河 北	Hebei	1081.9	1042.3	278.8	319.3	307.2	136.9	39.6	5.82
山 西	Shanxi	499.9	462.2		454.1	8.1		37.7	3.19
内蒙古	Inner Mongolia	4245.0	4200.8		607.5	495.2	3098.1	44.3	3.66
辽 宁	Liaoning	1219.6	1106.8	738.1	252.2	6.3	110.2	112.9	8.37
吉 林	Jilin	1203.4	1016.4	5.8	581.4	74.5	354.7	187.0	6.37
黑龙江	Heilongjiang	4314.8	4182.8		460.7	401.9	3320.3	132.0	9.49
上 海	Shanghai	319.7	319.4	305.4	7.2	6.8		0.3	53.68
江 苏	Jiangsu	1674.7	1651.1	843.5	203.3	604.2		23.6	16.32
浙 江	Zhejiang	802.2	695.9	574.3	118.5	3.0	0.1	106.3	7.88
安 徽	Anhui	653.9	590.0		239.5	350.5		63.9	4.73
福 建	Fujian	443.0	421.2	370.6	31.1	19.5		21.8	3.65
江 西	Jiangxi	998.8	872.9		314.9	443.2	114.8	125.9	5.99
山 东	Shandong	1784.1	1681.4	1210.9	301.1	165.5	3.9	102.7	11.72
河 南	Henan	624.1	482.2		472.7	2.6	6.9	141.9	3.74
湖 北	Hubei	927.3	730.5		377.4	294.7	58.4	196.9	4.99
湖 南	Hunan	1226.9	1047.5		683.1	359.3	5.1	179.5	5.79
广 东	Guangdong	1398.1	1252.0	1017.8	231.7	1.5	1.0	146.0	7.86
广 西	Guangxi	656.1	567.5	348.4	219.1			88.6	2.76
海 南	Hainan	311.5	256.6	190.0	38.3	17.3	11.0	54.9	9.13
重 庆	Chongqing	43.2	31.9		31.6	0.3		11.3	0.52
四 川	Sichuan	961.7	919.5		563.9	13.4	342.3	42.1	1.98
贵 州	Guizhou	79.4	65.9		58.0	2.3	5.7	13.5	0.45
云 南	Yunnan	235.3	220.3		119.8	96.5	4.0	15.0	0.61
西 藏	Tibet	5232.0	5231.5		231.1	2538.6	2461.7	0.5	4.26
陕 西	Shaanxi	292.9	277.2		252.1	7.3	17.8	15.7	1.42
甘 肃	Gansu	1258.1	1131.4		565.6	44.3	521.5	126.7	2.80
青 海	Qinghai	4126.0	4087.7		107.5	1232.0	2748.1	38.3	5.72
宁 夏	Ningxia	255.6	252.4		104.1	148.3		3.2	3.85
新 疆	Xinjiang	1410.2	1264.6		200.2	694.9	369.5	145.5	0.86

注：本表为中国首次湿地调查(1995-2003)资料，不包括台湾省、香港和澳门特别行政区；湿地面积不包括水稻田湿地。

Note: Data in the table are figures of China's First Wetland Survey (1995-2003), excluding the wetland of Taiwan Province, Hong Kong SAR and Macao SAR. Area of wetland excludes the wetland of paddyfields.

6-11 各地区沙化土地情况
Sandy Land by Region

单位：万公顷 (10000 hectares)

地　区	Region	沙化土地面积 Area of Sandy Land	流动沙丘(地) Mobile Sand	半固定沙丘(地) Semi-fixed Sand	固定沙丘(地) Fixed Sand	露沙地 Bare Sand
全　国	**National Total**	**17310.77**	**4061.34**	**1771.57**	**2779.25**	**997.62**
北　京	Beijing	5.24			5.24	
天　津	Tianjin	1.54			0.73	
河　北	Hebei	212.53		1.43	99.63	
山　西	Shanxi	61.78		3.23	48.87	0.38
内蒙古	Inner Mongolia	4146.83	847.99	585.11	1224.15	587.49
辽　宁	Liaoning	54.95	0.11	0.99	38.09	0.11
吉　林	Jilin	70.80		1.48	34.52	
黑龙江	Heilongjiang	49.57		0.78	41.42	
上　海	Shanghai					
江　苏	Jiangsu	58.44			8.06	
浙　江	Zhejiang	0.01			0.01	
安　徽	Anhui	12.05			5.05	
福　建	Fujian	4.15	0.11	0.05	1.48	
江　西	Jiangxi	7.25	0.06	0.28	2.76	
山　东	Shandong	76.76	0.08	0.90	24.35	
河　南	Henan	62.86	0.06	0.90	12.62	
湖　北	Hubei	18.99	0.12	0.13	7.00	0.01
湖　南	Hunan	5.88	0.02	0.09	5.42	
广　东	Guangdong	10.03	0.34	0.11	4.29	
广　西	Guangxi	19.49	0.07	0.03	4.40	
海　南	Hainan	5.99			4.87	
重　庆	Chongqing	0.25	0.01	…	0.02	
四　川	Sichuan	91.38	1.06	3.76	19.45	61.64
贵　州	Guizhou	0.62	0.10	0.03	0.14	
云　南	Yunnan	4.42	0.34	0.11	1.45	0.11
西　藏	Tibet	2161.86	39.03	101.24	39.13	144.78
陕　西	Shaanxi	141.32	2.83	12.87	122.16	
甘　肃	Gansu	1192.24	189.48	120.67	175.18	3.81
青　海	Qinghai	1250.35	120.11	115.62	118.07	199.28
宁　夏	Ningxia	116.23	10.78	11.44	74.03	
新　疆	Xinjiang	7466.97	2848.64	810.33	656.68	

注：本表为第四次全国荒漠化和沙化监测(2009年)资料。

Note:Data in the table are the figures of the Fourth National Desertification and Sandy Land Monitoring (2009).

6-11 续表 continued

单位：万公顷 (10000 hectares)

地 区	Region	沙化耕地 Arable Land Desertificated	非生物工程 Non-biological Engineering	风蚀残丘 Mound of Wind Erosion	风蚀劣地 Badlands of Wind Erosion	戈壁 Gobi
全 国	**National Total**	**445.94**	**0.66**	**88.98**	**557.26**	**6608.15**
北 京	Beijing					
天 津	Tianjin	0.80				
河 北	Hebei	111.48				
山 西	Shanxi	9.29				
内蒙古	Inner Mongolia	19.61		0.43	174.37	707.69
辽 宁	Liaoning	15.66				
吉 林	Jilin	34.80				
黑龙江	Heilongjiang	7.37				
上 海	Shanghai					
江 苏	Jiangsu	50.38				
浙 江	Zhejiang					
安 徽	Anhui	7.00				
福 建	Fujian	2.50				
江 西	Jiangxi	4.15				
山 东	Shandong	51.43				
河 南	Henan	49.28				
湖 北	Hubei	11.70	0.03			
湖 南	Hunan	0.36				
广 东	Guangdong	5.29	0.01			
广 西	Guangxi	14.98				
海 南	Hainan	1.12				
重 庆	Chongqing	0.22				
四 川	Sichuan	5.42	0.04			
贵 州	Guizhou	0.35				
云 南	Yunnan	2.41	…			
西 藏	Tibet	2.07	0.07			1835.54
陕 西	Shaanxi	3.46				
甘 肃	Gansu	6.18	0.17	1.63	15.81	679.31
青 海	Qinghai		0.09	73.23	312.10	311.86
宁 夏	Ningxia	10.10		0.09		9.80
新 疆	Xinjiang	18.53	0.24	13.61	54.98	3063.95

七、土地利用

Land Use

7-1 全国历年土地利用情况(2000-2008年)
Land Use in Past Years (2000-2008)

单位：万公顷 (10000 hectares)

年 份 Year	农用地 Land for Agriculture Use	#耕地 Coltivated Land	#园地 Garden Land	#林地 woodland	#牧草地 Grazing and Pasture Land	建设用地 Land for Construction	居民点及工矿用地 Land for Living Quarters Mining and Manufacturing Sites	交通运输用地 Land for Transport Facilities	水利设施用地 Land for Water Conservancy Facilities
2000	65336.2	12824.3	1057.6	22878.9	26376.9	3620.6	2470.9	576.1	573.6
2001	65331.6	12761.6	1064.0	22919.1	26384.6	3641.3	2487.6	580.8	573.0
2002	65660.7	12593.0	1079.0	23072.0	26352.2	3072.4	2509.5	207.7	355.2
2003	65706.1	12339.2	1108.2	23396.8	26311.2	3106.5	2535.4	214.5	356.5
2004	65701.9	12244.4	1128.8	23504.7	26270.7	3155.1	2572.8	223.3	359.0
2005	65704.7	12208.3	1154.9	23574.1	26214.4	3192.2	2601.5	230.9	359.9
2006	65718.8	12177.6	1181.8	23612.1	26193.2	3236.5	2635.4	239.5	361.5
2007	65702.1	12173.5	1181.3	23611.7	26186.5	3272.0	2664.7	244.4	362.9
2008	65687.6	12171.6	1179.1	23609.2	26183.5	3305.8	2691.6	249.6	364.5

7-2 各地区土地利用情况(2008年)

Land Use by Region (2008)

单位：万公顷 (10000 hectares)

地 区	Region	农用地 Land for Agriculture Use	#耕 地 Cultivated Land	#园 地 Garden Land	#林 地 woodland	#牧草地 Grazing and Pasture Land
全 国	**National Total**	**65687.6**	**12171.6**	**1179.1**	**23609.2**	**26183.5**
北 京	Beijing	109.6	23.2	12.0	68.7	0.2
天 津	Tianjin	69.3	44.1	3.5	3.6	0.1
河 北	Hebei	1308.2	631.7	70.5	442.2	79.9
山 西	Shanxi	1014.3	405.6	29.5	442.0	65.8
内蒙古	Inner Mongolia	9523.0	714.7	7.3	2184.3	6560.9
辽 宁	Liaoning	1122.8	408.5	59.6	569.9	34.9
吉 林	Jilin	1639.3	553.5	11.5	924.5	104.4
黑龙江	Heilongjiang	3792.4	1183.0	6.0	2288.3	220.8
上 海	Shanghai	36.7	24.4	2.1	2.4	…
江 苏	Jiangsu	671.6	476.4	31.6	32.3	0.1
浙 江	Zhejiang	867.2	192.1	66.1	562.9	…
安 徽	Anhui	1119.0	573.0	33.9	359.6	2.8
福 建	Fujian	1073.1	133.0	62.9	830.7	0.3
江 西	Jiangxi	1416.4	282.7	27.8	1031.4	0.4
山 东	Shandong	1156.6	751.5	100.7	135.7	3.4
河 南	Henan	1228.1	792.6	31.4	301.9	1.4
湖 北	Hubei	1465.2	466.4	42.4	793.7	4.4
湖 南	Hunan	1789.8	378.9	49.0	1190.5	10.4
广 东	Guangdong	1489.1	283.1	100.8	1012.8	2.7
广 西	Guangxi	1786.6	421.8	53.9	1160.0	71.6
海 南	Hainan	282.3	72.8	53.2	148.1	1.9
重 庆	Chongqing	692.0	223.6	24.0	329.1	23.7
四 川	Sichuan	4239.8	594.7	71.6	1967.8	1371.1
贵 州	Guizhou	1524.6	448.5	12.1	790.9	159.8
云 南	Yunnan	3176.0	607.2	84.2	2214.1	78.2
西 藏	Tibet	7760.6	36.2	0.2	1268.4	6444.1
陕 西	Shaanxi	1847.8	405.0	70.6	1035.4	306.4
甘 肃	Gansu	2387.9	465.9	20.0	514.9	1261.3
青 海	Qinghai	4372.4	54.3	0.7	266.5	4034.7
宁 夏	Ningxia	417.4	110.7	3.4	60.6	226.4
新 疆	Xinjiang	6308.5	412.5	36.4	676.5	5111.4

资料来源：国土资源部(以下各表同)。
Source:Ministry of Land and Resources (the same as in the following tables).

7-2 续表 continued

单位：万公顷 (10000 hectares)

地区	Region	建设用地 Land for Construction	居民点及工矿用地 Land for Living Quarters Mining and Manufacturing Sites	交通运输用地 Land for Transport Facilities	水利设施用地 Land for Water Conservancy Facilities
全国	**National Total**	**3305.8**	**2691.6**	**249.6**	**364.5**
北京	Beijing	33.8	27.9	3.3	2.6
天津	Tianjin	36.8	28.1	2.2	6.5
河北	Hebei	179.4	154.5	12.0	12.9
山西	Shanxi	86.9	77.3	6.3	3.3
内蒙古	Inner Mongolia	149.2	123.9	16.0	9.3
辽宁	Liaoning	139.9	115.9	9.2	14.8
吉林	Jilin	106.5	84.2	6.7	15.6
黑龙江	Heilongjiang	149.2	116.1	11.9	21.2
上海	Shanghai	25.4	23.0	2.1	0.2
江苏	Jiangsu	193.4	161.0	13.1	19.3
浙江	Zhejiang	104.9	81.7	9.5	13.8
安徽	Anhui	166.2	133.4	10.1	22.7
福建	Fujian	64.7	50.7	7.9	6.1
江西	Jiangxi	95.4	67.5	7.5	20.5
山东	Shandong	251.1	209.3	16.3	25.5
河南	Henan	218.7	188.3	12.2	18.2
湖北	Hubei	140.0	100.9	9.2	30.0
湖南	Hunan	139.0	108.8	10.4	19.8
广东	Guangdong	179.0	145.7	12.1	21.1
广西	Guangxi	95.4	71.0	8.8	15.5
海南	Hainan	29.8	22.3	1.4	6.1
重庆	Chongqing	59.3	48.9	4.8	5.5
四川	Sichuan	160.3	136.6	13.5	10.2
贵州	Guizhou	55.7	45.7	6.1	4.0
云南	Yunnan	81.6	62.8	10.0	8.8
西藏	Tibet	6.7	4.2	2.4	0.1
陕西	Shaanxi	81.7	71.0	6.6	4.0
甘肃	Gansu	97.7	88.2	6.6	2.9
青海	Qinghai	32.7	24.7	3.2	4.8
宁夏	Ningxia	21.2	18.6	1.9	0.7
新疆	Xinjiang	124.0	99.3	6.3	18.4

7-3 各地区耕地变动情况(2008年)

Change of Cultivated Land by Region (2008)

单位：公顷 (hectare)

地 区	Region	年初耕地面积 Area of Cultivated Land at Beginning of the year	本年增加耕地面积 Area of Increased Cultivated Land	整理 Land Rehabilitation	复垦 Cultivate Renewdely Reclamation	开发 Redevelopment	农业结构调整 Structural Adjustment to Agriculture
全 国	**National Total**	**121735199**	**258705**	**61909**	**29334**	**138364**	**29098**
北 京	Beijing	232187	1984	1122	30	786	47
天 津	Tianjin	443676	3789	540	48	3200	
河 北	Hebei	6315140	15811	3155	1421	8244	2991
山 西	Shanxi	4053448	5430	401	137	4761	131
内蒙古	Inner Mongolia	7146280	5113	1036	549	3036	492
辽 宁	Liaoning	4085168	5095	456	79	4518	43
吉 林	Jilin	5535022	4483	1801	387	2295	
黑龙江	Heilongjiang	11838365	6735	1631	525	3703	876
上 海	Shanghai	259634	3143	643	1024	1	1475
江 苏	Jiangsu	4763775	22328	3311	6865	12152	…
浙 江	Zhejiang	1917536	24379	9719	2349	9752	2559
安 徽	Anhui	5728153	11941	2000	4220	4805	916
福 建	Fujian	1333076	4047	386	36	3581	45
江 西	Jiangxi	2826748	6086	398	25	5525	136
山 东	Shandong	7507062	23082	7978	2681	8561	3861
河 南	Henan	7926027	10431	1791	1468	6992	180
湖 北	Hubei	4663355	8859	2471	1818	4439	131
湖 南	Hunan	3788971	6539	1262	76	5121	80
广 东	Guangdong	2847659	5391	818	126	4189	258
广 西	Guangxi	4214697	7809	719	19	6522	549
海 南	Hainan	727499	1601	918		665	19
重 庆	Chongqing	2239082	7183	4498	306	2177	202
四 川	Sichuan	5950121	19615	10438	478	3181	5517
贵 州	Guizhou	4487455	5471	221	339	4871	41
云 南	Yunnan	6072358	11657	542	1107	7197	2811
西 藏	Tibet	361139	818	114	29	642	33
陕 西	Shaanxi	4049045	9834	1223	2504	5934	173
甘 肃	Gansu	4659754	3362	1026	365	1828	142
青 海	Qinghai	542202	1278	104	7	1164	3
宁 夏	Ningxia	1106340	2683	177	2	1748	756
新 疆	Xinjiang	4114225	12728	1010	316	6771	4631

7-3 续表 continued

单位：公顷 (hectare)

地 区	Region	本年减少耕地面积 Area of Reduce Cultivated Land	建设占用 Used for Construction Purpose	灾害损毁 Destroyed by Disasters	生态退耕 Restored to Original-land land for Ecological Preservation	农业结构调整 Structural Adjustment to Agriculture	年末耕地面积 Area of Cultivated Land at the end of the year	人均耕地面积(亩) Cultivated Land per Capita (a unit of area)
全 国	**National Total**	**278012**	**191568**	**24803**	**7598**	**54043**	**121715892**	**1.37**
北 京	Beijing	2484	2027		171	286	231688	0.21
天 津	Tianjin	6375	3788	2587		…	441090	0.56
河 北	Hebei	13654	7527	11	2763	3352	6317297	1.36
山 西	Shanxi	3054	3013	5	5	31	4055823	1.78
内蒙古	Inner Mongolia	4150	2965	1004	…	180	7147243	4.44
辽 宁	Liaoning	4980	4910		46	24	4085283	1.42
吉 林	Jilin	4861	4284	…	330	247	5534644	3.04
黑龙江	Heilongjiang	14979	5037	19	1	9922	11830121	4.64
上 海	Shanghai	18817	7211	122	466	11018	243960	0.19
江 苏	Jiangsu	22310	22310				4763793	0.93
浙 江	Zhejiang	21060	20463	76	22	500	1920855	0.56
安 徽	Anhui	9905	8896	4	212	793	5730189	1.40
福 建	Fujian	7019	6500	255	3	261	1330104	0.55
江 西	Jiangxi	5747	5696	12	4	35	2827086	0.96
山 东	Shandong	14837	13555	28	251	1003	7515306	1.20
河 南	Henan	10084	9779		68	237	7926374	1.26
湖 北	Hubei	8092	6874	217	34	968	4664121	1.23
湖 南	Hunan	6135	5960	67	7	100	3789374	0.89
广 东	Guangdong	22319	3547	534	372	17866	2830731	0.44
广 西	Guangxi	4986	4567	162	101	157	4217520	1.31
海 南	Hainan	1592	602	57	62	871	727509	1.28
重 庆	Chongqing	10333	5035	4416	168	713	2235932	1.18
四 川	Sichuan	22337	12276	9159	314	589	5947399	1.10
贵 州	Guizhou	7629	3592	3170	572	295	4485297	1.77
云 南	Yunnan	11955	8685	2029	205	1035	6072060	2.00
西 藏	Tibet	325	195	57	45	29	361631	1.89
陕 西	Shaanxi	8531	6140	213	590	1588	4050348	1.61
甘 肃	Gansu	4348	2587	575	213	973	4658767	2.66
青 海	Qinghai	761	744		…	17	542719	1.47
宁 夏	Ningxia	1961	1527	…	28	406	1107062	2.69
新 疆	Xinjiang	2390	1273	24	545	547	4124564	2.90

八、林业

Forestry

8-1 全国历年造林情况(2000-2010年)
Area of Afforestation in Past Years (2000-2010)

单位：万公顷 (10000 hectares)

年 份 Year	造林总面积 Total Afforestation Area	人工造林 Plantation Establishment	飞机播种 Aerial Seeding	无林地和疏林地新封 Area of No or Spare with Forests
2000	510.5	434.5	76.0	
2001	495.3	397.7	97.6	
2002	777.1	689.6	87.5	
2003	911.9	843.2	68.6	
2004	679.5	501.9	57.9	119.7
2005	540.4	323.2	41.6	175.6
2006	383.9	244.6	27.2	112.1
2007	390.8	273.9	11.9	105.1
2008	535.4	368.5	15.4	151.5
2009	626.2	415.6	22.6	188.0
2010	591.0	387.3	19.6	184.1

8-2 各地区森林资源情况

Forest Resources by Region

地　区	Region	林地面积 (万公顷) Area of Afforested Land (10000 hectares)	森林面积 (万公顷) Forest Aera (10000 hectares)	#人工林 Man-made Foresr	森林覆盖率 (%) Forest Coverage Rate (%)	活立木总蓄积量 (万立方米) Total Standing Forest Stock (10000 cu.m)	森林蓄积量 (万立方米) Stock Volume of Forest (10000 cu.m)
全　国	**National Total**	**30590.41**	**19545.22**	**6168.84**	**20.36**	**1491268.19**	**1372080.36**
北　京	Beijing	101.46	52.05	35.65	31.72	1291.29	1038.58
天　津	Tianjin	14.22	9.32	8.88	8.24	277.01	198.89
河　北	Hebei	705.37	418.33	212.27	22.29	10183.91	8374.08
山　西	Shanxi	754.58	221.11	102.74	14.12	8846.96	7643.67
内蒙古	Inner Mongolia	4394.93	2366.40	303.91	20.00	136073.62	117720.51
辽　宁	Liaoning	666.28	511.98	283.03	35.13	21174.91	20226.85
吉　林	Jilin	848.73	736.57	148.94	38.93	88244.21	84412.29
黑龙江	Heilongjiang	2184.16	1926.97	235.68	42.39	165191.60	152104.96
上　海	Shanghai	7.46	5.97	5.97	9.41	275.20	100.95
江　苏	Jiangsu	128.64	107.51	104.15	10.48	5022.59	3501.75
浙　江	Zhejiang	667.97	584.42	267.44	57.41	19382.93	17223.14
安　徽	Anhui	439.40	360.07	209.87	26.06	16258.35	13755.41
福　建	Fujian	914.81	766.65	359.18	63.10	53226.01	48436.28
江　西	Jiangxi	1054.92	973.63	291.87	58.32	45045.51	39529.64
山　东	Shandong	342.12	254.46	244.38	16.72	8627.99	6338.53
河　南	Henan	502.02	336.59	217.39	20.16	18051.16	12936.12
湖　北	Hubei	822.01	578.82	167.01	31.14	23121.55	20942.49
湖　南	Hunan	1234.21	948.17	464.04	44.76	38177.20	34906.67
广　东	Guangdong	1073.07	873.98	503.18	49.44	32160.74	30183.37
广　西	Guangxi	1496.45	1252.50	515.52	52.71	51056.78	46875.18
海　南	Hainan	208.73	176.26	125.29	51.98	7940.93	7274.23
重　庆	Chongqing	400.18	286.92	76.20	34.85	13803.63	11331.85
四　川	Sichuan	2311.66	1659.52	415.65	34.31	168753.49	159572.37
贵　州	Guizhou	841.23	556.92	199.86	31.61	27911.53	24007.96
云　南	Yunnan	2476.11	1817.73	326.77	47.50	171216.68	155380.09
西　藏	Tibet	1746.63	1462.65	3.36	11.91	227271.36	224550.91
陕　西	Shaanxi	1205.80	767.56	183.27	37.26	36144.16	33820.54
甘　肃	Gansu	955.44	468.78	80.77	10.42	21708.26	19363.83
青　海	Qinghai	634.00	329.56	4.44	4.57	4413.80	3915.64
宁　夏	Ningxia	179.03	51.10	10.38	9.84	625.93	492.14
新　疆	Xinjiang	1066.57	661.65	61.75	4.02	33914.50	30100.54

注：1.本表为第七次全国森林资源清查(2004-2008)资料。
　　2.全国总计数包括台湾省和香港、澳门特别行政区数据。

Notes: a) Data in the table are the figures of the Seventh National Forestry Survey (2004-2008).
　　b) Data of national total include forest resources in Taiwan Province and Hong Kong SAR and Macao SAR.

8-3 各地区造林情况(2010年)

Area of Afforestation by Region (2010)

单位：公顷 (hectare)

地 区	Region	造林总面积 Total Afforestation Area	按造林方式分 By Approach		
			人工造林 Plantation Establishment	飞播造林 Aerial Seeding	无林地和疏林地新封山育林 Area of No or Spare with Forests
全 国	**National Total**	**5909919**	**3872762**	**195948**	**1841209**
北 京	Beijing	13887	7765		6122
天 津	Tianjin	11315	11315		
河 北	Hebei	283878	138365	76601	68912
山 西	Shanxi	282371	156785	2668	122918
内蒙古	Inner Mongolia	655180	229930	76679	348571
辽 宁	Liaoning	190669	102903		87766
吉 林	Jilin	82584	39329		43255
黑龙江	Heilongjiang	233777	166411		67366
上 海	Shanghai	1349	1349		
江 苏	Jiangsu	86256	73234		13022
浙 江	Zhejiang	15214	12999		2215
安 徽	Anhui	48711	28465		20246
福 建	Fujian	29875	29125		750
江 西	Jiangxi	200778	170875		29903
山 东	Shandong	205131	198998		6133
河 南	Henan	231700	178850		52850
湖 北	Hubei	192213	119075		73138
湖 南	Hunan	213448	178146		35302
广 东	Guangdong	95144	91952		3192
广 西	Guangxi	143254	125341		17913
海 南	Hainan	14166	14166		
重 庆	Chongqing	255235	173188		82047
四 川	Sichuan	382225	206421		175804
贵 州	Guizhou	206603	72714		133889
云 南	Yunnan	661500	596879		64621
西 藏	Tibet	62299	42010		20289
陕 西	Shaanxi	364312	199534	40000	124778
甘 肃	Gansu	232761	148567		84194
青 海	Qinghai	117804	33720		84084
宁 夏	Ningxia	94932	71001		23931
新 疆	Xinjiang	251601	203603		47998
大兴安岭	Daxinganling	3080	3080		

注：全国合计造林面积中包括军事管理区46667公顷人工营造的防护林。

资料来源：国家林业局(以下各表同)。

Note:Total area of afforestation include 46667 hectares of planted protection forests.

Source:State Forestry Administration (the same as in the following tables).

8-3 续表 continued

单位：公顷 (hectare)

地 区	Region	用材林 Timber Forests	经济林 By-product Forests	防护林 Protection Forests	薪炭林 Fuelwood Forests	特种用途林 Special Purpose Forests
		按林种用途分 By Function of Forest				
全 国	**National Total**	**809937**	**1110896**	**3943432**	**18887**	**26767**
北 京	Beijing		721	11989		1177
天 津	Tianjin	6246	750	4319		
河 北	Hebei	18951	14784	249143		1000
山 西	Shanxi	10	52304	223722	6335	
内蒙古	Inner Mongolia	10219	5434	638740		787
辽 宁	Liaoning	26344	7497	156795		33
吉 林	Jilin		30	82487		67
黑龙江	Heilongjiang	15211	659	210287	796	6824
上 海	Shanghai		465	884		
江 苏	Jiangsu	15868	7476	62226	129	557
浙 江	Zhejiang	1162	2329	11709		14
安 徽	Anhui	10371	7765	30106	469	
福 建	Fujian	15345	3350	11148	30	2
江 西	Jiangxi	103883	32509	59733	2119	2534
山 东	Shandong	36101	37856	129877		1297
河 南	Henan	50928	23208	157306		258
湖 北	Hubei	53721	28569	105752	1854	2317
湖 南	Hunan	71886	32285	108005	551	721
广 东	Guangdong	33620	11061	50383		80
广 西	Guangxi	108013	9323	25577	1	340
海 南	Hainan	600	2085	11256	40	185
重 庆	Chongqing	71723	27090	153755	1973	694
四 川	Sichuan	66328	29189	286636		72
贵 州	Guizhou	9541	35676	159885	1034	467
云 南	Yunnan	71629	482862	104722	1125	1162
西 藏	Tibet	1667	585	60047		
陕 西	Shaanxi	3886	59410	300883	133	
甘 肃	Gansu		32223	194671		5867
青 海	Qinghai			117804		
宁 夏	Ningxia	1608	25153	68121		50
新 疆	Xinjiang	1996	138248	108797	2298	262
大兴安岭	Daxinganling	3080				

8-4 各地区天然林资源保护情况(2010年)

Natural Forest Protection by Region (2010)

地区	Region	木材产量(立方米) Timber Output (cu.m)	林业投资完成额(万元) Investment Completed (10000 yuan)	#国债资金 Treasury Bonds	#中央财政专项资金 Earmarked Central Funds	森林管护面积(公顷) Area of Management and Protection of Forests (hectare)
全国	**National Total**	**12994841**	**731299**	**41612**	**549474**	**104857371**
北京	Beijing					
天津	Tianjin					
河北	Hebei					
山西	Shanxi	1974	15390		7647	2875833
内蒙古	Inner Mongolia	2630236	87484	8950	73202	15400717
辽宁	Liaoning					
吉林	Jilin	2492866	65899		55456	3753582
黑龙江	Heilongjiang	4047085	145742		139738	9011335
上海	Shanghai					
江苏	Jiangsu					
浙江	Zhejiang					
安徽	Anhui					
福建	Fujian					
江西	Jiangxi					
山东	Shandong					
河南	Henan	94708	5412	613	3795	1134167
湖北	Hubei	223630	16187	4542	10368	3361233
湖南	Hunan					
广东	Guangdong					
广西	Guangxi					
海南	Hainan		7969		2442	459000
重庆	Chongqing	99114	16856		8430	2824354
四川	Sichuan	1626097	108473		59723	21071486
贵州	Guizhou	1187311	18854		13579	5641333
云南	Yunnan	459318	63701	14803	36299	11868355
西藏	Tibet		2460		2460	1210000
陕西	Shaanxi	98679	43850	659	28679	9248763
甘肃	Gansu	17314	30992	8437	22043	4604683
青海	Qinghai		16875	2768	6430	1983333
宁夏	Ningxia		3634	840	2793	670129
新疆	Xinjiang	16509	13822		8691	1933121
大兴安岭	Daxinganling		67699		67699	7805947

8-4 续表 1 continued

单位：公顷 (hectare)

地 区	Region	当年造林面积 Area of Afforestation in the Year	按造林方式分 by Approach		
			人工造林 Plantation Establishment	飞播造林 Aerial Seeding	无林地和疏林地新封山育林 Area without Forest or of Sparse Forest
全 国	**National Total**	**885479**	**168751**	**73334**	**643394**
北 京	Beijing				
天 津	Tianjin				
河 北	Hebei				
山 西	Shanxi	54129			54129
内蒙古	Inner Mongolia	116902		33334	83568
辽 宁	Liaoning				
吉 林	Jilin				
黑龙江	Heilongjiang				
上 海	Shanghai				
江 苏	Jiangsu				
浙 江	Zhejiang				
安 徽	Anhui				
福 建	Fujian				
江 西	Jiangxi				
山 东	Shandong				
河 南	Henan	13331			13331
湖 北	Hubei	62665	2664		60001
湖 南	Hunan				
广 东	Guangdong				
广 西	Guangxi				
海 南	Hainan				
重 庆	Chongqing	60000			60000
四 川	Sichuan	248358	91269		157089
贵 州	Guizhou	46673			46673
云 南	Yunnan	71273	30230		41043
西 藏	Tibet	3165	3101		64
陕 西	Shaanxi	130701	26867	40000	63834
甘 肃	Gansu	48996	13333		35663
青 海	Qinghai	17955	1287		16668
宁 夏	Ningxia	11331			11331
新 疆	Xinjiang				
大兴安岭	Daxinganling				

8-4 续表 2 continued

单位：公顷 (hectare)

地 区	Region	按林种用途分 by Forest Type 用材林 Timber Forest	经济林 By-product Forest	防护林 Protection Forest	薪炭林 Fuelwood Forests	特种用途林 Special Purpose Forests
全 国	**National Total**	**30732**	**23227**	**826873**	**380**	**4267**
北 京	Beijing					
天 津	Tianjin					
河 北	Hebei					
山 西	Shanxi			54129		
内蒙古	Inner Mongolia			116235		667
辽 宁	Liaoning					
吉 林	Jilin					
黑龙江	Heilongjiang					
上 海	Shanghai					
江 苏	Jiangsu					
浙 江	Zhejiang					
安 徽	Anhui					
福 建	Fujian					
江 西	Jiangxi					
山 东	Shandong					
河 南	Henan			13331		
湖 北	Hubei	1622	363	60213	200	267
湖 南	Hunan					
广 东	Guangdong					
广 西	Guangxi					
海 南	Hainan					
重 庆	Chongqing	11406		48594		
四 川	Sichuan	13448	2585	232325		
贵 州	Guizhou			46673		
云 南	Yunnan	2756	12059	56278	180	
西 藏	Tibet			3165		
陕 西	Shaanxi	1500	8220	120981		
甘 肃	Gansu			45663		3333
青 海	Qinghai			17955		
宁 夏	Ningxia			11331		
新 疆	Xinjiang					
大兴安岭	Daxinganling					

8-5 各地区退耕还林情况(2010年)

The Conversion of Cropland to Forest Program by Region (2010)

地 区	Region	当年造林面积(公顷) Area of Afforestation in the Year (hectare)	退耕地造林面积 Area of Cropland Converted to Forest	荒山荒地造林面积 Area of Plantation of Barren Mountains & Wasteland	无林地和疏林地新封山育林 Area without Forest or of Sparse Forest	林业投资完成额(万元) Investment Completed (10000 yuan)	#国家投资 State Investment
全 国	**National Total**	**996528**	**333**	**674834**	**321361**	**3220455**	**2781557**
北 京	Beijing					5961	4328
天 津	Tianjin					1133	
河 北	Hebei	35037		22372	12665	201708	180409
山 西	Shanxi	64335		48335	16000	124738	117144
内蒙古	Inner Mongolia	55003		34333	20670	214168	208484
辽 宁	Liaoning	36180		15516	20664	71168	63398
吉 林	Jilin	34685		7645	27040	59163	52485
黑龙江	Heilongjiang	40672		17739	22933	93931	72663
上 海	Shanghai						
江 苏	Jiangsu						
浙 江	Zhejiang						
安 徽	Anhui	22659		7993	14666	59665	41585
福 建	Fujian						
江 西	Jiangxi	36651		19388	17263	86742	70125
山 东	Shandong						
河 南	Henan	44333		27667	16666	81268	81268
湖 北	Hubei	30160		26828	3332	133149	94506
湖 南	Hunan	35340		18670	16670	175656	134910
广 东	Guangdong						
广 西	Guangxi	23406	333	20072	3001	83437	61300
海 南	Hainan	3370		3370		15918	6439
重 庆	Chongqing	30312		16979	13333	203296	186008
四 川	Sichuan	71595		55062	16533	396092	366549
贵 州	Guizhou	36663		13335	23328	208994	194674
云 南	Yunnan	152749		145345	7404	165092	104586
西 藏	Tibet	8741		5139	3602	7414	4690
陕 西	Shaanxi	60737		42543	18194	223977	158678
甘 肃	Gansu	44027		23028	20999	385760	385097
青 海	Qinghai	20855		7521	13334	50799	50799
宁 夏	Ningxia	20238		17572	2666	98300	79146
新 疆	Xinjiang	39033		28635	10398	72002	61362
大兴安岭	Daxinganling	3080		3080		924	924

注：全国合计中包括军事管理区46667公顷荒山荒地造林。

Note:Total aera of afforestation include 46667 hectares of barren mountains & wasteland plantation.

8-5 续表 continued

单位：公顷 (hectare)

地 区	Region	当年造林面积(按林种用途分) Plantation Area of the Year (by Forest Type) 用材林 Timber Forest	经济林 By-product Forest	防护林 Protection Forest	薪炭林 Fuelwood Forests	特种用途林 Special Purpose Forests
全 国	**National Total**	**162012**	**220898**	**596562**	**12266**	**4790**
北 京	Beijing					
天 津	Tianjin					
河 北	Hebei	4717	2259	27261		800
山 西	Shanxi		24332	33668	6335	
内蒙古	Inner Mongolia	105	310	54588		
辽 宁	Liaoning	3065	2528	30587		
吉 林	Jilin			34685		
黑龙江	Heilongjiang	6587	288	32797	667	333
上 海	Shanghai					
江 苏	Jiangsu					
浙 江	Zhejiang					
安 徽	Anhui	4688	4103	13847	21	
福 建	Fujian					
江 西	Jiangxi	21783	2309	11451	908	200
山 东	Shandong					
河 南	Henan	9122	8909	26302		
湖 北	Hubei	11947	5517	11763	133	800
湖 南	Hunan	9655	3938	21067	413	267
广 东	Guangdong					
广 西	Guangxi	18920	769	3713		4
海 南	Hainan	262	1122	1801		185
重 庆	Chongqing	2710	355	27247		
四 川	Sichuan	31025	9697	30873		
贵 州	Guizhou	3414	4198	28252	799	
云 南	Yunnan	28995	110557	12257	940	
西 藏	Tibet	667	133	7941		
陕 西	Shaanxi	685	23635	36417		
甘 肃	Gansu			41826		2201
青 海	Qinghai			20855		
宁 夏	Ningxia		4162	16076		
新 疆	Xinjiang	585	11777	24621	2050	
大兴安岭	Daxinganling	3080				

8-6 三北、长江流域等重点防护林体系工程建设情况(2010年)
Key Shelterbelt Programs in North China and Changjiang River Basin (2010)

单位：公顷 (hectare)

地 区	Region	当年造林面积 Area of Afforestation in the Year	人工造林 Plantation Establish-ment	飞播造林 Aerial Seeding	无林地和疏林地新封山育林 Area without Forest or of Sparse Forest	实际完成投资(万元) Investment Completed (10000 yuan)	#国家投资 State Investment
全 国	**National Total**	**1360649**	**899203**		**461446**	**570888**	**138550**
北 京	Beijing	313	313			7564	911
天 津	Tianjin	11145	11145			22446	1800
河 北	Hebei	88952	50616		38336	35042	5059
山 西	Shanxi	90896	54256		36640	22807	1360
内蒙古	Inner Mongolia	154753	90418		64335	34636	31720
辽 宁	Liaoning	102199	49429		52770	25910	
吉 林	Jilin	45513	29298		16215	7716	194
黑龙江	Heilongjiang	129792	85359		44433	38119	6663
上 海	Shanghai						
江 苏	Jiangsu	37645	24675		12970	94280	7500
浙 江	Zhejiang	11617	10354		1263	10715	878
安 徽	Anhui	25956	20376		5580	3872	2209
福 建	Fujian	10822	10072		750	10861	7986
江 西	Jiangxi	17259	10448		6811	6343	4380
山 东	Shandong	37393	34393		3000	36261	8319
河 南	Henan	40519	17668		22851	9472	2653
湖 北	Hubei	10334	6401		3933	4202	2973
湖 南	Hunan	16685	9677		7008	4625	2295
广 东	Guangdong	32477	32477			22927	12104
广 西	Guangxi	30870	26435		4435	20653	8639
海 南	Hainan	9205	9205			2837	569
重 庆	Chongqing						
四 川	Sichuan						
贵 州	Guizhou	21000	10733		10267	4461	
云 南	Yunnan	12571	8547		4024	4354	3377
西 藏	Tibet						
陕 西	Shaanxi	100182	59380		40802	23194	
甘 肃	Gansu	55635	28769		26866	13156	13076
青 海	Qinghai	24860	13432		11428	7900	7900
宁 夏	Ningxia	63363	53429		9934	12722	3805
新 疆	Xinjiang	178693	141898		36795	83813	2180

8-6 续表 continued

单位：公顷 (hectare)

地区	Region	当年造林面积(按林种用途分) Total Area of Afforestation in the Year(by Function of Forest) 用材林 Timber Forest	经济林 By-product Forest	防护林 Protection Forest	薪炭林 Fuelwood Forest	特种林 Special Purpose Forest	低产低效林改造面积 Area of Low Yield Forest Rebuilding
全 国	**National Total**	**52267**	**162670**	**1141594**	**824**	**3294**	**20378**
北 京	Beijing			313			
天 津	Tianjin	6246	750	4149			
河 北	Hebei	2107	7113	79732			
山 西	Shanxi		13033	77863			
内蒙古	Inner Mongolia	1119	2726	150908			
辽 宁	Liaoning	1311	417	100471			68
吉 林	Jilin			45446		67	
黑龙江	Heilongjiang	3218	104	124150	129	2191	
上 海	Shanghai						
江 苏	Jiangsu	2590	970	34085			5
浙 江	Zhejiang	367	652	10598			899
安 徽	Anhui	5683	3662	16163	448		1134
福 建	Fujian	67	53	10701		1	1016
江 西	Jiangxi	3223		13956		80	2120
山 东	Shandong	610	1553	35230			1267
河 南	Henan	860	578	39081			439
湖 北	Hubei	300		10034			2933
湖 南	Hunan	460	1499	14726			53
广 东	Guangdong		660	31737		80	6302
广 西	Guangxi	19215	397	11024		234	534
海 南	Hainan			9205			
重 庆	Chongqing						
四 川	Sichuan						
贵 州	Guizhou	1327	4534	15139			
云 南	Yunnan	334	1066	11171			
西 藏	Tibet						
陕 西	Shaanxi	215	5155	94812			
甘 肃	Gansu		80	55222		333	47
青 海	Qinghai			24860			
宁 夏	Ningxia	1608	20991	40714		50	
新 疆	Xinjiang	1407	96677	80104	247	258	3561

8-7 京津风沙源治理工程建设情况(2010年)
Desertification Control Program in the Vicinity of Beijing and Tianjin (2010)

单位：公顷 (hectare)

地 区	Region	当年造林面积 Area of Afforestation in the Year	人工造林 Plantation Establishment	飞播造林 Aerial Seeding	无林地和疏林地新封山育林 Area without Forest or of Sparse Forest
全 国	**National Total**	**439126**	**113858**	**122614**	**202654**
北 京	Beijing	7787	1665		6122
天 津	Tianjin	170	170		
河 北	Hebei	131358	46222	76601	8535
山 西	Shanxi	17066	6399	2668	7999
内蒙古	Inner Mongolia	282745	59402	43345	179998

8-7 续表 continued

单位：公顷 (hectare)

地 区	Region	草地治理面积 Improved Area of Grass Land	小流域治理面积 Improved Area of Small Drainage Areas	水利设施(处) Water Conservancy Facilities (unit)	投资完成额(万元) Investment Completed (10000 yuan)	#国家投资 State Investment
全 国	**National Total**	**177274**	**134030**	**14714**	**382406**	**329166**
北 京	Beijing	3433	7930		18039	10196
天 津	Tianjin			336	255	255
河 北	Hebei	32709	43900	970	167911	138905
山 西	Shanxi	3133	11400	11840	40029	24911
内蒙古	Inner Mongolia	137999	70800	1568	156172	154899

8-8 各地区林业系统野生动植物保护及自然保护区工程建设情况(2010年)

Wildlife Conservation and Nature Reserve Program of Forestry Establishments by Region(2010)

单位：个，万公顷 (unit,10000 hectares)

地区	Region	自然保护区个数 Nature Reserves	#国家级 National Reserves	自然保护区面积 Nature Reserves Area	#国家级 National Reserves	禁猎(采)区个数 Number of Preserves	禁猎(采)区面积 Area of Preserves	野生动物种源繁育基地数 Breeding Base of Wild Fauna
全国	**National Total**	**2035**	**247**	**1237091.6**	**759742.0**	**2425**	**870559.1**	**560**
北京	Beijing	16	2	1273.1	264.0	15	1090.9	23
天津	Tianjin	5	1	578.6	53.6			
河北	Hebei	25	7	5203.6	1768.6	2	388.2	6
山西	Shanxi	45	5	11033.2	822.9			
内蒙古	Inner Mongolia	138	17	104604.4	26831.8	59	311069.2	8
辽宁	Liaoning	71	7	11409.4	1905.5	14	1908.0	63
吉林	Jilin	33	9	23507.5	8384.3			2
黑龙江	Heilongjiang	107	17	39072.8	14589.0	6	2526.4	2
上海	Shanghai	1	1	241.6	241.6			
江苏	Jiangsu	23	1	3943.5	780.0	2	1512.0	1
浙江	Zhejiang	17	6	947.7	740.8	37	486.0	57
安徽	Anhui	96	4	4128.9	875.9	10	457.2	6
福建	Fujian	88	10	5019.0	1696.9			70
江西	Jiangxi	165	8	10714.6	1444.4	569	1337.1	54
山东	Shandong	58	5	8996.7	1758.8	4	343.6	10
河南	Henan	25	9	5076.5	3255.2	33	2037.4	7
湖北	Hubei	48	6	8856.5	2532.5	286	6739.4	31
湖南	Hunan	116	16	13315.7	5121.2	133	5259.5	84
广东	Guangdong	255	5	10659.5	978.1	668	28888.0	1
广西	Guangxi	63	12	13852.7	2514.8	5	723.4	16
海南	Hainan	30	6	2398.5	866.3	1	34000.0	74
重庆	Chongqing	51	3	7184.3	1854.7			9
四川	Sichuan	121	17	77286.2	24543.3	191	50036.2	5
贵州	Guizhou	97	7	7599.9	2308.5	292	33.8	
云南	Yunnan	132	14	28035.8	13269.6	37	5419.5	11
西藏	Tibet	62	8	412531.0	370131.0	7	320000.0	1
陕西	Shaanxi	46	11	10628.9	3498.1	21	60.1	6
甘肃	Gansu	49	13	67984.6	41114.3	28	7456.2	1
青海	Qinghai	10	5	216873.5	202524.9			
宁夏	Ningxia	6	5	4906.8	4666.8	2	2894.7	1
新疆	Xinjiang	28	7	105610.8	13548.8	2	2380.4	11
大兴安岭	Daxinganling	8	3	13616.0	4855.9	1	83512.2	

8-8 续表 continued

地 区 Region	国际重要湿地 International Important Wetland 个数(个) Number (unit)	面积(万公顷) Area (10000 hectares)	野生植物种源培育基地(个) Breeding Base of Rare Wild Flora (unit)	野生动物园(个) Number of Wild Animal Zoos (unit)	植物园(个) Arboretums (unit)	狩猎场(个) Hunting Fields (unit)	投资完成额(万元) Investment Completed (10000 yuan)	#国家投资 State Investment
全 国 National Total	**37**	**39147.9**	**503**	**61**	**87**	**147**	**100107**	**57740**
北 京 Beijing				2			5151	3361
天 津 Tianjin							100	100
河 北 Hebei				2	1		2492	353
山 西 Shanxi						24	2218	651
内蒙古 Inner Mongolia	2	7476.8	7	3	3	1	6347	6199
辽 宁 Liaoning	2	1397.0	3	1	2		1912	832
吉 林 Jilin	1	1054.7	3	3	1	2	6004	3786
黑龙江 Heilongjiang	4	6248.9	4	1		6	4917	2751
上 海 Shanghai	2	363.6	1		1		916	500
江 苏 Jiangsu	2	5310.0		2	2		1791	
浙 江 Zhejiang	1	3.3	11	4	1	4	274	139
安 徽 Anhui			8	1		1	1799	573
福 建 Fujian	1	23.6	208	1	4		6782	3503
江 西 Jiangxi	1	224.0	77	6	8	5	1724	63
山 东 Shandong			6	3	3		603	127
河 南 Henan			3		2		154	30
湖 北 Hubei	1	434.5	13	2	2	12	3456	2155
湖 南 Hunan	3	6930.0	75	12	5	2	4742	3164
广 东 Guangdong	3	322.7	2	2	13	8	2839	557
广 西 Guangxi	2	70.0		2	1		14004	2970
海 南 Hainan	1	54.0	55	1	10		678	678
重 庆 Chongqing			5	4	12	33	313	100
四 川 Sichuan	1	1665.7	2	4	1	9	4498	3898
贵 州 Guizhou			5	1	4	10	1356	170
云 南 Yunnan	4	121.1	9	1	7		7058	4080
西 藏 Tibet	2	1172.8	2				2043	2043
陕 西 Shaanxi			1	1		2	1240	1160
甘 肃 Gansu					1	3	3415	3342
青 海 Qinghai	3	6260.3					7569	7329
宁 夏 Ningxia						1	1256	1056
新 疆 Xinjiang			3	2	3	24	1856	1470
大兴安岭 Daxing-anling							600	600

注：国际重要湿地个数中，全国合计包括香港特别行政区1处。

8-9 重点地区速生丰产用材林基地工程建设情况(2010年)

Fast-growing and High-yielding Timber Plantation in Key Regions (2010)

地 区	Region	造林面积(公顷) Afforestation Area (hectare)	荒山荒地造林 Area of Afforestation of Barren Mountains & Waste land	更新造林 Regenerated Logged Area	非林业用地造林 Afforestation Area of Non-forest Land	投资完成额(万元) Investment Completed (10000 yuan)	#国家投资 State Investment
全 国	**National Total**	**6230**	**1777**	**4439**	**14**	**8075**	**1116**
北 京	Beijing						
天 津	Tianjin						
河 北	Hebei						
山 西	Shanxi						
内蒙古	Inner Mongolia						
辽 宁	Liaoning	89	89			40	40
吉 林	Jilin					351	
黑龙江	Heilongjiang						
上 海	Shanghai						
江 苏	Jiangsu						
浙 江	Zhejiang						
安 徽	Anhui					11	
福 建	Fujian						
江 西	Jiangxi						
山 东	Shandong						
河 南	Henan						
湖 北	Hubei						
湖 南	Hunan						
广 东	Guangdong						
广 西	Guangxi	5843	1596	4233	14	7643	1076
海 南	Hainan	298	92	206		30	
重 庆	Chongqing						
四 川	Sichuan						
贵 州	Guizhou						
云 南	Yunnan						
西 藏	Tibet						
陕 西	Shaanxi						
甘 肃	Gansu						
青 海	Qinghai						
宁 夏	Ningxia						
新 疆	Xinjiang						

九、自然灾害及突发事件

Natural Disasters & Environmental Accidents

9-1 全国历年自然灾害情况(2000-2010年)

Natural Disasters in Past Years (2000-2010)

年份 Year	地质灾害 Geological Disasters			地震灾害 Earthquake Disasters		
	灾害次数(次) Number of Geological Disasters (time)	人员伤亡(人) Casualties (pereson)	直接经济损失(万元) Direct Economic Loss (10000 yuan)	灾害次数(次) Number of Earthquake Disasters (time)	人员伤亡(人) Casualties (pereson)	直接经济损失(万元) Direct Economic Loss (10000 yuan)
2000	19653	27697	494201	10	2855	142244
2001	5793	1675	348699	12		
2002	40246	2759	509740	5	362	13100
2003	15489	1333	504325	21	7465	466040
2004	13555	1407	408828	11	696	94959
2005	17751	1223	357678	13	882	262811
2006	102804	1227	431590	10	229	79962
2007	25364	1123	247528	3	422	201922
2008	26580	1598	326936	17	446293	85949594
2009	10580	845	190109	8	407	273782
2010	30670	3445	638509	12	13795	2361077

9-1 续表 continued

年份 Year	海洋灾害 Marine Disasters			森林火灾 Geological Disasters		
	发生次数(次) Number of Marine Disasters (time)	死亡、失踪人数(人) Deaths and Missing People (pereson)	直接经济损失(亿元) Direct Economic Loss (100 million yuan)	灾害次数(次) Number of Forest Fires (time)	人员伤亡(人) Casualties (pereson)	其他损失折款(万元) Economic Loss (10000 yuan)
2000		79	120.8	5934	178	3069
2001		401	100.1	4933	58	7409
2002	126	124	65.9	7527	98	3610
2003	172	128	80.5	10463	142	37000
2004	155	140	54.2	13466	252	20213
2005	176	371	332.4	11542	152	15029
2006	180	492	218.5	8170	102	5375
2007	163	161	88.4	9260	94	12416
2008	128	152	206.1	14144	174	12594
2009	132	95	100.2	8859	110	14511
2010		137	132.8	7723	108	11611

9-2 各地区自然灾害损失情况(2010年)

Loss Caused by Natural Disasters by Region (2010)

单位：千公顷 (1000 hectares)

地 区	Region	合 计 Total		旱 灾 Drought	
		受灾 Area Affected	绝收 Total Crop Failure	受灾 Area Affected	绝收 Total Crop Failure
全 国	**National Total**	**37425.9**	**4863.2**	**13258.6**	**2672.3**
北 京	Beijing	3.1	1.3		
天 津	Tianjin	33.3	1.3		
河 北	Hebei	1527.4	188.6	595.6	137.3
山 西	Shanxi	1395.7	176.6	727.8	105.9
内蒙古	Inner Mongolia	2032.7	616.3	1434.1	511.1
辽 宁	Liaoning	755.6	121.6	17.6	
吉 林	Jilin	896.1	232.4	349.3	119.5
黑龙江	Heilongjiang	1432.2	99.9	1011.6	36.1
上 海	Shanghai				
江 苏	Jiangsu	648.4	13.8	70.4	3.6
浙 江	Zhejiang	282.5	12.6	1.5	
安 徽	Anhui	1751.6	105.8	41.3	
福 建	Fujian	605.1	83.6	4.8	
江 西	Jiangxi	2075.2	207.5		
山 东	Shandong	2582.3	148.4	585.5	4.1
河 南	Henan	1568.1	95.3	50.4	
湖 北	Hubei	2465.5	200.2	204.4	4.7
湖 南	Hunan	2841.3	272.3	352.1	48.1
广 东	Guangdong	724.3	28.5	119.7	
广 西	Guangxi	1664.5	61.9	1079.3	41.9
海 南	Hainan	306.2	48.8	41.8	5.4
重 庆	Chongqing	574.5	48.9	176.3	8.6
四 川	Sichuan	2324.0	177.8	627.8	47.5
贵 州	Guizhou	1681.0	647.9	1271.3	615.3
云 南	Yunnan	3215.0	908.7	2957.2	881.7
西 藏	Tibet	51.3	6.4	40.3	6.4
陕 西	Shaanxi	1121.5	82.6	421.3	29.6
甘 肃	Gansu	1304.1	107.8	715.1	63.8
青 海	Qinghai	111.3	9.0	46.1	
宁 夏	Ningxia	145.4	17.0	15.7	
新 疆	Xinjiang	917.4	116.7	235.5	0.9
新疆兵团	Xinjiang Production & Construction Corps	389.3	23.7	64.8	0.8

资料来源：民政部。
Source:Ministry of Civil Affairs.

9-2 续表 1 continued

单位：万公顷 (10000 hectares)

地 区	Region	洪涝、山体滑坡和泥石流 Flood,Waterlogging, Landslides and Debris flow		风雹灾害 Wind and Hail	
		受灾 Area Affected	绝收 Total Crop Failure	受灾 Area Affected	绝收 Total Crop Failure
全 国	**National Total**	**17524.6**	**1657.5**	**2180.1**	**280.3**
北 京	Beijing	0.6			
天 津	Tianjin				
河 北	Hebei	284.9	14.1	236.0	10.5
山 西	Shanxi	209.3	9.5	79.9	2.1
内蒙古	Inner Mongolia	215.6	35.3	267.8	63.7
辽 宁	Liaoning	707.5	115.4	30.5	6.2
吉 林	Jilin	373.3	105.7	115.1	7.1
黑龙江	Heilongjiang	220.7	42.7	109.4	21.1
上 海	Shanghai				
江 苏	Jiangsu	527.8	10.0	20.0	0.2
浙 江	Zhejiang	245.2	12.6	4.2	
安 徽	Anhui	1276.6	99.3	41.0	6.5
福 建	Fujian	310.3	46.8	35.0	1.4
江 西	Jiangxi	1812.9	188.3	119.7	5.7
山 东	Shandong	1544.7	142.9	75.7	1.4
河 南	Henan	1129.8	79.6	100.6	11.5
湖 北	Hubei	1998.9	177.3	33.3	6.1
湖 南	Hunan	2279.0	215.6	77.5	8.0
广 东	Guangdong	466.4	22.3	0.6	0.2
广 西	Guangxi	466.5	16.0	17.5	
海 南	Hainan	254.1	42.7		
重 庆	Chongqing	320.5	28.1	74.6	12.2
四 川	Sichuan	1507.8	119.7	50.1	8.0
贵 州	Guizhou	363.0	29.6	42.8	3.0
云 南	Yunnan	167.6	18.2	62.8	6.3
西 藏	Tibet	4.4		6.1	
陕 西	Shaanxi	391.1	51.7	13.3	
甘 肃	Gansu	223.4	16.3	73.3	19.3
青 海	Qinghai	22.3	3.3	42.9	5.7
宁 夏	Ningxia	17.3	6.9	58.0	10.1
新 疆	Xinjiang	134.5	7.3	208.3	50.8
新疆兵团	Xinjiang Production & Construction Corps	48.6	0.3	184.1	13.2

9-2 续表 2 continued

单位：万公顷 (10000 hectares)

地区	Region	台风灾害 Typhoon		低温冷冻和雪灾 Low-temperature, Freezing and Snow Disaster	
		受灾 Area Affected	绝收 Total Crop Failure	受灾 Area Affected	绝收 Total Crop Failure
全　国	**National Total**	**341.9**	**12.4**	**4120.7**	**240.7**
北　京	Beijing			2.5	1.3
天　津	Tianjin			33.3	1.3
河　北	Hebei			410.9	26.7
山　西	Shanxi			378.7	59.1
内蒙古	Inner Mongolia			115.2	6.2
辽　宁	Liaoning				
吉　林	Jilin			58.4	0.1
黑龙江	Heilongjiang			90.5	
上　海	Shanghai				
江　苏	Jiangsu			30.2	
浙　江	Zhejiang	12.6		19.0	
安　徽	Anhui			392.7	
福　建	Fujian	105.2	5.9	149.8	29.5
江　西	Jiangxi			142.6	13.5
山　东	Shandong			376.4	
河　南	Henan			287.3	4.2
湖　北	Hubei			228.9	12.1
湖　南	Hunan			132.7	0.6
广　东	Guangdong	126.3	5.1	11.3	0.9
广　西	Guangxi	87.5	0.7	13.7	3.3
海　南	Hainan	10.3	0.7		
重　庆	Chongqing			3.1	
四　川	Sichuan			138.3	2.6
贵　州	Guizhou			3.9	
云　南	Yunnan			27.4	2.5
西　藏	Tibet			0.5	
陕　西	Shaanxi			295.8	1.3
甘　肃	Gansu			292.3	8.4
青　海	Qinghai				
宁　夏	Ningxia			54.4	
新　疆	Xinjiang			339.1	57.7
新疆兵团	Xinjiang Production & Construction Corps			91.8	9.4

9-2 续表 3 continued

地 区	Region	人口受灾 Population 受灾人口（万人次） Population Affected (10000 person-times)	死亡人口(人) Deaths (person)	直接经济损失（亿元） Direct Economic Loss (100 million yuan)
全 国	**National Total**	**42610.2**	**6541**	**5339.9**
北 京	Beijing	11.5		2.1
天 津	Tianjin	0.6		0.5
河 北	Hebei	2280.5	17	97.5
山 西	Shanxi	1330.1	2	123.0
内蒙古	Inner Mongolia	889.4	26	138.3
辽 宁	Liaoning	631.3	18	168.8
吉 林	Jilin	779.6	106	523.7
黑龙江	Heilongjiang	698.7	12	60.1
上 海	Shanghai	0.1		
江 苏	Jiangsu	743.7	11	54.5
浙 江	Zhejiang	611.6	25	75.4
安 徽	Anhui	1640.0	19	104.1
福 建	Fujian	809.2	111	158.9
江 西	Jiangxi	2184.6	103	520.0
山 东	Shandong	2226.3	12	205.4
河 南	Henan	1843.8	147	195.2
湖 北	Hubei	2362.5	139	238.7
湖 南	Hunan	2283.9	86	273.8
广 东	Guangdong	1087.6	177	178.2
广 西	Guangxi	2560.7	130	108.7
海 南	Hainan	437.7	9	131.9
重 庆	Chongqing	1182.7	114	68.3
四 川	Sichuan	4326.4	245	489.9
贵 州	Guizhou	3082.1	157	178.6
云 南	Yunnan	3119.6	234	344.6
西 藏	Tibet	63.0	25	5.9
陕 西	Shaanxi	1572.5	204	297.1
甘 肃	Gansu	2741.7	1600	222.7
青 海	Qinghai	261.3	2729	237.7
宁 夏	Ningxia	182.3	5	13.6
新 疆	Xinjiang	573.3	76	86.7
新疆兵团	Xinjiang Production & Construction Corps	91.9	2	36.0

9-3 地质灾害及防治情况(2010年)

Occurrence and Prevention of Geological Disasters(2010)

地 区	Region	发生地质灾害起数(次) Geological Disasters (time)	#滑 坡 Land-slide	#崩 塌 Collapse	#泥石流 Mud-rock Flow	#地面塌陷 Land Subside	直接经济损失(万元) Direct Economic Loss (10000 yuan)
全 国	**National Total**	**30670**	**22250**	**5688**	**1981**	**478**	**638509**
北 京	Beijing	6		4		2	
天 津	Tianjin						
河 北	Hebei	20	2	3	3	6	341
山 西	Shanxi	8	3	3		1	817
内蒙古	Inner Mongolia	26	2	7	3	14	1640
辽 宁	Liaoning	226	136	25	51	11	28109
吉 林	Jilin	471	128	80	254	9	75087
黑龙江	Heilongjiang	2	1			1	1
上 海	Shanghai						
江 苏	Jiangsu	25	21	3		1	3126
浙 江	Zhejiang	650	349	238	54	4	8938
安 徽	Anhui	338	143	164	16	15	2537
福 建	Fujian	4189	2546	1628	6	5	37209
江 西	Jiangxi	8998	7932	985	47	34	53966
山 东	Shandong	38	4	6		27	397
河 南	Henan	581	517	28	16	17	11165
湖 北	Hubei	1504	1358	70	38	32	34176
湖 南	Hunan	5165	4087	665	281	98	49843
广 东	Guangdong	600	254	299	22	18	22732
广 西	Guangxi	1210	587	536	17	53	4932
海 南	Hainan	275	125	144	2	3	3732
重 庆	Chongqing	450	360	70	7	13	3273
四 川	Sichuan	2161	1482	273	345	18	90067
贵 州	Guizhou	827	486	188	13	54	10222
云 南	Yunnan	812	559	95	133	11	30760
西 藏	Tibet	247	26	62	152	7	33170
陕 西	Shaanxi	1186	859	57	247	18	96050
甘 肃	Gansu	297	144	35	80	5	22878
青 海	Qinghai	37	25	4	8		1233
宁 夏	Ningxia						
新 疆	Xinjiang	321	114	16	186	1	12107

资料来源：国土资源部。

Source:Ministry of Land and Resources.

9-3 续表 continued

地 区	Region	人员伤亡（人）Casualties (person)	#死亡人数 Deaths	地质灾害防治项目数（个）Number of Projects of Prevention of Geological Disasters (unit)	地质灾害防治投资（万元）Investment in Projects of Prevention of Geological Disasters (10000 yuan)
全 国	**National Total**	**3445**	**2244**	**28106**	**1159813**
北 京	Beijing			3	
天 津	Tianjin			5	242
河 北	Hebei			275	11429
山 西	Shanxi	4	2	95	17402
内蒙古	Inner Mongolia	3	3	24	30150
辽 宁	Liaoning	29	7	77	20558
吉 林	Jilin	9	9	7	3492
黑龙江	Heilongjiang			16	6611
上 海	Shanghai			1	850
江 苏	Jiangsu			81	12132
浙 江	Zhejiang	21	16	1433	28493
安 徽	Anhui	12	6	189	11352
福 建	Fujian	113	38	1125	24793
江 西	Jiangxi	120	39	258	18346
山 东	Shandong			185	20869
河 南	Henan	10	3	32	9548
湖 北	Hubei	24	11	756	15287
湖 南	Hunan	100	47	951	36031
广 东	Guangdong	50	39	3001	141455
广 西	Guangxi	140	83	2803	16705
海 南	Hainan	3	2	3	1004
重 庆	Chongqing	51	27	2596	8915
四 川	Sichuan	197	77	10126	445280
贵 州	Guizhou	123	53	244	44280
云 南	Yunnan	277	102	3208	48254
西 藏	Tibet	7	4	3	2609
陕 西	Shaanxi	318	128	169	16497
甘 肃	Gansu	1821	1537	417	159225
青 海	Qinghai			8	5354
宁 夏	Ningxia			1	337
新 疆	Xinjiang	13	11	14	2313

9-4 地震灾害情况(2010年)
Earthquake Disasters (2010)

地 区 Region	地震灾害次数(次) Number of Earthquakes (time)	5.0级以下 Below 5.0 Richter Scale	5.0-5.9级 5.0-5.9 Richter Scale	6.0-6.9级 6.0-6.9 Richter Scale	7.0级以上 Over 7.0 Richter Scale	人员伤亡(人) Casualties (person)	#死亡人数 Deaths	经济损失(万元) Direct Economic Loss (10000 yuan)
全 国 National Total	**12**	**7**	**4**		**1**	**13795**	**2705**	**2361077**
山 西 Shanxi	3	3				1		1770
河 南 Henan	1	1				13		1446
重 庆 Chongqing	1	1						1809
四 川 Sichuan	1		1			17	1	29405
贵 州 Guizhou	1	1				14	6	
云 南 Yunnan	2	1	1			52		35440
西 藏 Tibet	1		1					4058
青 海 Qinghai	1				1	13698	2698	2284741
新 疆 Xinjiang	1		1					2408

资料来源：中国地震局。
Source:China Seismological Administration.

9-5 海洋灾害情况(2010年)
Marine Disasters (2010)

灾 种 Disaster Categories	灾害次数(次) Number of Disasters (time)	死亡、失踪人数(人) Deaths and Missing People (person)	直接经济损失(亿元) Direct Economic Loss (100 million yuan)
合 计 Total		**137**	**132.76**
风暴潮 Stormy Tides	8	5	65.79
赤 潮 Red Tides	69		2.06
海 浪 Sea Wave	35	132	1.73
海 冰 Sea Ice			63.18
溢 油 Oil Spill	1		

资料来源：国家海洋局。
Source:State Oceanic Administration.

9-6 各地区森林火灾情况(2010年)

Forest Fires by Region(2010)

地 区	Region	森林火灾次数(次) Forest Fires (time)	一般火灾 Ordinary Fires	较大火灾 Major Fires	重大火灾 Severe Fires	特别重大火灾 Especially Severe Fires	火场总面积(公顷) Total Fire-affected Area (hectare)
全 国	**National Total**	**7723**	**4795**	**2902**	**22**	**4**	**116243**
北 京	Beijing	3	3				2
天 津	Tianjin	10	10				20
河 北	Hebei	34	34				221
山 西	Shanxi	17	10	7			499
内蒙古	Inner Mongolia	88	31	48	8	1	9129
辽 宁	Liaoning	58	44	14			404
吉 林	Jilin	19	18	1			84
黑龙江	Heilongjiang	30	11	9	7	3	13779
上 海	Shanghai						
江 苏	Jiangsu	53	53				44
浙 江	Zhejiang	97	22	75			715
安 徽	Anhui	184	93	91			938
福 建	Fujian	131	7	124			1823
江 西	Jiangxi	79	24	55			1338
山 东	Shandong	22	11	11			157
河 南	Henan	519	388	131			1374
湖 北	Hubei	682	598	84			3190
湖 南	Hunan	1047	490	556	1		7955
广 东	Guangdong	59	19	40			676
广 西	Guangxi	715	382	333			16906
海 南	Hainan	121	85	36			247
重 庆	Chongqing	105	80	25			266
四 川	Sichuan	361	301	58	2		4595
贵 州	Guizhou	2537	1699	835	3		28675
云 南	Yunnan	569	226	342	1		21686
西 藏	Tibet	8	6	2			166
陕 西	Shaanxi	95	86	9			347
甘 肃	Gansu	18	13	5			273
青 海	Qinghai	21	17	4			622
宁 夏	Ningxia	7	7				49
新 疆	Xinjiang	34	27	7			66

资料来源：国家林业局(下表同)。
Source:State Forestry Administration (the same as in the following table).

9-6 续表 continued

地 区	Region	受害森林面积 (公顷) Destructed Forest Area (hectare)	#天然林 Natural Forest	#人工林 Man-made Forest	伤亡人数 (人) Casualties (person)	#死亡人数 Deaths	其他损失折款 (万元) Economic Loss (10000 yuan)
全 国	**National Total**	**45761**	**20209**	**21049**	**108**	**65**	**11610.7**
北 京	Beijing	2		2			
天 津	Tianjin	6		6			0.9
河 北	Hebei	6		6	1	1	
山 西	Shanxi	164	17	147			275.4
内蒙古	Inner Mongolia	8559	5423	8			5.6
辽 宁	Liaoning	99	20	79			61.0
吉 林	Jilin	5		5			16.0
黑龙江	Heilongjiang	11738	11738				
上 海	Shanghai						
江 苏	Jiangsu	3		3			5.0
浙 江	Zhejiang	361		255			
安 徽	Anhui	393		393	2	1	19.4
福 建	Fujian	1449	68	1380			31.5
江 西	Jiangxi	729	37	692	1	1	210.3
山 东	Shandong	56	1	55			46.6
河 南	Henan	505		505			246.2
湖 北	Hubei	589	75	483	2	2	62.3
湖 南	Hunan	4881	112	4769	8	8	1192.1
广 东	Guangdong	304	29	274			136.8
广 西	Guangxi	1600	51	1549	6	4	482.5
海 南	Hainan	126		126			10.3
重 庆	Chongqing	116	35	80	4	3	297.1
四 川	Sichuan	1241	1024	170	1	1	735.0
贵 州	Guizhou	9080	1207	7872	52	26	5259.4
云 南	Yunnan	3234	347	1973	19	16	2412.8
西 藏	Tibet	16			8	2	19.3
陕 西	Shaanxi	84	1	83	1		7.1
甘 肃	Gansu	38	5	33			10.1
青 海	Qinghai	303		54	3		62.5
宁 夏	Ningxia	29		29			
新 疆	Xinjiang	44	18	16			5.5

9-7 各地区森林病虫鼠害防治情况(2010年)
Prevention of Forest Diseases, Pests and Rats by Region (2010)

单位：公顷，%　　(hectare, %)

地区	Region	合计 Total			森林病害 Forest Diseases		
		发生面积 Area of Occurrence	防治面积 Area of Prevention	防治率 Prevention Rate	发生面积 Area of Occurrence	防治面积 Area of Prevention	防治率 Prevention Rate
全　国	**National Total**	**11642430**	**8123614**	**69.8**	**1290648**	**895555**	**69.4**
北　京	Beijing	39561	39333	99.4	2040	2040	100.0
天　津	Tianjin	46686	46687	100.0	5633	5634	100.0
河　北	Hebei	577960	599905	100.0	33374	31093	93.2
山　西	Shanxi	235419	150113	63.8	19773	16886	85.4
内蒙古	Inner Mongolia	1128215	519101	46.0	13701	6587	48.1
辽　宁	Liaoning	720920	640013	88.8	67153	54073	80.5
吉　林	Jilin	239746	110587	46.1	26140	20693	79.2
黑龙江	Heilongjiang	594512	460641	77.5	245127	151528	61.8
上　海	Shanghai	7446	7387	99.2	547	547	100.0
江　苏	Jiangsu	93987	69381	73.8	12947		
浙　江	Zhejiang	63906	61533	96.3	18180	17587	96.7
安　徽	Anhui	355954	304934	85.7	55587	45340	81.6
福　建	Fujian	191681	107627	56.1	12127	11127	91.8
江　西	Jiangxi	396779	288853	72.8	57586	41287	71.7
山　东	Shandong	602979	564194	93.6	115146	102407	88.9
河　南	Henan	516501	463660	89.8	31274	28133	90.0
湖　北	Hubei	325074	274494	84.4	42173	28040	66.5
湖　南	Hunan	389095	223566	57.5	2767	6187	100.0
广　东	Guangdong	420447	145519	34.6	53340	43866	82.2
广　西	Guangxi	349541	84634	24.2	31300	2853	9.1
海　南	Hainan	12487	9434	75.6	434	407	93.8
重　庆	Chongqing	276860	269561	97.4	15973	15301	95.8
四　川	Sichuan	715560	573333	80.1	91860	58840	64.1
贵　州	Guizhou	268594	216113	80.5	16420	14127	86.0
云　南	Yunnan	349946	314882	90.0	35473	32321	91.1
西　藏	Tibet	282300	98346	34.8	110367	20833	18.9
陕　西	Shaanxi	402407	272639	67.8	17413	10039	57.7
甘　肃	Gansu	238300	188046	78.9	23019	27293	100.0
青　海	Qinghai	283807	205397	72.4	30340	21413	70.6
宁　夏	Ningxia	336326	206294	61.3			
新　疆	Xinjiang	1051060	570974	54.3	80820	73573	91.0
大兴安岭	Daxinganling	128374	36433	28.4	22614	5500	24.3

9-7 续表 continued

单位：公顷，% (hectare, %)

地　区	Region	森林虫害 Forest Pest Plague			森林鼠害 Forest Rat Plague		
		发生面积 Area of Occurrence	防治面积 Area of Prevention	防治率 Prevention Rate	发生面积 Area of Occurrence	防治面积 Area of Prevention	防治率 Prevention Rate
全　国	**National Total**	**8523175**	**6286974**	**73.8**	**1828607**	**941085**	**51.5**
北　京	Beijing	37521	37293	99.4			
天　津	Tianjin	41053	41053	100.0			
河　北	Hebei	530913	556293	100.0	13673	12519	91.6
山　西	Shanxi	169953	102901	60.5	45693	30326	66.4
内蒙古	Inner Mongolia	814687	349480	42.9	299827	163034	54.4
辽　宁	Liaoning	651007	583200	89.6	2760	2740	99.3
吉　林	Jilin	193093	76941	39.8	20513	12953	63.1
黑龙江	Heilongjiang	154499	138893	89.9	194886	170220	87.3
上　海	Shanghai	6899	6840	99.1			
江　苏	Jiangsu	81040	69381	85.6			
浙　江	Zhejiang	45713	43933	96.1	13	13	100.0
安　徽	Anhui	300260	259487	86.4	107	107	100.0
福　建	Fujian	179554	96500	53.7			
江　西	Jiangxi	339193	247566	73.0			
山　东	Shandong	487833	461787	94.7			
河　南	Henan	485227	435527	89.8			
湖　北	Hubei	275154	244987	89.0	7747	1467	18.9
湖　南	Hunan	386194	217379	56.3	134		
广　东	Guangdong	367107	101653	27.7			
广　西	Guangxi	318241	81781	25.7			
海　南	Hainan	12053	9027	74.9			
重　庆	Chongqing	209467	202894	96.9	51420	51366	99.9
四　川	Sichuan	595280	492480	82.7	28420	22013	77.5
贵　州	Guizhou	243274	196360	80.7	8900	5626	63.2
云　南	Yunnan	308046	276647	89.8	6427	5914	92.0
西　藏	Tibet	138680	70846	51.1	33253	6667	20.0
陕　西	Shaanxi	270887	175860	64.9	114107	86740	76.0
甘　肃	Gansu	129707	94553	72.9	85574	66200	77.4
青　海	Qinghai	110867	79305	71.5	142600	104679	73.4
宁　夏	Ningxia	127846	84407	66.0	208480	121887	58.5
新　疆	Xinjiang	470960	443574	94.2	499280	53827	10.8
大兴安岭	Daxinganling	40967	8146	19.9	64793	22787	35.2

9-8 各地区草原灾害情况(2010年)

Grassland Disasters by Region (2010)

单位：千公顷 (1000 hectares)

地 区	Region	草原鼠害 Rodent Pests in Grassland		草原虫害 Insect Pests in Grassland		草原火灾受害面积 Area Affected by Fire
		危害面积 Area Harmed	治理面积 Area Treated	危害面积 Area Harmed	治理面积 Area Treated	
全 国	**National Total**	**38678.0**	**6415.6**	**18066.6**	**5285.3**	**5.3**
北 京	Beijing					
天 津	Tianjin					
河 北	Hebei	493.3	268.1	526.8	239.4	
山 西	Shanxi	478.7	116.7	353.0	87.4	
内蒙古	Inner Mongolia	6548.0	1567.9	7962.8	2146.3	1.8
辽 宁	Liaoning	271.3	140.6	290.7	144.1	…
吉 林	Jilin	500.0	466.7	386.0	156.0	0.9
黑龙江	Heilongjiang	604.7	110.7	678.0	139.1	0.2
上 海	Shanghai					
江 苏	Jiangsu					
浙 江	Zhejiang					
安 徽	Anhui					
福 建	Fujian					
江 西	Jiangxi					
山 东	Shandong					
河 南	Henan					
湖 北	Hubei					
湖 南	Hunan					
广 东	Guangdong					
广 西	Guangxi					
海 南	Hainan					0.1
重 庆	Chongqing					
四 川	Sichuan	2918.0	459.7	810.1	361.3	0.9
贵 州	Guizhou					
云 南	Yunnan					
西 藏	Tibet	5933.3	360.7	196.8	52.0	
陕 西	Shaanxi	1200.0	186.7	400.7	63.3	…
甘 肃	Gansu	5272.7	492.2	1342.9	305.2	0.3
青 海	Qinghai	8072.0	802.1	1802.3	312.0	1.0
宁 夏	Ningxia	621.3	44.7	616.6	101.1	
新 疆	Xinjiang	5483.3	1252.3	2363.5	1018.0	0.1
新疆兵团	Xinjiang Production & Construction Corps	281.3	146.7	336.4	160.1	

资料来源：农业部。
Source: Ministry of Agriculture.

9-9 各地区突发环境事件情况(2010年)

Environmental Accidents by Region (2010)

单位：次 (time)

地 区	Region	事件次数 Number of Accidents	水污染 Water Pollution	大气污染 Air Pollution	海洋污染 Ocean Pollution	固体废物污染 Solid Wastes Pollution	噪声污染 Noise Pollution	其他污染 Others	人员伤亡(人) Casualties (person)
全 国	**National Total**	**420**	**135**	**157**	**3**	**35**	**1**	**89**	**241**
北 京	Beijing	30	1	11		13		5	
天 津	Tianjin								
河 北	Hebei	7	2	3	2				72
山 西	Shanxi	9	2	2				5	
内蒙古	Inner Mongolia	5		4		1			
辽 宁	Liaoning	10	1	6	1	1		1	4
吉 林	Jilin	3	3						2
黑龙江	Heilongjiang								
上 海	Shanghai	161	26	71		9		55	
江 苏	Jiangsu	7	2	2				3	
浙 江	Zhejiang	35	19	10		1		5	
安 徽	Anhui	30	10	8		5		7	
福 建	Fujian	4	2	1				1	
江 西	Jiangxi	9	5	1		1		2	
山 东	Shandong								
河 南	Henan	18	8	8			1	1	7
湖 北	Hubei	27	15	10		1		1	110
湖 南	Hunan	1						1	
广 东	Guangdong	2	2						
广 西	Guangxi	4	3	1					
海 南	Hainan								
重 庆	Chongqing	23	16	7					
四 川	Sichuan	1		1					21
贵 州	Guizhou	5	2	2				1	
云 南	Yunnan								
西 藏	Tibet								
陕 西	Shaanxi	9	7			2			
甘 肃	Gansu	10	3	6		1			
青 海	Qinghai	1						1	4
宁 夏	Ningxia	3		3					21
新 疆	Xinjiang	6	6						

资料来源：环境保护部。

Source:Ministry of Environmental Protection.

十、环境投资

Environmental Investment

10-1 全国历年环境污染治理投资情况(2000-2010年)

Investment in the Treatment of Environmental Pollution in Past Years (2000-2010)

单位：亿元 (100 million yuan)

年份 Year	环境污染治理投资总额 Total Investment in Treatment of Environmental Pollution	城市环境基础设施建设投资 Investment in Urban Environment Infrastructure Facilities	燃气 Gas Supply	集中供热 Central Heating	排水 Sewerage Projects	园林绿化 Gardening & Greening	市容环境卫生 Sanitation
2000	1010.3	515.5	70.9	67.8	149.3	143.2	84.3
2001	1106.6	595.7	75.5	82.0	224.5	163.2	50.6
2002	1367.2	789.1	88.4	121.4	275.0	239.5	64.8
2003	1627.7	1072.4	133.5	145.8	375.2	321.9	96.0
2004	1909.8	1141.2	148.3	173.4	352.3	359.5	107.8
2005	2388.0	1289.7	142.4	220.2	368.0	411.3	147.8
2006	2566.0	1314.9	155.1	223.6	331.5	429.0	175.8
2007	3387.3	1467.5	160.1	230.0	410.0	525.6	141.8
2008	4490.3	1801.0	163.5	269.7	496.0	649.8	222.0
2009	4525.3	2512.0	182.2	368.7	729.8	914.9	316.5
2010	6654.2	4224.2	290.8	433.2	901.6	2297.0	301.6

10-1 续表 continued

单位：亿元 (100 million yuan)

年份 Year	工业污染源治理投资 Investment in Treatment of Industrial Pollution Sources	治理废水 Treatment of Waste water	治理废气 Treatment of Waste Gas	治理固体废物 Treatment of Solid Waste	治理噪声 Treatment of Noise Pollution	治理其他 Treatment of Other Pollution	建设项目"三同时"环保投资 Investment in Environment Components for "Three-Simultaneity" New Construction Projects	环境污染治理投资占GDP比重(%) Investment in Anti-pollution Projects as Percentage of GDP (%)
2000	234.8	109.6	90.9	11.5	1.4	21.4	260.0	1.02
2001	174.5	72.9	65.8	18.7	0.6	16.5	336.4	1.01
2002	188.4	71.5	69.8	16.1	1.0	29.9	389.7	1.14
2003	221.8	87.4	92.1	16.2	1.0	25.1	333.5	1.20
2004	308.1	105.6	142.8	22.6	1.3	35.7	460.5	1.19
2005	458.2	133.7	213.0	27.4	3.1	81.0	640.1	1.30
2006	483.9	151.1	233.3	18.3	3.0	78.3	767.2	1.22
2007	552.4	196.1	275.3	18.3	1.8	60.7	1367.4	1.36
2008	542.6	194.6	265.7	19.7	2.8	59.8	2146.7	1.49
2009	442.6	149.5	232.5	21.9	1.4	37.4	1570.7	1.33
2010	397.0	129.6	188.2	14.3	1.4	62.0	2033.0	1.66

10-2 各地区环境污染治理投资情况(2010年)

Investment in the Treatment of Environmental Pollution by Region (2010)

单位：亿元 (100 million yuan)

地 区	Region	环境污染治理投资总额 Total Investment in Treatment of Environmental Pollution	城市环境基础设施建设投资 Investment in Urban Environment Infrastructure Facilities	工业污染源治理投资 Investment in Treatment of Industrial Pollution Sources	建设项目"三同时"环保投资 Investment in Environment Components for "Three-Simultaneity" New Construction Projects	环境污染治理投资占GDP比重(%) Investment in Anti-pollution Projects as Percentage of GDP (%)
全 国	**National Total**	**6654.2**	**4224.2**	**397.0**	**2033.0**	**1.66**
北 京	Beijing	231.4	173.0	1.9	56.5	1.64
天 津	Tianjin	109.7	65.8	16.5	27.4	1.19
河 北	Hebei	370.9	279.9	10.9	80.1	1.82
山 西	Shanxi	206.9	86.1	28.0	92.8	2.25
内蒙古	Inner Mongolia	238.9	175.6	13.2	50.1	2.05
辽 宁	Liaoning	206.5	141.6	14.8	50.1	1.12
吉 林	Jilin	124.2	70.8	6.3	47.1	1.43
黑龙江	Heilongjiang	131.3	72.8	4.9	53.5	1.27
上 海	Shanghai	134.0	87.1	9.4	37.4	0.78
江 苏	Jiangsu	466.4	300.0	18.6	147.8	1.13
浙 江	Zhejiang	333.7	95.2	12.0	226.5	1.20
安 徽	Anhui	179.9	132.4	5.9	41.6	1.46
福 建	Fujian	129.7	78.0	15.3	36.3	0.88
江 西	Jiangxi	156.5	125.5	6.4	24.6	1.66
山 东	Shandong	483.9	284.6	45.7	153.6	1.24
河 南	Henan	132.2	71.0	12.5	48.7	0.57
湖 北	Hubei	146.8	89.9	27.7	29.2	0.92
湖 南	Hunan	106.6	62.1	13.8	30.7	0.66
广 东	Guangdong	1416.2	1262.7	31.1	122.4	3.08
广 西	Guangxi	164.1	99.0	9.3	55.8	1.71
海 南	Hainan	23.6	11.6	0.4	11.6	1.14
重 庆	Chongqing	176.3	124.6	7.8	43.9	2.22
四 川	Sichuan	89.0	44.3	7.2	37.5	0.52
贵 州	Guizhou	30.0	6.7	6.8	16.5	0.65
云 南	Yunnan	106.2	59.4	10.6	36.1	1.47
西 藏	Tibet	0.3	0.3			0.06
陕 西	Shaanxi	179.2	109.1	33.7	36.5	1.77
甘 肃	Gansu	63.9	42.1	14.6	7.1	1.55
青 海	Qinghai	17.0	6.3	1.0	9.7	1.26
宁 夏	Ningxia	34.5	20.1	4.1	10.3	2.04
新 疆	Xinjiang	78.4	46.2	6.7	25.5	1.44

资料来源：环境保护部、住房和城乡建设部。

Source:Ministry of Environmental Protection，Ministry of Housing and Urban-Rural Development.

10-3 各地区城市环境基础设施建设投资情况(2010年)

Investment in Urban Environment Infrastructure by Region (2010)

单位：亿元 (100 million yuan)

地区 Region	投资总额 Total Investment	燃气 Gas Supply	集中供热 Central Heating	排水 Sewerage Projects	#污水处理 Waste Water Treatment	园林绿化 Gardening & Greening	市容环境卫生 Sanitation	#垃圾处理 Garbage Treatment
全国 National Total	**4224.22**	**290.78**	**433.25**	**901.56**	**491.60**	**2297.04**	**301.59**	**127.40**
北京 Beijing	173.00	18.26	49.66	17.27	5.38	65.47	22.34	4.62
天津 Tianjin	65.79	13.34	7.04	24.91	7.85	14.04	6.45	6.42
河北 Hebei	279.89	24.04	76.86	53.85	15.42	113.94	11.20	6.37
山西 Shanxi	86.13	9.73	22.46	20.16	18.15	29.73	4.06	1.97
内蒙古 Inner Mongolia	175.60	8.42	37.49	39.89	8.12	78.46	11.33	2.27
辽宁 Liaoning	141.62	12.40	71.76	13.56	8.51	28.86	15.04	8.53
吉林 Jilin	70.76	10.80	29.48	11.37	7.00	12.05	7.06	3.50
黑龙江 Heilongjiang	72.80	5.32	24.00	22.84	18.92	17.27	3.37	1.18
上海 Shanghai	87.09	18.79		34.27	9.85	28.21	5.82	3.41
江苏 Jiangsu	300.04	20.93	0.20	84.77	33.03	179.22	14.92	5.19
浙江 Zhejiang	95.25	11.90	0.51	34.37	20.09	38.95	9.51	7.51
安徽 Anhui	132.44	8.26	1.21	24.13	11.61	90.86	7.98	4.30
福建 Fujian	78.04	6.08		14.54	11.91	36.06	21.35	11.10
江西 Jiangxi	125.53	6.70		17.79	4.88	94.89	6.15	4.85
山东 Shandong	284.59	35.52	64.33	59.29	22.82	108.35	17.11	11.36
河南 Henan	71.01	8.60	14.14	20.07	12.02	25.25	2.95	1.95
湖北 Hubei	89.95	14.41	0.08	24.42	8.55	31.22	19.82	7.33
湖南 Hunan	62.14	6.42		19.55	11.56	22.82	13.35	7.85
广东 Guangdong	1262.73	11.01		212.36	189.78	980.51	58.86	13.10
广西 Guangxi	99.03	3.15		39.25	12.90	48.23	8.41	6.13
海南 Hainan	11.55	0.79		6.27	1.73	2.68	1.81	0.16
重庆 Chongqing	124.62	8.61	1.60	7.15	0.99	106.01	1.25	0.25
四川 Sichuan	44.31	4.74		12.17	5.19	22.79	4.62	1.17
贵州 Guizhou	6.75	0.61		2.59	1.12	2.15	1.40	0.23
云南 Yunnan	59.41	1.11		43.65	28.43	10.66	3.99	3.84
西藏 Tibet	0.29					0.29		
陕西 Shaanxi	109.07	3.44	7.93	15.04	3.74	75.83	6.83	1.46
甘肃 Gansu	42.09	1.23	6.65	10.09	8.35	15.25	8.88	0.02
青海 Qinghai	6.34	0.37	0.04	3.27	1.80	1.78	0.88	0.79
宁夏 Ningxia	20.11	10.01	3.34	1.65	0.40	4.31	0.79	0.34
新疆 Xinjiang	46.25	5.79	14.44	11.03	1.50	10.91	4.07	0.22

资料来源：住房和城乡建设部。
Source: Ministry of Housing and Urban-Rural Development.

10-4 各地区工业污染治理投资来源情况(2010年)
Source of Investment in Treatment of Industrial Pollution by Region (2010)

单位：万元 (10000 yuan)

地区	Region	污染治理项目本年投资来源总额 Investment in Pollution Treatment Projects of the Year	排污费补助 Subsidy of Fee on Wastes Discharge	政府其他补助 Other Subsidy by Government	企业自筹 Independently Raise Money by Enterprises	#银行贷款 Bank Loan
全国	**National Total**	**3969768**	**49122**	**151422**	**3769222**	**313548**
北京	Beijing	19340		328	19011	5688
天津	Tianjin	164684	203	16684	147797	2190
河北	Hebei	108588	1555	3926	103107	20
山西	Shanxi	279574	6037	7591	265946	2116
内蒙古	Inner Mongolia	132400	1300	1126	129973	1731
辽宁	Liaoning	147708	2642	3926	141140	5169
吉林	Jilin	63366	1845	3041	58480	1648
黑龙江	Heilongjiang	49494	40	3865	45589	
上海	Shanghai	94107	10	1111	92986	1716
江苏	Jiangsu	185995	4501	3725	177769	5705
浙江	Zhejiang	119568	3261	2618	113689	2183
安徽	Anhui	58895	893	1173	56829	133
福建	Fujian	153296	367	599	152329	5870
江西	Jiangxi	63775	4292	1380	58103	14750
山东	Shandong	456759	1803	8805	446152	7499
河南	Henan	125120	405	14010	110705	10196
湖北	Hubei	277416	1894	3892	271631	162940
湖南	Hunan	137949	6402	3956	127590	20344
广东	Guangdong	310584	2161	1335	307088	574
广西	Guangxi	92845	770	388	91687	30
海南	Hainan	4354		375	3979	
重庆	Chongqing	77502	1530	7740	68232	857
四川	Sichuan	71627	1840	3549	66237	1061
贵州	Guizhou	68080	255	2876	64949	1000
云南	Yunnan	106272	1325	1397	103550	4754
西藏	Tibet					
陕西	Shaanxi	336535	847	40531	295156	4469
甘肃	Gansu	146483	2530	10138	133815	50896
青海	Qinghai	9747	145	169	9433	
宁夏	Ningxia	40896			40896	
新疆	Xinjiang	66813	270	1169	65374	10

资料来源：环境保护部(以下各表同)。
Source: Ministry of Environmental Protection (the same as in the following tables).

10-5 各地区工业污染治理投资完成情况(2010年)

Completed Investment in Treatment of Industrial Pollution by Region (2010)

单位：万元 (10000 yuan)

地 区	Region	污染治理项目本年完成投资 Investment Completed in Pollution Treatment Projects	治理废水 Treatment of Waste water	治理废气 Treatment of Waste Gas	治理固体废物 Treatment of Solid Waste	治理噪声 Treatment of Noise Pollution	治理其他 Treatment of Other Pollution	本年竣工项目数(个) Number of Pojects Completed (unit)
全 国	**National Total**	**3969768**	**1295519**	**1881883**	**142692**	**14193**	**620021**	**5866**
北 京	Beijing	19340	1762	17264		11	302	46
天 津	Tianjin	164684	47139	34856	1226	155	81308	99
河 北	Hebei	108588	24678	82054	2	993	862	150
山 西	Shanxi	279574	54820	149810	30135	919	43890	599
内蒙古	Inner Mongolia	132400	46323	68783	1987	201	15106	156
辽 宁	Liaoning	147708	47214	94551	804		5139	84
吉 林	Jilin	63366	26793	31281	4871	312	109	89
黑龙江	Heilongjiang	49494	25339	16884			7272	49
上 海	Shanghai	94107	6308	34781	27	679	52312	156
江 苏	Jiangsu	185995	74386	71870	8964	1974	28801	361
浙 江	Zhejiang	119568	71262	39982	2746	212	5367	577
安 徽	Anhui	58895	14250	30932		108	13606	55
福 建	Fujian	153296	70939	49844	7704	611	24198	628
江 西	Jiangxi	63775	19865	39594	48		4269	103
山 东	Shandong	456759	162780	186423	15288	785	91484	399
河 南	Henan	125120	44301	75616	856	445	3902	169
湖 北	Hubei	277416	35627	197293	9580	867	19090	195
湖 南	Hunan	137949	59248	63845	11222	501	3134	167
广 东	Guangdong	310584	150272	54176	4622	342	100672	613
广 西	Guangxi	92845	47388	27250	17024	80	1104	166
海 南	Hainan	4354	3923	140	52		238	14
重 庆	Chongqing	77502	37761	27369	3189	500	8684	89
四 川	Sichuan	71627	37749	30889	1405	488	1096	154
贵 州	Guizhou	68080	19383	39461	6298	2497	441	97
云 南	Yunnan	106272	24184	72910	6302	240	2636	334
西 藏	Tibet							
陕 西	Shaanxi	336535	71479	178851	1950	1259	82997	124
甘 肃	Gansu	146483	26166	104552	5593	19	10154	120
青 海	Qinghai	9747	1019	8729				11
宁 夏	Ningxia	40896	23478	5618			11800	14
新 疆	Xinjiang	66813	19687	46276	800		50	48

10-6 各地区建设项目“三同时”执行情况(2010年)

Implementation of “Three-simultaneity” Construction Projects by Region (2010)

单位：项，亿元 (unit,100 million yuan)

地 区	Region	实际执行“三同时”项目数(项) Number of Projects Meeting “Three-simultaneity” Requirement (unit)	实际执行“三同时”项目投资总额(亿元) Total Investment in Projects Meeting “Three-simultaneity” Requirement (100 million yuan)	实际执行“三同时”项目环保投资总额(万元) Total Investment in Environmental Protection Components for Projects Meeting "Three-simultaneity" Requirement (10000 yuan)
全 国	**National Total**	**106765**	**49853.7**	**20330040**
北 京	Beijing	3800	1061.4	565029
天 津	Tianjin	1087	842.9	274302
河 北	Hebei	3368	852.1	801273
山 西	Shanxi	1276	811.4	928050
内蒙古	Inner Mongolia	1498	794.6	500578
辽 宁	Liaoning	6526	1329.6	501174
吉 林	Jilin	1747	546.5	470592
黑龙江	Heilongjiang	1643	581.1	535251
上 海	Shanghai	4375	1299.8	374486
江 苏	Jiangsu	9571	3994.1	1477887
浙 江	Zhejiang	11360	2993.1	2265103
安 徽	Anhui	2354	808.1	415998
福 建	Fujian	6207	1477.7	362870
江 西	Jiangxi	1352	337.5	246075
山 东	Shandong	7123	2047.4	1536080
河 南	Henan	3760	985.2	487274
湖 北	Hubei	3625	624.9	291550
湖 南	Hunan	2174	574.0	306760
广 东	Guangdong	13815	8708.4	1224447
广 西	Guangxi	4200	616.2	557818
海 南	Hainan	285	634.7	115723
重 庆	Chongqing	2356	956.2	438826
四 川	Sichuan	2203	679.9	375268
贵 州	Guizhou	2647	104.4	164659
云 南	Yunnan	2272	412.9	361357
西 藏	Tibet	609		
陕 西	Shaanxi	924	817.1	364528
甘 肃	Gansu	547	79.6	71314
青 海	Qinghai	440	116.3	97074
宁 夏	Ningxia	622	90.9	103461
新 疆	Xinjiang	2725	572.3	254744

10-7 各地区林业建设资金到位情况(2010年)

Available Funds of Investment in Forestry Construction by Region (2010)

单位：万元 (10000 yuan)

地区	Region	合计 Source of Funds	国家预算内资金 State Budgetary Appropria-tions	#国债资金 Treasury Bonds	#中央财政专项资金 Earmarked Central Funds
全国	**National Total**	**16625614**	**9449646**	**344404**	**5119218**
北京	Beijing	473542	444110	9488	10360
天津	Tianjin	30323	5477	591	2166
河北	Hebei	482796	394829	680	226923
山西	Shanxi	725803	378681		156395
内蒙古	Inner Mongolia	849822	801214	108271	411002
辽宁	Liaoning	494512	459268	20	112137
吉林	Jilin	553575	297878		188637
黑龙江	Heilongjiang	1089866	561378	10766	305369
上海	Shanghai	79405	68316	10	530
江苏	Jiangsu	711066	38378	5341	5910
浙江	Zhejiang	427802	291460	451	35546
安徽	Anhui	201872	113404	4370	81931
福建	Fujian	1145096	96311		75345
江西	Jiangxi	476541	203225	2400	156186
山东	Shandong	700358	160105		20449
河南	Henan	951927	157014		126918
湖北	Hubei	280082	207950	11206	160249
湖南	Hunan	508008	323123	22562	202806
广东	Guangdong	437226	362110	7400	25962
广西	Guangxi	508232	286176	8640	191096
海南	Hainan	58565	28103	801	22126
重庆	Chongqing	564679	376861		215033
四川	Sichuan	1790489	976667		722701
贵州	Guizhou	362643	350493		237099
云南	Yunnan	573758	373838	25330	215125
西藏	Tibet	75774	73605		55808
陕西	Shaanxi	456327	362590	1635	251444
甘肃	Gansu	715630	546432	34870	472783
青海	Qinghai	147661	144803	21147	90998
宁夏	Ningxia	146529	127774	8801	113690
新疆	Xinjiang	373858	278395	14807	133233
大兴安岭	Daxinganling	196738	124950	44817	76533

注：全国合计数包括国家林业局直属单位数据。

资料来源：国家林业局(下表同)。

Note:Data of national total include the units directly under State Forestry Administration.

Source: State Forestry Administration (the same as in the following table).

10-7 续表 continued

单位：万元 (10000 yuan)

地 区	Region	国内贷款 Domestic Loans	利用外资 Foreign Capital	自筹资金 Enterprise Fundraising	其他资金 Other Funds
全 国	**National Total**	**1762458**	**70202**	**2568661**	**2774647**
北 京	Beijing			953	28479
天 津	Tianjin				24846
河 北	Hebei	55941	2192	12076	17758
山 西	Shanxi			326463	20659
内蒙古	Inner Mongolia		163	13625	34820
辽 宁	Liaoning			4685	30559
吉 林	Jilin		7938	115297	132462
黑龙江	Heilongjiang		263	377132	151093
上 海	Shanghai			3072	8017
江 苏	Jiangsu		1280	572490	98918
浙 江	Zhejiang	110869	4634	6129	14710
安 徽	Anhui	17179	245	34385	36659
福 建	Fujian	973971			74814
江 西	Jiangxi	3118	5349	56215	208634
山 东	Shandong	140930	4263	73788	321272
河 南	Henan	212530	12383	256000	314000
湖 北	Hubei	16000	1604	14406	40122
湖 南	Hunan	1710		64973	118202
广 东	Guangdong	1700	6413	25899	41104
广 西	Guangxi	83678	8210	63784	66384
海 南	Hainan			3682	26780
重 庆	Chongqing	38370	102	53977	95369
四 川	Sichuan	53774	5121	290097	464830
贵 州	Guizhou	9388			2762
云 南	Yunnan		172	34179	165569
西 藏	Tibet				2169
陕 西	Shaanxi	8700	15	18252	66770
甘 肃	Gansu	34600	6779	5187	122632
青 海	Qinghai		2858		
宁 夏	Ningxia				18755
新 疆	Xinjiang		218	81574	13671
大兴安岭	Daxinganling			60341	11447

10-8 各地区林业固定资产投资完成情况(2010年)

Completed Investment in Fixed Assets for Forestry by Region(2010)

单位：万元 (10000 yuan)

地 区	Region	本年完成投资 Completed Investment During the Year	#国家投资 State Investment	其中：营林固定资产投资 Silviculture Performance	本年新增固定资产 Newly Increased Fixed Assets
全 国	**National Total**	**15533217**	**7452396**	**11942956**	**5668829**
北 京	Beijing	348034	310665	348034	53257
天 津	Tianjin	30323	30323	30323	30323
河 北	Hebei	317065	276621	317065	140250
山 西	Shanxi	657941	310819	657941	5504
内蒙古	Inner Mongolia	819932	808917	658289	214162
辽 宁	Liaoning	317498	228745	317498	142053
吉 林	Jilin	489491	267408	260175	193732
黑龙江	Heilongjiang	1058455	549670	448059	588299
上 海	Shanghai	47627	13542	47627	32466
江 苏	Jiangsu	720751	12438	711251	45867
浙 江	Zhejiang	52940	38434	52690	21994
安 徽	Anhui	152316	88182	152316	78146
福 建	Fujian	55557	27229	52737	25459
江 西	Jiangxi	285369	195643	284073	129033
山 东	Shandong	235169	25467	235169	78377
河 南	Henan	325638	128263	325638	87773
湖 北	Hubei	322295	189543	297710	120062
湖 南	Hunan	373541	214103	373541	127853
广 东	Guangdong	77995	31310	77995	29449
广 西	Guangxi	3716926	289069	1297678	1830027
海 南	Hainan	44111	26853	44111	9405
重 庆	Chongqing	577434	379526	577434	194986
四 川	Sichuan	1715300	899615	1700603	112093
贵 州	Guizhou	332761	304114	332761	231191
云 南	Yunnan	459922	272852	452575	128735
西 藏	Tibet	78515	77815	77815	11587
陕 西	Shaanxi	376174	276759	375069	228373
甘 肃	Gansu	722797	574728	722797	417128
青 海	Qinghai	147661	147661	147661	97927
宁 夏	Ningxia	146527	127772	146527	36982
新 疆	Xinjiang	298387	176874	295778	121445
大兴安岭	Daxinganling	193656	116708	88907	92240

注：全国合计数包括国家林业局直属单位数据。
Note:Data of national total include the units directly under State Forestry Administration.

10-9 各地区排污费征收情况(2010年)

Fees Levied on Wastes Discharge by Region (2010)

地　区	Region	排污费征收 Fees Levied on Wastes Discharge		排污费解缴入库 Fees Paid into Treasury on Wastes Discharge		排污费解缴入库明细 Main Items of Fees Paid into treasury on Wastes Discharge	
						污水类解缴入库 Waste Water	
		开单户数(户) Number of Establishments (unit)	金额(万元) Value (10000 yuan)	户数(户) Number of Establishments (unit)	金额(万元) Value (10000 yuan)	户数(户) Number of Establishments (unit)	金额(万元) Value (10000 yuan)
全　国	**National Total**	**413575**	**1881899.9**	**401172**	**1779326.3**	**182048**	**223822.6**
北　京	Beijing	1921	3574.8	1696	3104.7	873	375.7
天　津	Tianjin	3984	18041.9	3693	17360.0	1833	1338.1
河　北	Hebei	27973	137247.7	27973	137213.5	5135	6358.8
山　西	Shanxi	10446	166299.6	9374	159366.6	2499	4217.9
内蒙古	Inner Mongolia	6017	102934.2	5651	79734.6	2136	3215.1
辽　宁	Liaoning	27568	120630.4	27193	114131.8	9927	13775.6
吉　林	Jilin	24187	41876.5	24014	40529.8	6842	3911.2
黑龙江	Heilongjiang	10984	43882.7	10800	43459.3	3898	2675.3
上　海	Shanghai	5455	24827.9	5372	24738.7	3123	2743.7
江　苏	Jiangsu	34566	202611.5	34440	198790.7	21741	24216.6
浙　江	Zhejiang	30536	101472.6	28327	96046.8	13285	13192.6
安　徽	Anhui	14404	52856.2	14209	51700.1	5802	6264.6
福　建	Fujian	20006	35245.1	19960	35400.9	10431	9458.2
江　西	Jiangxi	7521	47806.9	7455	49075.9	3025	10651.4
山　东	Shandong	17685	150685.9	17073	136627.7	3719	8633.1
河　南	Henan	16489	91791.1	16227	84769.6	5854	10161.4
湖　北	Hubei	9969	37542.0	9678	37002.4	4851	8631.1
湖　南	Hunan	12433	54260.9	12402	53074.6	6569	15068.6
广　东	Guangdong	62578	94138.4	58390	88401.1	45035	25177.1
广　西	Guangxi	8833	46673.2	8472	42023.2	2588	3478.6
海　南	Hainan	919	3604.5	912	3529.7	491	622.3
重　庆	Chongqing	6928	37726.1	6819	35924.3	3541	9664.6
四　川	Sichuan	7602	58566.5	7457	55117.2	3142	7690.7
贵　州	Guizhou	7595	45304.3	7557	44882.5	3715	13717.5
云　南	Yunnan	7395	29214.3	7390	28180.0	2841	2741.1
西　藏	Tibet	4688	881.9	4647	826.4		
陕　西	Shaanxi	5177	47893.4	5130	46420.8	1576	7312.4
甘　肃	Gansu	8489	21306.7	8443	21172.6	3318	1915.3
青　海	Qinghai	1241	6624.3	1210	6274.9	407	1442.9
宁　夏	Ningxia	2897	14690.2	2722	12205.0	613	690.2
新　疆	Xinjiang	7089	41688.1	6486	32240.7	3238	4480.6

10-9 续表 continued

地 区	Region	排污费解缴入库明细 Main Items of Fees Paid into Treasury on Wastes Discharge					
		废气类解缴入库 Waste Gas		噪声类解缴入库 Noise		危险废物类解缴入库 Hazardous Waste	
		户数 (户) Number of Establishments (unit)	金额 (万元) Value (10000 yuan)	户数 (户) Number of Establishments (unit)	金额 (万元) Value (10000 yuan)	户数 (户) Number of Establishments (unit)	金额 (万元) Value (10000 yuan)
全 国	**National Total**	**193734**	**1392160.2**	**93347**	**140064.9**	**809**	**450.1**
北 京	Beijing	1453	3181.2	54	14.0		
天 津	Tianjin	3111	16331.8	139	257.7	1	…
河 北	Hebei	19577	123806.6	4899	5895.7	8	5.1
山 西	Shanxi	8290	84436.4	678	1412.1	13	2.1
内蒙古	Inner Mongolia	3818	98062.1	455	618.9	43	5.7
辽 宁	Liaoning	11819	91221.5	9056	14862.6	3	1.1
吉 林	Jilin	12299	30988.9	6134	5013.5	54	9.1
黑龙江	Heilongjiang	5372	39939.6	2155	854.6	15	3.6
上 海	Shanghai	2931	20146.2	813	883.0		
江 苏	Jiangsu	18252	162775.5	3434	10268.2	18	16.5
浙 江	Zhejiang	18004	71999.3	5791	12971.3	88	36.1
安 徽	Anhui	5774	41013.3	4421	5148.6	52	32.9
福 建	Fujian	7695	17295.5	6856	7171.5	7	2.2
江 西	Jiangxi	2988	27211.6	2392	9308.0	57	17.1
山 东	Shandong	11225	132867.6	6040	9356.2		
河 南	Henan	9669	76428.1	4057	3050.9	53	27.8
湖 北	Hubei	3294	22554.1	3780	4937.6	72	61.4
湖 南	Hunan	4592	34119.3	3144	3958.4	69	125.6
广 东	Guangdong	11284	53962.5	15575	11254.4		
广 西	Guangxi	3897	39995.3	3250	2774.6		
海 南	Hainan						
重 庆	Chongqing	3179	20841.6	2529	7630.4	56	29.8
四 川	Sichuan	4332	32506.7	2322	12335.1	5	0.7
贵 州	Guizhou	3433	30024.5	1044	1422.2	116	32.5
云 南	Yunnan	2953	19472.1	1756	2915.8	9	0.9
西 藏	Tibet						
陕 西	Shaanxi	3273	34201.6	1042	3644.8	22	6.4
甘 肃	Gansu	4691	14128.7	259	236.9	12	20.9
青 海	Qinghai	878	5607.3	105	212.3	1	0.2
宁 夏	Ningxia	2387	13693.4	391	296.6		
新 疆	Xinjiang	3264	33348.0	776	1358.9	35	12.2

十一、 城市环境

Urban Environment

11-1 全国历年城市环境情况(2000-2010年)
Urban Environment in Past Years (2000-2010)

年 份 Year	城市个数 (个) Number of Cities (unit)	城区面积 (万平方公里) Urban Area (10000 sq.km)	建设用地面积 (万平方公里) Area of Land Used for Urban Construction (10000 sq.km)	人均日生活用水量 (升) Daily Household Water Consumption per Capita (liter)	城市用水普及率 (%) Water Access Rate (%)	城市污水排放量 (亿立方米) Waste Water Discharged (100 million cu.m)	城市污水处理率 (%) Waste Water Treatment Rate (%)
2000	663	87.8	2.2	220.2	63.9	331.8	34.3
2001	662	60.8	2.4	216.0	72.3	328.6	36.4
2002	660	46.7	2.7	213.0	77.9	337.6	40.0
2003	660	39.9	2.9	210.9	86.2	349.2	42.1
2004	661	39.5	3.1	210.8	88.9	356.5	45.7
2005	661	41.3		204.1	91.1	359.5	52.0
2006	656	16.7	3.2	188.3	86.1	362.5	55.7
2007	655	17.6	3.6	178.4	93.8	361.0	62.9
2008	655	17.8	3.9	178.2	94.7	364.9	70.2
2009	655	17.5	3.9	176.6	96.1	371.2	75.3
2010	657	17.9	4.0	171.4	96.7	378.7	82.3

注：2006年起住房和城乡建设部《城市建设统计制度》修订，统计范围、口径及部分指标计算方法都有所调整，故不能与2005年直接比较。

Note:Urban Construction Statistical System had been amended by Ministry of Housing and Urban-Rural Development in 2006. Scope, caliber and calculated method of some indicators are adjusted,so it can not be directly compared with data of 2005.

11-1 续表 continued

年 份 Year	城市燃气普及率 (%) Gas Access Rate (%)	城市生活垃圾清运量 (万吨) Volume of Garbage Disposal (10000 tons)	城市生活垃圾无害化处理率 (%) Proportion of Harmless Treated Garbage (%)	供热面积 (万平方米) Heated Area (10000 sq.m)	建成区绿化覆盖率 (%) Green Covered Area as % of Completed Area (%)	人均公园绿地面积 (平方米) Park Green Land per Capita (sq.m)
2000	45.4	11819		110766	28.2	3.7
2001	59.7	13470	58.2	146329	28.4	4.6
2002	67.2	13650	54.2	155567	29.8	5.4
2003	76.7	14857	50.8	188956	31.2	6.5
2004	81.5	15509	52.1	216266	31.7	7.4
2005	82.1	15577	51.7	252056	32.5	7.9
2006	79.1	14841	52.2	265853	35.1	8.3
2007	87.4	15215	62.0	300591	35.3	9.0
2008	89.6	15438	66.8	348948	37.4	9.7
2009	91.4	15734	71.4	379574	38.2	10.7
2010	92.0	15805	77.9	435668	38.6	11.2

11-2 主要城市空气质量指标(2010年)
Ambient Air Quality in Major Cities (2010)

单位：毫克/立方米,天,%　　(milligram/cu.m, day, %)

城市	City	可吸入颗粒物 (PM_{10}) Paticulate Matters	二氧化硫 (SO_2) Sulphur Dioxide	二氧化氮 (NO_2) Nitrogen Dioxide	空气质量达到二级以上的天数 Days of Air Quality Equal to or Above Grade II	空气质量达到二级以上天数占全年比重 Proportion of Days of Air Quality Equal to or Above Grade II in the Whole Year
北京	Beijing	0.121	0.032	0.057	286	78.4
天津	Tianjin	0.096	0.054	0.045	308	84.4
石家庄	Shijiazhuang	0.098	0.054	0.041	319	87.4
太原	Taiyuan	0.089	0.068	0.020	304	83.3
呼和浩特	Hohhot	0.068	0.046	0.034	349	95.6
沈阳	Shenyang	0.101	0.058	0.035	329	90.1
长春	Dalian	0.089	0.030	0.044	341	93.4
哈尔滨	Harbin	0.101	0.045	0.048	313	85.8
上海	Shanghai	0.079	0.029	0.050	336	92.1
南京	Nanjing	0.114	0.036	0.046	302	82.7
杭州	Hangzhou	0.098	0.034	0.056	314	86.0
合肥	Hefei	0.115	0.020	0.030	310	84.9
福州	Fuzhou	0.073	0.009	0.032	351	96.2
南昌	Nanchang	0.087	0.055	0.042	343	94.0
济南	Jinan	0.117	0.045	0.027	308	84.4
郑州	Zhengzhou	0.111	0.053	0.046	318	87.1
武汉	Wuhan	0.108	0.041	0.057	284	77.8
长沙	Changsha	0.083	0.040	0.046	338	92.6
广州	Guangzhou	0.069	0.033	0.053	357	97.8
南宁	Nanning	0.069	0.028	0.030	349	95.6
海口	Haikou	0.040	0.007	0.015	365	100.0
重庆	Chongqing	0.102	0.048	0.039	311	85.2
成都	Chengdu	0.104	0.031	0.051	316	86.6
贵阳	Guiyang	0.075	0.057	0.027	343	94.0
昆明	Kunming	0.072	0.040	0.046	365	100.0
拉萨	Lhasa	0.048	0.007	0.021	361	98.9
西安	Xi'an	0.126	0.043	0.045	304	83.3
兰州	Lanzhou	0.155	0.057	0.048	223	61.1
西宁	Xining	0.124	0.039	0.026	312	85.5
银川	Yinchuan	0.093	0.039	0.026	332	91.0
乌鲁木齐	Urumqi	0.133	0.089	0.067	266	72.9

资料来源：环境保护部。
Source:Ministry of Environmental Protection.

11-3 各地区城市面积和建设用地情况(2010年)
Basic Statistics on Urban Area and Land Used for Construction by Region(2010)

单位:平方公里 (sq.km)

地区	Region	城区面积 Urban Area	#建成区面积 Area of Built Districts	城市建设用地面积 Area of Land Used for Urban Construction 小计 Sub-total	居住用地 Residential Area	公共设施用地 Area for Public Utilities	工业用地 Area for Industrial Operation	仓储用地 Area for Storage
全国	**National Total**	**178691.7**	**40058.0**	**39758.4**	**12404.0**	**4832.6**	**8689.5**	**1187.0**
北京	Beijing	12187.0						
天津	Tianjin	2236.1	686.7	686.7	186.5	81.5	155.7	23.5
河北	Hebei	6521.7	1619.7	1571.7	507.4	190.4	314.8	60.5
山西	Shanxi	3348.3	864.7	847.2	260.9	98.7	171.4	30.1
内蒙古	Inner Mongolia	8537.1	1038.3	1123.4	332.6	147.6	205.6	42.7
辽宁	Liaoning	11655.7	2220.5	2171.2	729.1	216.0	506.8	77.0
吉林	Jilin	7376.8	1237.4	1171.8	413.2	125.9	242.9	40.8
黑龙江	Heilongjiang	2589.5	1638.0	1737.5	625.9	181.7	338.8	81.8
上海	Shanghai	6340.5	998.8					
江苏	Jiangsu	12462.8	3271.1	3424.8	1024.5	402.9	896.3	92.5
浙江	Zhejiang	10256.4	2129.0	2245.9	614.5	242.3	573.6	47.3
安徽	Anhui	5041.2	1491.3	1540.0	488.3	196.1	327.4	37.3
福建	Fujian	4361.8	1059.0	1019.1	316.4	135.2	219.3	22.1
江西	Jiangxi	1719.3	933.8	966.3	278.3	142.5	193.1	24.2
山东	Shandong	19631.7	3566.2	3526.4	1040.9	491.4	775.7	110.9
河南	Henan	4101.4	2014.4	1947.2	578.7	287.4	338.3	61.5
湖北	Hubei	9057.2	1701.0	1968.8	580.4	271.2	434.6	59.4
湖南	Hunan	4121.9	1321.1	1458.6	475.5	223.4	257.3	55.0
广东	Guangdong	18130.1	4618.1	4774.8	1446.6	407.0	1364.3	102.9
广西	Guangxi	5656.7	940.5	908.6	283.7	124.1	171.9	30.2
海南	Hainan	833.0	221.3	260.7	83.0	44.5	20.5	3.6
重庆	Chongqing	5695.8	870.2	855.7	282.2	88.6	200.9	16.9
四川	Sichuan	5772.8	1629.7	1610.3	526.1	218.2	344.8	35.0
贵州	Guizhou	1658.4	464.0	477.1	128.3	65.5	86.3	17.6
云南	Yunnan	1930.0	751.3	832.9	353.7	84.6	121.5	22.3
西藏	Tibet	782.0	84.9	82.5	29.0	21.6	8.0	2.6
陕西	Shaanxi	1430.6	758.5	704.9	217.7	124.9	136.3	22.8
甘肃	Gansu	1426.3	632.8	594.4	168.2	68.7	99.7	22.1
青海	Qinghai	512.3	113.9	113.5	43.9	6.2	17.9	5.0
宁夏	Ningxia	2049.7	343.8	284.4	104.1	43.2	26.2	10.6
新疆	Xinjiang	1267.6	838.2	852.4	284.4	101.2	139.8	28.8

资料来源：住房和城乡建设部(以下各表同)。
Source: Ministry of Housing and Urban-Rural Development(the same as in the following tables).

11-3 续表 continued

单位:平方公里 (sq.km)

地区	Region	城市建设用地面积 Area of Land Used for Urban Construction					本年征用土地面积 Area of Land Requisition of the Year	#耕地 Arable Land
		对外交通用地 Area for Traffic System	道路广场用地 Area for Roads & Plazas	市政公用设施用地 Area for Municipal Facilities	绿地 Green Land	特殊用地 Area for Specific Purpose		
全国	**National Total**	**1744.5**	**4679.9**	**1387.2**	**4060.2**	**773.5**	**1641.6**	**709.0**
北京	Beijing						46.5	17.5
天津	Tianjin	62.0	70.0	19.9	77.0	10.7	44.0	18.7
河北	Hebei	70.9	177.8	53.8	154.9	41.3	37.1	12.9
山西	Shanxi	46.4	78.2	56.9	87.0	17.5	16.6	8.0
内蒙古	Inner Mongolia	43.2	164.8	30.8	139.6	16.7	14.1	1.4
辽宁	Liaoning	94.5	215.8	59.1	214.2	58.7	128.2	60.2
吉林	Jilin	55.5	128.8	34.4	100.6	29.8	59.0	40.7
黑龙江	Heilongjiang	72.9	176.4	41.7	183.5	34.7	28.3	3.4
上海	Shanghai							
江苏	Jiangsu	131.0	387.9	97.8	344.8	46.9	195.5	88.2
浙江	Zhejiang	105.2	307.9	78.5	239.2	37.5	107.4	65.9
安徽	Anhui	57.7	192.7	43.1	179.7	17.5	109.3	61.2
福建	Fujian	41.7	120.3	32.1	106.0	26.1	23.8	7.4
江西	Jiangxi	53.2	129.2	30.7	106.2	9.1	21.0	4.2
山东	Shandong	132.1	414.2	121.8	389.3	50.1	98.7	38.1
河南	Henan	81.1	249.3	68.4	250.7	31.8	67.0	27.0
湖北	Hubei	116.5	231.6	72.9	164.3	38.1	79.9	15.2
湖南	Hunan	68.4	167.8	60.4	125.7	25.2	48.9	11.7
广东	Guangdong	186.3	571.6	184.3	420.2	91.6	95.7	26.4
广西	Guangxi	36.5	107.6	35.2	92.0	27.5	101.4	40.4
海南	Hainan	21.0	33.8	6.2	42.2	5.9	0.1	
重庆	Chongqing	27.4	131.6	23.9	71.5	12.8	48.0	14.2
四川	Sichuan	66.7	203.1	47.1	145.3	24.1	86.3	45.6
贵州	Guizhou	27.8	45.7	13.4	82.9	9.6	5.3	0.3
云南	Yunnan	37.9	66.3	58.5	56.3	31.7	85.2	44.0
西藏	Tibet	2.9	8.8	4.0	4.1	1.7	2.9	0.7
陕西	Shaanxi	28.9	80.1	21.3	58.8	14.2	41.5	30.6
甘肃	Gansu	27.9	73.5	23.3	100.0	10.9	23.8	12.6
青海	Qinghai	10.6	5.3	11.8	5.2	7.4	0.0	
宁夏	Ningxia	14.8	35.6	14.0	30.6	5.2	8.3	6.7
新疆	Xinjiang	23.9	104.3	42.0	88.6	39.5	17.7	5.8

11-4 各地区城市市政设施情况(2010年)
Urban Municipal Facilities by Region (2010)

地　区	Region	道路长度(公里) Length of Roads (km)	道路面积(万平方米) Area of Roads (10000 sq.m)	城市桥梁(座) Number of Bridges (unit)	#立交桥数 Inter-section Bridges
全　国	**National Total**	**294443**	**521322**	**52548**	**3698**
北　京	Beijing	6355	9395	1855	411
天　津	Tianjin	5439	9159	530	77
河　北	Hebei	11639	26639	1455	243
山　西	Shanxi	5733	10312	482	93
内蒙古	Inner Mongolia	6447	12476	319	89
辽　宁	Liaoning	14238	23658	1514	239
吉　林	Jilin	8543	13243	626	143
黑龙江	Heilongjiang	10091	13569	767	170
上　海	Shanghai	4713	9299	2073	46
江　苏	Jiangsu	31899	53723	13093	249
浙　江	Zhejiang	15550	30381	7761	159
安　徽	Anhui	10157	19927	1104	137
福　建	Fujian	6756	12560	1233	62
江　西	Jiangxi	5742	11330	565	57
山　东	Shandong	32944	60615	4316	246
河　南	Henan	9414	21768	1026	104
湖　北	Hubei	14168	24599	1697	83
湖　南	Hunan	8585	15972	588	71
广　东	Guangdong	40847	55869	5608	324
广　西	Guangxi	6439	12118	584	76
海　南	Hainan	1435	3152	148	7
重　庆	Chongqing	5130	9931	1136	164
四　川	Sichuan	9584	18743	1573	174
贵　州	Guizhou	2257	3604	385	28
云　南	Yunnan	4049	7983	549	38
西　藏	Tibet	341	596	38	1
陕　西	Shaanxi	4810	10537	545	102
甘　肃	Gansu	3399	6599	358	30
青　海	Qinghai	711	1357	68	4
宁　夏	Ningxia	1852	3889	168	31
新　疆	Xinjiang	5178	8323	384	40

11-4 续表 continued

地 区	Region	城市道路照明灯（千盏）Number of Road Lamps (1000 unit)	排水管道长度（公里）Length of Drainage Pipes (km)	#污水管道 Sewers	防洪堤长度（公里）Length of Flood Control Dikes (km)
全 国	**National Total**	**17739.9**	**369553**	**130255**	**36153**
北 京	Beijing		10172	4479	973
天 津	Tianjin	267.3	15140	7403	1994
河 北	Hebei	633.9	14576	5433	920
山 西	Shanxi	372.9	5459	1245	302
内蒙古	Inner Mongolia	597.7	8514	5094	639
辽 宁	Liaoning	1380.0	14070	2821	1283
吉 林	Jilin	436.5	7738	2553	851
黑龙江	Heilongjiang	526.9	7504	2094	804
上 海	Shanghai	469.9	11483	5058	1124
江 苏	Jiangsu	2174.3	46867	21137	8365
浙 江	Zhejiang	1048.1	26367	12501	1701
安 徽	Anhui	548.6	13136	4658	1193
福 建	Fujian	430.6	9686	4504	486
江 西	Jiangxi	623.4	7340	2482	435
山 东	Shandong	1339.3	34301	10674	2352
河 南	Henan	729.5	14733	5226	807
湖 北	Hubei	433.1	16577	3875	2265
湖 南	Hunan	432.3	8882	2437	1094
广 东	Guangdong	1854.1	42507	4885	4122
广 西	Guangxi	464.1	6417	1230	333
海 南	Hainan	127.8	2946	933	9
重 庆	Chongqing	243.5	7073	3089	243
四 川	Sichuan	686.9	14498	5556	1368
贵 州	Guizhou	203.8	3327	1446	178
云 南	Yunnan	318.5	4419	1941	898
西 藏	Tibet	10.4	293		37
陕 西	Shaanxi	517.0	5666	2711	331
甘 肃	Gansu	188.1	3092	1468	595
青 海	Qinghai	68.8	1014	528	47
宁 夏	Ningxia	212.5	1384	477	142
新 疆	Xinjiang	400.1	4372	2317	262

11-5 各地区城市供水和用水情况(2010年)
Urban Water Supply and Use by Region (2010)

单位：万立方米 (10000 cu.m)

地区	Region	供水总量 Total Water Supply	售水量按用途分 Water for Sale Classify by Purpose 合计 Total	生产运营用水 Production & Operation	公共服务用水 Public Service	居民家庭用水 Household Use	其他用水 Other
全国	**National Total**	**5078745**	**4324022**	**1678125**	**663472**	**1708016**	**274409**
北京	Beijing	155557	136704	22575	45580	62055	6494
天津	Tianjin	68970	59559	25662	8857	20797	4242
河北	Hebei	166430	148306	73037	18702	49883	6683
山西	Shanxi	76772	70575	30117	7275	29127	4056
内蒙古	Inner Mongolia	62757	54357	24587	8814	14965	5990
辽宁	Liaoning	261879	199927	92543	34811	55952	16621
吉林	Jilin	100743	76443	32290	14622	27526	2005
黑龙江	Heilongjiang	164235	137410	78654	14701	39448	4607
上海	Shanghai	336637	272077	96938	48899	97992	28247
江苏	Jiangsu	482821	425432	204878	55927	141481	23146
浙江	Zhejiang	270044	233530	100736	27378	95403	10013
安徽	Anhui	160816	138106	62871	19191	50889	5155
福建	Fujian	132627	117933	39846	14090	53372	10625
江西	Jiangxi	91278	73511	17033	17757	35945	2777
山东	Shandong	290866	263526	127028	39078	88260	9160
河南	Henan	179122	155191	70316	20383	55825	8668
湖北	Hubei	253421	209217	65203	32551	98956	12507
湖南	Hunan	189223	152788	46904	17283	76625	11976
广东	Guangdong	806144	679744	227355	118679	275357	58352
广西	Guangxi	147291	131436	57137	14865	57958	1477
海南	Hainan	33546	29081	2334	3962	15737	7048
重庆	Chongqing	86926	75085	22603	8840	40835	2808
四川	Sichuan	173858	151722	42382	26808	76098	6434
贵州	Guizhou	44117	35817	9350	2616	21489	2362
云南	Yunnan	66444	53551	16931	4938	28655	3026
西藏	Tibet	7681	5840	1731	1595	1400	1114
陕西	Shaanxi	81335	72026	21821	13498	33803	2904
甘肃	Gansu	62713	57230	24600	7342	20662	4626
青海	Qinghai	18572	16182	7731	1237	6208	1006
宁夏	Ningxia	28656	27205	11623	4995	9236	1351
新疆	Xinjiang	77263	64511	21309	8196	26078	8928

11-5 续表 continued

地 区	Region	用水人口（万人）Population with Access to Water Supply (10000 persons)	人均日生活用水量（升）Daily Household Water Consumption per Capita (liter)	用水普及率（%）Water Access Rate (%)
全 国	**National Total**	**38156.7**	**171.4**	**96.7**
北 京	Beijing	1685.9	174.9	100.0
天 津	Tianjin	615.3	132.0	100.0
河 北	Hebei	1534.9	123.0	100.0
山 西	Shanxi	941.2	106.4	97.3
内蒙古	Inner Mongolia	736.9	88.5	88.0
辽 宁	Liaoning	2060.4	121.0	97.4
吉 林	Jilin	957.7	121.0	89.6
黑龙江	Heilongjiang	1199.6	123.9	88.4
上 海	Shanghai	2301.9	174.8	100.0
江 苏	Jiangsu	2515.6	220.4	99.6
浙 江	Zhejiang	1815.0	185.4	99.8
安 徽	Anhui	1195.6	160.8	96.1
福 建	Fujian	993.9	186.6	99.5
江 西	Jiangxi	801.7	184.4	97.4
山 东	Shandong	2715.3	129.5	99.6
河 南	Henan	1933.3	109.1	91.0
湖 北	Hubei	1705.4	211.5	97.6
湖 南	Hunan	1173.7	220.4	95.2
广 东	Guangdong	4329.9	250.0	98.4
广 西	Guangxi	801.8	249.7	94.7
海 南	Hainan	204.1	264.5	89.4
重 庆	Chongqing	996.6	136.8	94.1
四 川	Sichuan	1437.9	196.7	90.8
贵 州	Guizhou	509.8	130.5	94.1
云 南	Yunnan	706.8	146.2	96.5
西 藏	Tibet	43.8	218.9	97.4
陕 西	Shaanxi	782.9	165.7	99.4
甘 肃	Gansu	495.4	155.1	91.6
青 海	Qinghai	118.7	179.0	99.9
宁 夏	Ningxia	220.1	177.6	98.2
新 疆	Xinjiang	625.7	150.8	99.2

11-6 各地区城市节约用水情况(2010年)
Urban Water Saving by Region (2010)

单位：万立方米　　　　(10000 cu.m)

地　区	Region	实际用水量 Actual Quantity of Water Used					
		合　计 Total	#工业 Industry	新水取用量 New Water Source Used	#工业 Industry	重复利用量 Recycled Use	#工业 Industry
全　国	**National Total**	**9558707**	**7967614**	**2161262**	**1094686**	**7397445**	**6872928**
北　京	Beijing	233456	37929	188633	25608	44823	12321
天　津	Tianjin	324058	318196	17950	13180	306108	305016
河　北	Hebei	805081	628946	47439	33738	757642	595208
山　西	Shanxi	725200	680361	72366	36316	652834	644045
内蒙古	Inner Mongolia	266532	245950	56601	37632	209931	208318
辽　宁	Liaoning	1236441	1119576	173278	85410	1063163	1034166
吉　林	Jilin	360070	333507	110144	85001	249926	248506
黑龙江	Heilongjiang	275686	236372	170123	135566	105563	100806
上　海	Shanghai	286816	211761	89433	37270	197383	174491
江　苏	Jiangsu	1104633	862033	284925	173984	819708	688049
浙　江	Zhejiang	194499	155446	62208	38106	132291	117340
安　徽	Anhui	322764	307590	31825	18450	290939	289140
福　建	Fujian	101874	75584	38446	14737	63428	60847
江　西	Jiangxi	29263	19216	5367	2544	23896	16672
山　东	Shandong	1203308	1058941	189338	83623	1013970	975318
河　南	Henan	441062	343726	104636	44364	336426	299362
湖　北	Hubei	302720	258081	83424	44984	219296	213097
湖　南	Hunan	53646	36608	37643	21057	16003	15551
广　东	Guangdong	224881	152429	96363	24937	128518	127492
广　西	Guangxi	294116	252512	67434	27286	226682	225226
海　南	Hainan	26785	6150	16985	1650	9800	4500
重　庆	Chongqing	15168	1931	13651	1851	1517	80
四　川	Sichuan	68021	47225	32056	13324	35965	33901
贵　州	Guizhou	94878	88086	41926	35814	52952	52272
云　南	Yunnan	21243	12689	12358	4486	8885	8203
西　藏	Tibet						
陕　西	Shaanxi	221170	195932	40603	17510	180567	178422
甘　肃	Gansu	202532	181061	43085	23374	159447	157687
青　海	Qinghai	3472	1078	1834	597	1638	481
宁　夏	Ningxia	99919	94174	13524	8304	86395	85870
新　疆	Xinjiang	19413	4524	17664	3983	1749	541

11-6 续表 continued

单位：万立方米 (10000 cu.m)

地 区	Region	节约用水量 Water Saved	#工 业 Industry	重复利用率(%) Reuse Rate (%)	#工业用水重复利用率 Reuse Rate for Industrial Purpose
全 国	**National Total**	**407152**	**249737**	**77.39**	**86.26**
北 京	Beijing	11691	2637	19.20	32.48
天 津	Tianjin	1594	778	94.46	95.86
河 北	Hebei	18085	16681	94.11	94.64
山 西	Shanxi	14412	10582	90.02	94.66
内蒙古	Inner Mongolia	9834	8272	78.76	84.70
辽 宁	Liaoning	36066	26622	85.99	92.37
吉 林	Jilin	12908	10878	69.41	74.51
黑龙江	Heilongjiang	8953	7912	38.29	42.65
上 海	Shanghai	20067	12330	68.82	82.40
江 苏	Jiangsu	48145	40560	74.21	79.82
浙 江	Zhejiang	14444	8858	68.02	75.49
安 徽	Anhui	7769	5736	90.14	94.00
福 建	Fujian	9396	2926	62.26	80.50
江 西	Jiangxi	1675	302	81.66	86.76
山 东	Shandong	68035	31773	84.27	92.10
河 南	Henan	12989	8643	76.28	87.09
湖 北	Hubei	15943	10429	72.44	82.57
湖 南	Hunan	5621	3033	29.83	42.48
广 东	Guangdong	25702	3016	57.15	83.64
广 西	Guangxi	10205	7895	77.07	89.19
海 南	Hainan	1780	650	36.59	73.17
重 庆	Chongqing	1582	135	10.00	4.14
四 川	Sichuan	7079	3786	52.87	71.79
贵 州	Guizhou	11039	10535	55.81	59.34
云 南	Yunnan	3024	426	41.83	64.65
西 藏	Tibet				
陕 西	Shaanxi	13341	9191	81.64	91.06
甘 肃	Gansu	6843	2971	78.73	87.09
青 海	Qinghai	216	216	47.18	44.62
宁 夏	Ningxia	1605	808	86.47	91.18
新 疆	Xinjiang	7109	1156	9.01	11.96

11-7 各地区城市污水排放和处理情况(2010年)

Urban Waste Water Discharged and Treated by Region (2010)

地　区	Region	城市污水排放量(万立方米) Waste Water Discharged (10000 cu.m)	污水处理厂(座) Waste Water Treatment Plants (unit)	#二、三级处理 Secondary & Tertiary Treatment	污水处理厂污水处理能力(万立方米/日) Treatment Capacity (10000 cu.m/day)	#二、三级处理 Secondary & Tertiary Treatment	污水处理厂污水处理量(万立方米) Quantity of Waste Water Treated (10000 cu.m)
全　国	**National Total**	**3786983**	**1444**	**1266**	**10435.7**	**9268.4**	**2793238**
北　京	Beijing	141651	37	35	364.7	349.7	114708
天　津	Tianjin	65235	30	28	204.8	204.2	50757
河　北	Hebei	132798	70	49	491.9	341.1	121351
山　西	Shanxi	60181	38	26	176.3	119.8	48507
内蒙古	Inner Mongolia	46543	32	30	155.5	148.2	37490
辽　宁	Liaoning	204370	56	45	503.1	449.1	146514
吉　林	Jilin	75270	25	18	216.4	180.3	54436
黑龙江	Heilongjiang	108443	38	37	244.1	219.1	45528
上　海	Shanghai	231374	45	44	679.7	509.7	192714
江　苏	Jiangsu	363096	163	159	929.8	923.5	250357
浙　江	Zhejiang	206415	65	64	561.9	561.4	159248
安　徽	Anhui	124449	45	37	328.5	280.5	89086
福　建	Fujian	95884	41	39	277.2	259.2	73744
江　西	Jiangxi	70453	30	30	202.0	202.0	54152
山　东	Shandong	244417	125	96	759.4	576.8	217725
河　南	Henan	147413	59	51	472.4	414.3	126479
湖　北	Hubei	169150	56	39	421.4	300.9	120971
湖　南	Hunan	153696	55	52	376.7	353.7	90898
广　东	Guangdong	506546	169	155	1422.5	1357.3	370367
广　西	Guangxi	115256	32	24	220.5	188.5	53989
海　南	Hainan	27811	7	6	64.5	62.0	14423
重　庆	Chongqing	64622	28	26	187.3	180.3	58673
四　川	Sichuan	136520	57	54	333.4	324.4	95485
贵　州	Guizhou	32533	26	21	122.0	109.5	28249
云　南	Yunnan	58711	28	25	196.7	183.7	52272
西　藏	Tibet	6770					
陕　西	Shaanxi	68104	26	21	190.3	162.3	46073
甘　肃	Gansu	41940	18	16	99.4	92.4	24567
青　海	Qinghai	12889	4	4	19.8	19.8	5611
宁　夏	Ningxia	28047	9	8	56.5	46.5	15491
新　疆	Xinjiang	46396	30	27	157.0	148.2	33373

11-7 续表 continued

地 区	Region	其他污水处理设施 Other Waste Water Treatment Equipments: 处理能力(万立方米/日) Treatment Capacity (10000 cu.m/day)	处理量(万吨) Quantity of Treatment (10000 tons)	污水处理总能力(万立方米/日) Total Treatment Capacity (10000 cu.m/day)	污水处理总量(万吨) Total Quantity of Waste Water Treated (10000 tons)	污水再生利用量(万吨) Total Quantity of Waste Water Recycled & Reused (10000 tons)	城市污水处理率(%) Waste Water Treatment Rate (%)	#污水处理厂集中处理率 Waste Water Treatment Concentration Rate
全 国	**National Total**	**2957.2**	**323794**	**13392.9**	**3117032**	**337469**	**82.3**	**73.8**
北 京	Beijing	12.2	1580	376.9	116288	68014	82.1	81.0
天 津	Tianjin	19.4	4888	224.2	55645	1687	85.3	77.8
河 北	Hebei	9.7	1216	501.6	122567	25937	92.3	91.4
山 西	Shanxi	11.5	2604	187.8	51111	129037	84.9	80.6
内蒙古	Inner Mongolia			155.5	37490	4196	80.6	80.6
辽 宁	Liaoning	83.1	6617	586.2	153131	20513	74.9	71.7
吉 林	Jilin	8.7	1205	225.1	55641	1338	73.9	72.3
黑龙江	Heilongjiang	66.3	15985	310.4	61513	707	56.7	42.0
上 海	Shanghai			679.7	192714		83.3	83.3
江 苏	Jiangsu	660.2	67569	1590.0	317926	29527	87.6	69.0
浙 江	Zhejiang	81.9	11533	643.8	170781	2724	82.7	77.2
安 徽	Anhui	199.9	20996	528.4	110082	975	88.5	71.6
福 建	Fujian	40.2	7216	317.4	80960	88	84.4	76.9
江 西	Jiangxi	24.3	2796	226.3	56948		80.8	76.9
山 东	Shandong	64.7	4966	824.1	222691	21691	91.1	89.1
河 南	Henan	16.0	2655	488.4	129134	4920	87.6	85.8
湖 北	Hubei	92.3	16072	513.7	137043	158	81.0	71.5
湖 南	Hunan	167.8	24296	544.5	115194	290	75.0	59.1
广 东	Guangdong	379.3	65674	1801.8	436041	4958	86.1	73.1
广 西	Guangxi	889.9	42171	1110.4	96160		83.4	46.8
海 南	Hainan	3.0	837	67.5	15260		54.9	51.9
重 庆	Chongqing	3.6	556	190.9	59229	318	91.7	90.8
四 川	Sichuan	39.9	6678	373.3	102163	13	74.8	69.9
贵 州	Guizhou			122.0	28249	8619	86.8	86.8
云 南	Yunnan	29.7	2557	226.4	54829	993	93.4	89.0
西 藏	Tibet							
陕 西	Shaanxi	19.0	4449	209.3	50522	1350	74.2	67.7
甘 肃	Gansu	8.9	1683	108.3	26250	1329	62.6	58.6
青 海	Qinghai			19.8	5611	10	43.5	43.5
宁 夏	Ningxia	24.0	6385	80.5	21876	1650	78.0	55.2
新 疆	Xinjiang	1.7	610	158.7	33983	6427	73.3	71.9

11-8 各地区城市市容环境卫生情况（2010年）
Urban Environmental Sanitation by Region (2010)

地　区	Region	道路清扫保洁面积（万平方米）Area under Cleaning Program (10000 sq.m)	生活垃圾清运量（万吨）Volume of Garbage Disposal (10000 tons)	无害化处理厂（座）Number of Harmless Treatment Plants/Grounds (unit)	#卫生填埋 Sanitary Landfill	#堆肥 Compost	#焚烧 Burning
全　国	**National Total**	**485033**	**15804.8**	**628**	**498**	**11**	**104**
北　京	Beijing	13804	633.0	20	15	3	2
天　津	Tianjin	7322	183.7	8	6		2
河　北	Hebei	20050	589.3	26	20		4
山　西	Shanxi	10609	361.2	17	14		3
内蒙古	Inner Mongolia	9674	334.0	18	17	1	
辽　宁	Liaoning	28122	837.3	25	24	1	
吉　林	Jilin	13037	499.4	7	5		2
黑龙江	Heilongjiang	14937	782.4	20	17		2
上　海	Shanghai	15879	732.0	12	4	2	3
江　苏	Jiangsu	44088	1017.1	44	30		14
浙　江	Zhejiang	27805	959.0	52	30		22
安　徽	Anhui	17339	435.3	16	13		3
福　建	Fujian	11433	417.3	20	14		6
江　西	Jiangxi	9911	284.0	13	13		
山　东	Shandong	48528	992.0	55	46		8
河　南	Henan	20892	694.6	38	35	1	2
湖　北	Hubei	16941	711.1	23	21		1
湖　南	Hunan	12331	505.2	21	21		
广　东	Guangdong	62768	1938.6	41	25		16
广　西	Guangxi	11005	245.1	20	16	1	3
海　南	Hainan	4076	97.7	3	2		1
重　庆	Chongqing	6136	256.7	13	12		1
四　川	Sichuan	15173	656.0	30	23		5
贵　州	Guizhou	3405	213.3	12	12		
云　南	Yunnan	9726	265.5	19	12	2	3
西　藏	Tibet	539	16.3				
陕　西	Shaanxi	10546	388.3	15	11		1
甘　肃	Gansu	5816	278.3	13	13		
青　海	Qinghai	1951	86.3	3	3		
宁　夏	Ningxia	3347	91.9	7	7		
新　疆	Xinjiang	7843	303.3	17	17		

11-8 续表 1 continued

单位：万吨 (10000 tons)

地 区	Region	无害化处理量 Quantity of Harmless Treated	#卫生填埋 Sanitary Landfill	#堆肥 Compost	#焚烧 Burning	市容环卫专用车辆设备(辆) City Sanitation Special Vehicles (unit)
全 国	**National Total**	**12317.8**	**9598.3**	**180.8**	**2316.7**	**90414**
北 京	Beijing	613.7	445.4	79.3	89.1	7461
天 津	Tianjin	183.7	125.4		58.3	1951
河 北	Hebei	411.5	311.6		58.9	3306
山 西	Shanxi	265.8	213.5		52.3	3689
内蒙古	Inner Mongolia	276.5	251.7	24.9		1480
辽 宁	Liaoning	593.5	571.6	21.9		4998
吉 林	Jilin	222.3	172.4		49.9	2608
黑龙江	Heilongjiang	315.7	284.6		16.6	3814
上 海	Shanghai	599.2	416.5	21.2	108.1	5560
江 苏	Jiangsu	951.7	488.5		458.7	7481
浙 江	Zhejiang	942.7	504.9		437.8	4685
安 徽	Anhui	281.0	231.1		49.9	1508
福 建	Fujian	383.8	241.7		142.0	2036
江 西	Jiangxi	243.9	243.9			899
山 东	Shandong	911.6	751.9		131.4	5983
河 南	Henan	573.7	501.0	6.9	65.7	3025
湖 北	Hubei	436.9	405.8		18.4	3077
湖 南	Hunan	399.1	399.1			1998
广 东	Guangdong	1398.0	1031.6		366.4	8535
广 西	Guangxi	223.3	203.5	9.3	10.5	1748
海 南	Hainan	66.4	61.6		4.8	1525
重 庆	Chongqing	253.7	216.3		37.4	1786
四 川	Sichuan	569.8	464.3	7.0	80.8	3301
贵 州	Guizhou	193.3	193.3			882
云 南	Yunnan	234.4	123.2	10.4	77.7	1783
西 藏	Tibet					20
陕 西	Shaanxi	310.0	281.2		2.2	1719
甘 肃	Gansu	105.6	105.6			1045
青 海	Qinghai	58.1	58.1			330
宁 夏	Ningxia	85.0	85.0			554
新 疆	Xinjiang	214.0	214.0			1627

11-8 续表 2 continued

地 区	Region	无害化处理能力(吨/日) Harmless Treatment Capacity (ton/day)	#卫生填埋 Sanitary Landfill	#堆肥 Compost	#焚烧 Burning	生活垃圾无害化处理率(%) Proportion of Harmless Treated Garbage (%)
全 国	**National Total**	**387607**	**289957**	**5480**	**84940**	**77.9**
北 京	Beijing	16680	12080	2400	2200	97.0
天 津	Tianjin	8000	6200		1800	100.0
河 北	Hebei	13614	10064		2450	69.8
山 西	Shanxi	10568	7968		2600	73.6
内蒙古	Inner Mongolia	9167	8367	800		82.8
辽 宁	Liaoning	17247	16647	600		70.9
吉 林	Jilin	6496	4456		2040	44.5
黑龙江	Heilongjiang	10969	9869		500	40.4
上 海	Shanghai	10545	5750	520	2575	81.9
江 苏	Jiangsu	37637	22445		15192	93.6
浙 江	Zhejiang	33323	16438		16885	98.3
安 徽	Anhui	9420	7670		1750	64.6
福 建	Fujian	12747	7197		5550	92.0
江 西	Jiangxi	6066	6066			85.9
山 东	Shandong	35225	26425		8200	91.9
河 南	Henan	20416	17616	400	2400	82.6
湖 北	Hubei	12800	11400		1000	61.4
湖 南	Hunan	11818	11818			79.0
广 东	Guangdong	33956	22213		11743	72.1
广 西	Guangxi	8191	6871	400	920	91.1
海 南	Hainan	1764	1539		225	68.0
重 庆	Chongqing	6465	5265		1200	98.8
四 川	Sichuan	16974	13334		2340	86.9
贵 州	Guizhou	5697	5697			90.6
云 南	Yunnan	7749	3849	360	2870	88.3
西 藏	Tibet					
陕 西	Shaanxi	10707	9347		500	79.8
甘 肃	Gansu	3355	3355			38.0
青 海	Qinghai	931	931			67.3
宁 夏	Ningxia	2785	2785			92.5
新 疆	Xinjiang	6295	6295			70.6

11-8　续表 3　continued

地　区	Region	粪便(万吨) Night Soil (10000 tons) 清运量 Quantity Disposed	无害化处理量 Quantity Harmless Treated	公厕数(座) Number of Public Lavatories (unit)	#三类以上 Better than Grade Ⅲ	每万人拥有公厕(座) Number of Public Lavatories per 10000 Population (unit)
全　国	**National Total**	**1950.5**	**690.8**	**119327**	**81027**	**3.02**
北　京	Beijing	194.4	168.6	5966	5966	3.54
天　津	Tianjin	25.3		1237	729	2.01
河　北	Hebei	112.0	54.0	6478	3734	4.22
山　西	Shanxi	82.2	0.5	3215	946	3.32
内蒙古	Inner Mongolia	129.2	35.7	3962	1059	4.73
辽　宁	Liaoning	124.3	32.6	6322	1493	2.99
吉　林	Jilin	76.3	45.0	4837	1524	4.53
黑龙江	Heilongjiang	166.7	49.3	8893	1587	6.56
上　海	Shanghai	201.0		6026	5767	2.62
江　苏	Jiangsu	84.9	47.5	9475	7919	3.75
浙　江	Zhejiang	83.7	40.3	7287	6380	4.01
安　徽	Anhui	57.4	5.4	3168	2469	2.55
福　建	Fujian	25.9	3.7	2640	2059	2.64
江　西	Jiangxi	40.4	5.2	1785	1236	2.17
山　东	Shandong	105.4	56.5	5583	4277	2.05
河　南	Henan	52.8	14.8	7041	5985	3.32
湖　北	Hubei	52.4	31.4	5087	4061	2.91
湖　南	Hunan	4.9	0.1	2896	2328	2.35
广　东	Guangdong	114.7	16.0	9067	8393	2.06
广　西	Guangxi	22.7	9.3	1487	1396	1.76
海　南	Hainan	8.5		394	234	1.73
重　庆	Chongqing	72.6	6.8	1642	1134	1.55
四　川	Sichuan	31.7	15.5	4638	2909	2.93
贵　州	Guizhou	4.1	4.1	1197	1022	2.21
云　南	Yunnan	27.3	11.9	1654	1416	2.26
西　藏	Tibet			187	9	4.16
陕　西	Shaanxi	18.5	13.6	2466	2196	3.13
甘　肃	Gansu	21.0	17.7	1173	833	2.17
青　海	Qinghai	1.2		553	220	4.65
宁　夏	Ningxia	5.0	2.4	936	511	4.18
新　疆	Xinjiang	4.1	2.9	2035	1235	3.23

11-9 各地区城市燃气情况(2010年)

Basic Statistics on Supply of Gas in Cities by Region (2010)

地 区	Region	人工煤气 Man-made Gas				
		生产能力(万立方米/日) Production Capacity (10000 cu.m/day)	管道长度(公里) Length of Pipeline (km)	供气总量(万立方米) Total Gas Supply (10000 cu.m)	#家庭用量 Domestic Consumption	用气人口(万人) Population Covered (10000 persons)
全 国	**National Total**	**8509.0**	**38877**	**2799380**	**268763**	**2801.9**
北 京	Beijing					
天 津	Tianjin					
河 北	Hebei	161.1	3536	89834	14955	179.6
山 西	Shanxi	226.7	4418	87203	22296	238.1
内蒙古	Inner Mongolia	164.0	325	3069	3066	51.9
辽 宁	Liaoning	321.2	5476	55177	37636	542.4
吉 林	Jilin	90.0	1759	16727	9689	164.6
黑龙江	Heilongjiang	67.4	594	7587	4049	74.4
上 海	Shanghai	817.4	5517	142167	62838	357.7
江 苏	Jiangsu	5328.4	2450	1931995	9664	89.8
浙 江	Zhejiang	1.8	114	484	464	4.6
安 徽	Anhui					
福 建	Fujian	8.0	275	2673	1932	14.7
江 西	Jiangxi	160.0	2120	58208	18321	149.8
山 东	Shandong	78.5	2097	35730	9378	159.3
河 南	Henan	187.6	1806	109500	15420	164.6
湖 北	Hubei	57.2	626	12042	5134	41.2
湖 南	Hunan		512	3044	2615	33.3
广 东	Guangdong	47.8	272	7037	3041	17.9
广 西	Guangxi	10.6	409	4517	3993	42.5
海 南	Hainan					
重 庆	Chongqing					
四 川	Sichuan	511.0	514	159719	5174	40.9
贵 州	Guizhou	191.8	2830	26963	11436	166.8
云 南	Yunnan	13.6	2323	33818	16382	232.8
西 藏	Tibet					
陕 西	Shaanxi					
甘 肃	Gansu	15.9	618	9438	8974	20.3
青 海	Qinghai					
宁 夏	Ningxia		215	697	556	6.2
新 疆	Xinjiang	49.0	71	1752	1752	8.8

11-9 续表 1 continued

地 区	Region	天然气 Natural Gas 管道长度(公里) Length of Pipeline (km)	供气总量(万立方米) Total Gas Supply (10000 cu.m)	#家庭用量 Domestic Consumption	用气人口(万人) Population Covered (10000 persons)
全 国	**National Total**	**256429**	**4875808**	**1171596**	**17021.2**
北 京	Beijing	15500	719740	101450	1291.9
天 津	Tianjin	10791	169453	23016	573.5
河 北	Hebei	8155	106740	30575	838.8
山 西	Shanxi	3429	141440	30769	430.8
内蒙古	Inner Mongolia	2925	69531	10598	258.0
辽 宁	Liaoning	7405	66173	39840	797.0
吉 林	Jilin	3976	43462	14139	289.9
黑龙江	Heilongjiang	6032	72497	25539	567.5
上 海	Shanghai	17317	450032	77851	1092.6
江 苏	Jiangsu	27641	472309	79160	1299.7
浙 江	Zhejiang	13962	118884	30334	552.9
安 徽	Anhui	9803	112190	25154	635.6
福 建	Fujian	4296	51101	7605	274.3
江 西	Jiangxi	3220	11263	3384	156.8
山 东	Shandong	24518	326931	73265	1444.4
河 南	Henan	11914	158928	48284	830.9
湖 北	Hubei	11371	152833	40401	700.5
湖 南	Hunan	7177	111757	22000	421.7
广 东	Guangdong	10683	170266	45451	921.7
广 西	Guangxi	3974	10320	4403	106.0
海 南	Hainan	1366	14264	10454	77.1
重 庆	Chongqing	8351	254021	81412	860.7
四 川	Sichuan	23889	525686	145159	1164.5
贵 州	Guizhou	195	3546	1161	11.7
云 南	Yunnan	337	119	63	36.8
西 藏	Tibet				
陕 西	Shaanxi	6901	164654	49302	546.6
甘 肃	Gansu	900	72917	10237	197.0
青 海	Qinghai	830	61557	8828	89.0
宁 夏	Ningxia	2424	108485	91696	108.5
新 疆	Xinjiang	7145	134711	40067	445.0

11-9 续表 2 continued

地 区	Region	液化石油气 Liquefied Petroleum Gas 管道长度(公里) Length of Pipeline (km)	供气总量(吨) Total Gas Supply (ton)	#家庭用量 Domestic Consumption	用气人口(万人) Population Covered (10000 persons)	燃气普及率(%) Gas Access Rate (%)
全 国	**National Total**	**13374**	**12680054**	**6338523**	**16502.7**	**92.0**
北 京	Beijing	245	323104	215133	394.0	100.0
天 津	Tianjin	181	53368	33847	41.8	100.0
河 北	Hebei	278	205007	129165	502.8	99.1
山 西	Shanxi	384	63331	48210	201.4	89.9
内蒙古	Inner Mongolia	108	74251	63183	353.9	79.3
辽 宁	Liaoning	644	395058	235615	652.1	94.2
吉 林	Jilin	87	214818	106325	460.9	85.6
黑龙江	Heilongjiang	22	219784	113243	506.7	84.7
上 海	Shanghai	512	398427	236220	851.6	100.0
江 苏	Jiangsu	1082	766586	471731	1115.0	99.1
浙 江	Zhejiang	2238	877956	551016	1244.4	99.1
安 徽	Anhui	323	615770	166335	491.1	90.5
福 建	Fujian	940	333758	188912	699.0	98.9
江 西	Jiangxi	377	188847	151656	453.5	92.4
山 东	Shandong	1320	760332	343908	1104.3	99.3
河 南	Henan	19	241602	201931	564.2	73.4
湖 北	Hubei	642	421507	240965	861.7	91.8
湖 南	Hunan	32	252906	196219	611.8	86.5
广 东	Guangdong	3329	5055955	1807057	3275.0	95.8
广 西	Guangxi	44	303804	263720	633.8	92.4
海 南	Hainan	18	63959	46155	111.0	82.4
重 庆	Chongqing		92807	35393	114.4	92.0
四 川	Sichuan	163	191071	96207	131.0	84.4
贵 州	Guizhou	132	63772	59700	199.2	69.7
云 南	Yunnan	170	166108	84630	290.0	76.4
西 藏	Tibet		5521	3561	35.9	79.8
陕 西	Shaanxi		43381	25479	165.5	90.4
甘 肃	Gansu	1	185523	143192	184.7	74.3
青 海	Qinghai		7142	6754	18.9	90.8
宁 夏	Ningxia	…	14984	12012	82.6	88.0
新 疆	Xinjiang	82	79617	61050	150.6	95.8

11-10 各地区城市集中供热情况(2010年)

Basic Statistics on Central Heating in Cities by Region (2010)

地 区	Region	供热能力 Heating Capacity 蒸 汽 (吨/小时) Steam (ton/hour)	供热能力 Heating Capacity 热 水 (兆瓦) Hot Water (megawatts)	供热总量 Total Heating Supply 蒸 汽 (万吉焦) Steam (10000 gigajoules)	供热总量 Total Heating Supply 热 水 (万吉焦) Hot Water (10000 gigajoules)
全 国	**National Total**	**105084**	**315717**	**66397**	**224716**
北 京	Beijing	450	35684	189	36112
天 津	Tianjin	3167	18055	1568	9991
河 北	Hebei	11570	23177	7068	13780
山 西	Shanxi	2674	17405	1462	10189
内蒙古	Inner Mongolia	662	25850	1148	15370
辽 宁	Liaoning	13186	55770	6521	39613
吉 林	Jilin	5208	29145	1998	21162
黑龙江	Heilongjiang	4411	32052	2020	26805
上 海	Shanghai				
江 苏	Jiangsu	6280	6055	4513	43
浙 江	Zhejiang	5438	75	5667	
安 徽	Anhui	3530	182	2665	44
福 建	Fujian				
江 西	Jiangxi				
山 东	Shandong	31086	27587	17221	18466
河 南	Henan	5590	4767	3000	2512
湖 北	Hubei	1564	278	721	19
湖 南	Hunan				
广 东	Guangdong				
广 西	Guangxi				
海 南	Hainan				
重 庆	Chongqing				
四 川	Sichuan	60		84	
贵 州	Guizhou				
云 南	Yunnan				
西 藏	Tibet				
陕 西	Shaanxi	3731	4215	2402	2168
甘 肃	Gansu	4525	10208	6296	5901
青 海	Qinghai		370		248
宁 夏	Ningxia	576	5945	612	5427
新 疆	Xinjiang	1376	18897	1242	16866

11-10 续表 continued

地 区	Region	管道长度(公里) Length of Pipelines (km) 蒸 汽 Steam	热 水 Hot Water	供热面积(万平方米) Heated Area (10000 sq.m)	#住 宅 Housing
全 国	**National Total**	**15122**	**124051**	**435668**	**307773**
北 京	Beijing	48	12224	46715	32305
天 津	Tianjin	622	14073	24034	18186
河 北	Hebei	1386	8305	38683	27913
山 西	Shanxi	429	4946	28739	17933
内蒙古	Inner Mongolia	117	5410	25340	16312
辽 宁	Liaoning	2302	20599	74526	57297
吉 林	Jilin	217	9914	31718	23774
黑龙江	Heilongjiang	453	13800	37513	25924
上 海	Shanghai				
江 苏	Jiangsu	946	59	9946	1191
浙 江	Zhejiang	896		3992	39
安 徽	Anhui	448	15	2464	906
福 建	Fujian				
江 西	Jiangxi				
山 东	Shandong	4655	20515	54710	43779
河 南	Henan	1048	2668	10738	7963
湖 北	Hubei	142	10	978	824
湖 南	Hunan				
广 东	Guangdong				
广 西	Guangxi				
海 南	Hainan				
重 庆	Chongqing				
四 川	Sichuan	42		14	5
贵 州	Guizhou				
云 南	Yunnan				
西 藏	Tibet				
陕 西	Shaanxi	626	545	9263	7111
甘 肃	Gansu	442	3109	10544	7763
青 海	Qinghai		105	208	146
宁 夏	Ningxia	96	1842	6380	5107
新 疆	Xinjiang	207	5912	19162	13298

11-11 各地区城市园林绿化情况(2010年)

Area of Parks & Green Land in Cities by Region (2010)

单位：公顷 (hectare)

地 区	Region	绿化覆盖面积 Green Covered Area	#建成区 Completed Area	绿地面积 Area of Green Land	#建成区 Completed Area	公园绿地面积 Park Green Land
全 国	**National Total**	**2452658**	**1612458**	**2134339**	**1443663**	**441276**
北 京	Beijing	65348	65348	62672	62672	19020
天 津	Tianjin	23265	22014	19221	19221	5266
河 北	Hebei	81819	69211	68958	60447	21849
山 西	Shanxi	34607	32869	31061	29032	9061
内蒙古	Inner Mongolia	41059	34625	38143	31899	10352
辽 宁	Liaoning	106020	87308	92751	80961	21593
吉 林	Jilin	43820	42218	37895	36923	10974
黑龙江	Heilongjiang	78727	57146	69581	51045	15284
上 海	Shanghai	130160	38105	120148	33558	16053
江 苏	Jiangsu	258969	137623	227584	125965	33585
浙 江	Zhejiang	91111	81546	79459	73688	20090
安 徽	Anhui	85281	55927	71463	50214	13630
福 建	Fujian	55914	43385	47904	39259	10972
江 西	Jiangxi	48924	43536	42288	40342	10733
山 东	Shandong	179333	147904	156243	131910	43191
河 南	Henan	78108	73652	66790	63110	18361
湖 北	Hubei	80294	64197	57883	55204	16818
湖 南	Hunan	54509	48398	46028	43611	10969
广 东	Guangdong	488980	190782	420370	169386	58514
广 西	Guangxi	65692	32875	60225	28630	8331
海 南	Hainan	50564	9434	49029	8212	2561
重 庆	Chongqing	41244	35304	37695	32715	14032
四 川	Sichuan	80157	61738	72259	55320	16133
贵 州	Guizhou	34190	13726	28675	11358	3969
云 南	Yunnan	31903	28033	28126	24499	6811
西 藏	Tibet	2778	2156	2090	2067	260
陕 西	Shaanxi	33232	29042	26063	24147	8402
甘 肃	Gansu	19898	17159	15275	14645	4392
青 海	Qinghai	3409	3346	3387	3315	1014
宁 夏	Ningxia	19672	13321	17387	12535	3626
新 疆	Xinjiang	43671	30530	37686	27773	5430

注：公园绿地面积包括综合公园、社区公园、专类公园、带状公园和街旁绿地。

Note: Area of park green areas includes comprehensive park, community park, topic park, belt-shaped park and green area nearby street.

11-11 续表 continued

地区	Region	人均公园绿地面积(平方米) Park Green Land per Capita (sq.m)	建成区绿化覆盖率(%) Green Covered Area as % of Completed Area	建成区绿地率(%) Parks & Green Land as % of Completed Area	公园个数(个) Number of Parks (unit)	公园面积(公顷) Area of Parks (hectare)
全国	**National Total**	**11.18**	**38.62**	**34.47**	**9955**	**258177**
北京	Beijing	11.28			217	9960
天津	Tianjin	8.56	32.06	27.99	76	1666
河北	Hebei	14.23	42.73	37.32	381	12164
山西	Shanxi	9.36	38.01	33.57	176	5698
内蒙古	Inner Mongolia	12.36	33.35	30.72	157	7715
辽宁	Liaoning	10.21	39.32	36.46	316	11005
吉林	Jilin	10.27	34.12	29.84	127	4402
黑龙江	Heilongjiang	11.27	34.89	31.16	285	9066
上海	Shanghai	6.97	38.15	33.60	148	1915
江苏	Jiangsu	13.29	42.07	38.51	584	12433
浙江	Zhejiang	11.05	38.30	34.61	914	12631
安徽	Anhui	10.95	37.50	33.67	247	8685
福建	Fujian	10.99	40.97	37.07	392	8819
江西	Jiangxi	13.04	46.62	43.20	238	6442
山东	Shandong	15.84	41.47	36.99	595	21350
河南	Henan	8.65	36.56	31.33	262	9296
湖北	Hubei	9.62	37.74	32.45	260	8078
湖南	Hunan	8.89	36.64	33.01	175	6763
广东	Guangdong	13.29	41.31	36.68	2682	58341
广西	Guangxi	9.83	34.96	30.44	146	5842
海南	Hainan	11.22	42.63	37.10	48	1863
重庆	Chongqing	13.24	40.57	37.59	175	5532
四川	Sichuan	10.19	37.88	33.94	319	7900
贵州	Guizhou	7.33	29.58	24.48	56	3645
云南	Yunnan	9.30	37.31	32.61	487	5246
西藏	Tibet	5.78	25.40	24.35	75	681
陕西	Shaanxi	10.67	38.29	31.84	124	2924
甘肃	Gansu	8.12	27.12	23.14	83	2451
青海	Qinghai	8.53	29.38	29.11	22	478
宁夏	Ningxia	16.18	38.75	36.46	57	2030
新疆	Xinjiang	8.61	36.42	33.13	131	3156

11-12 各地区城市公共交通情况(2010年)

Urban Public Transportation by Region (2010)

地 区	Region	年末公共交通运营数(辆) Number of Public Transport Vehicles (year-end figure,unit)	公共汽、电车 Buses & Trolleybus	轨道交通 Subways, Light Rail, Streetcar	标准运营车数(标台) Standard Operating Motor Vehicles (standard unit)	运营线路总长度(公里) Length of Operating Routes (km)	出租汽车数(辆) Number of Taxies (unit)
全 国	**National Total**	**383161**	**374876**	**8285**	**442970**	**490283**	**986190**
北 京	Beijing	24011	21548	2463	38786	19079	66646
天 津	Tianjin	7413	7121	292	8638	12320	31940
河 北	Hebei	14630	14630		15142	14869	46016
山 西	Shanxi	6609	6609		6969	12200	28848
内蒙古	Inner Mongolia	5771	5771		6133	9272	37131
辽 宁	Liaoning	19770	19416	354	22962	19219	79890
吉 林	Jilin	10421	10203	218	10149	10175	54933
黑龙江	Heilongjiang	13567	13567		14388	11956	61129
上 海	Shanghai	20297	17455	2842	28692	23583	50007
江 苏	Jiangsu	27561	27195	366	32489	41351	46075
浙 江	Zhejiang	21589	21589		23829	39989	32532
安 徽	Anhui	9626	9626		10586	8948	36681
福 建	Fujian	10306	10306		11116	13555	16782
江 西	Jiangxi	6266	6266		7078	9934	10854
山 东	Shandong	27752	27752		30596	39470	57687
河 南	Henan	16096	16096		16827	16362	44525
湖 北	Hubei	16544	16428	116	19161	16735	31325
湖 南	Hunan	12344	12344		13481	14791	23778
广 东	Guangdong	41933	40509	1424	48640	69785	59972
广 西	Guangxi	6839	6839		7699	8099	13566
海 南	Hainan	1964	1964		1955	3818	3978
重 庆	Chongqing	7660	7552	108	8329	11200	14021
四 川	Sichuan	15288	15186	102	17898	15258	27022
贵 州	Guizhou	4584	4584		4528	5143	9091
云 南	Yunnan	7135	7135		7408	13218	15164
西 藏	Tibet	940	940		839	949	1357
陕 西	Shaanxi	9953	9953		11392	8697	21288
甘 肃	Gansu	4382	4382		4951	4173	19309
青 海	Qinghai	2175	2175		2169	1554	7119
宁 夏	Ningxia	2382	2382		2443	4325	12978
新 疆	Xinjiang	7353	7353		7702	10258	24546

资料来源：交通运输部。
Source: Ministry of Transport.

11-12 续表 continued

地 区	Region	客运总量 (万人次) Volume of Passenger Transport (10000 person-times)	公共汽、电车 Buses & Trolleybus	轨道交通 Subways, Light Rail, Streetcar	每万人拥有公交车辆(标台) Motor Vehicles for Public Transport per 10000 Population (standard unit)	轮渡 Ferry 运营船数(艘) Number of Operating Vessels (unit)	轮渡 Ferry 客运总量(万人次) Volume of Passengers Transport (10000 person-times)
全 国	**National Total**	**6867497**	**6310720**	**556777**	**11.2**	**959**	**17512**
北 京	Beijing	689789	505144	184645	23.0		
天 津	Tianjin	115148	108581	6568	14.0		
河 北	Hebei	178559	178559		9.9		
山 西	Shanxi	110135	110135		7.2		
内蒙古	Inner Mongolia	89963	89963		7.3		
辽 宁	Liaoning	409429	400802	8627	10.9		
吉 林	Jilin	151879	148242	3636	9.5		
黑龙江	Heilongjiang	212581	212581		10.6	223	630
上 海	Shanghai	469164	280758	188407	12.5	42	2503
江 苏	Jiangsu	398716	377257	21459	12.9	64	1875
浙 江	Zhejiang	302932	302932		13.1	206	2523
安 徽	Anhui	181876	181876		8.5	6	118
福 建	Fujian	197723	197723		11.1	25	2264
江 西	Jiangxi	121628	121628		8.6		
山 东	Shandong	371800	371800		11.2	38	1302
河 南	Henan	229237	229237		7.9		
湖 北	Hubei	284481	281181	3300	11.0	52	1468
湖 南	Hunan	241463	241463		10.9	17	103
广 东	Guangdong	711137	576764	134373	11.1	193	4002
广 西	Guangxi	141942	141942		9.1		
海 南	Hainan	36470	36470		8.6	18	137
重 庆	Chongqing	166508	161932	4576	7.9	75	587
四 川	Sichuan	290691	289504	1187	11.3		
贵 州	Guizhou	113505	113505		8.4		
云 南	Yunnan	138213	138213		10.1		
西 藏	Tibet	5296	5296		18.7		
陕 西	Shaanxi	223729	223729		14.5		
甘 肃	Gansu	85327	85327		9.2		
青 海	Qinghai	38964	38964		18.3		
宁 夏	Ningxia	27130	27130		10.9		
新 疆	Xinjiang	132084	132084		12.2		

11-13 国控主要城市道路交通噪声监测情况(2010年)
Monitoring of Urban Road Traffic Noise in Major Cities under National Control Programmes (2010)

城　　市	City	路段总长度(米) Total Length of Roads (m)	超标路段(米) Roads with Excess Noise (m)	路段超标率(%) Percentage of Roads with Excess Noise (%)	路段平均路宽(米) Average Width of Roads (m)	平均车流量(辆/小时) Average Traffic Volume (car/hour)	等效声级dB(A) Average Noise Value dB(A)
北　京	Beijing	596092	277567	46.6	34.5	5155	70.0
天　津	Tianjin	275841	32765	11.9	28.8	2197	67.6
石家庄	Shijiazhuang	388030	44300	11.4	20.2	1675	65.7
唐　山	Tangshan	111745			32.9	1698	66.0
秦皇岛	Qinhuangdao	99431	6175	6.2	31.9	1635	66.7
邯　郸	Handan	131850	26403	20.0	30.2	1429	68.0
保　定	Baoding	202378	43307	21.4	48.2	1670	67.7
太　原	Taiyuan	137561	4310	3.1	23.0	2870	68.1
大　同	Datong	67110	6480	9.7	28.4	1967	67.2
阳　泉	Yangquan	52040	1030	2.0	23.0	921	65.4
长　治	Changzhi	51910	900	1.7	26.3	1699	67.9
临　汾	Linfen	54125	17395	32.1	22.4	1344	68.1
呼和浩特	Hohhot	181880	51633	28.4	36.6	2289	69.0
包　头	Baotou	152135	8267	5.4	24.7	2426	66.8
赤　峰	Chifeng	87535	14310	16.3	23.0	1167	64.8
沈　阳	Shenyang	144000	40000	27.8	33.7	3052	69.3
大　连	Dalian	425933	165045	38.7	25.3	1902	68.2
鞍　山	Anshan	132560	7750	5.8	28.1	1744	66.2
抚　顺	Fushun	146369	56798	38.8	21.0	1397	69.4
本　溪	Benxi	67715	7164	10.6	18.3	1027	64.6
锦　州	Jinzhou	121370	13150	10.8	18.6	1530	68.3
长　春	Changchun	121524	11939	9.8	31.0	3139	68.2
吉　林	Jilin	117924	37405	31.7	36.4	2340	69.9
哈尔滨	Harbin	120200	27700	23.0	16.8	3210	67.9
齐齐哈尔	Qiqihar	117904	28703	24.3	15.9	1298	68.8
牡丹江	Mudanjiang	84129	19657	23.4	20.0	882	66.6
上　海	Shanghai	211806	105120	49.6	29.5	1744	69.8
南　京	Nanjing	180061	26468	14.7	29.9	2393	68.5
无　锡	Wuxi	182340	17820	9.8	23.0	1674	67.5
徐　州	Xuzhou	173280	11420	6.6	35.4	1326	66.7
常　州	Changzhou	128145	15518	12.1	36.7	1561	67.4
苏　州	Suzhou	73989	6949	9.4	25.0	1588	67.3
南　通	Nantong	102940	9200	8.9	40.6	2253	67.9
连云港	Lianyungang	116710	3000	2.6	52.5	1897	67.3
扬　州	Yangzhou	52140	1120	2.1	33.8	3889	66.5
镇　江	Zhenjiang	163416	13398	8.2	26.7	797	67.2
杭　州	Hangzhou	196165	41920	21.4	16.1	2039	68.6
宁　波	Ningbo	104256	18351	17.6	17.6	2065	69.1

资料来源：环境保护部(以下各表同)。
Source:Ministry of Environmental Protection (the same as in the following tables).

11-13 续表 1 continued

城 市	City	路段总长度(米) Total Length of Roads (m)	超标路段(米) Roads with Excess Noise (m)	路段超标率(%) Percentage of Roads with Excess Noise (%)	路段平均路宽(米) Average Width of Roads (m)	平均车流量(辆/小时) Average Traffic Volume (car/hour)	等效声级 dB(A) Average Noise Value dB(A)
温 州	Wenzhou	85470	66260	77.5	28.4	3260	73.3
湖 州	Huzhou	23930	7882	32.9	28.9	1167	68.1
绍 兴	Shaoxing	90690	11530	12.7	33.3	1306	68.7
合 肥	Hefei	77778	44658	57.4	38.1	2599	70.2
芜 湖	Wuhu	35678	4373	12.3	37.5	2305	67.9
马鞍山	Maanshan	53700	10100	18.8	30.9	985	68.1
福 州	Fuzhou	186330	54650	29.3	29.5	2917	69.4
厦 门	Xiamen	93909	3500	3.7	42.9	3408	68.9
泉 州	Quanzhou	73784	5624	7.6	34.5	2362	68.5
南 昌	Nanchang	67500	29380	43.5	31.9	3186	69.6
九 江	Jiujiang	83285	5985	7.2	33.1	1877	66.1
济 南	Jinan	159914	62123	38.8	52.5	2700	69.7
青 岛	Qingdao	214120	44470	20.8	19.6	2080	68.5
淄 博	Zibo	160264	23500	14.7	29.7	1489	67.7
枣 庄	Zaozhuang	22240	540	2.4	20.4	1350	68.3
烟 台	Yantai	143110	37080	25.9	25.7	1916	68.5
潍 坊	Weifang	145710	3520	2.4	45.6	1778	63.9
济 宁	Jinin	43405			36.2	1685	67.2
泰 安	Taian	100532	28495	28.3	31.2	1247	67.8
日 照	Rizhao	83000			35.4	1573	65.8
郑 州	Zhengzhou	131325	41109	31.3	27.9	2067	67.5
开 封	Kaifeng	73670	20750	28.2	26.5	1225	69.6
洛 阳	Luoyang	163580	22670	13.9	48.9	2527	67.8
平顶山	Pingdingshan	45965	8510	18.5	36.7	2017	67.3
安 阳	Anyang	69134	16795	24.3	54.1	1724	68.7
焦 作	Jiaozuo	58000	5400	9.3	51.4	1463	65.6
三门峡	Sanmenxia	45690	2830	6.2	19.1	1165	64.2
武 汉	Wuhan	218970	44910	20.5	19.1	2587	69.1
宜 昌	Yichang	70195	25500	36.3	18.8	1270	69.4
荆 州	Jingzhou	59320	2495	4.2	35.7	1661	67.1
长 沙	Changsha	96733	46809	48.4	33.5	2552	69.9
株 洲	Zhuzhou	78940	12427	15.7	30.5	2078	64.7
湘 潭	Xiangtan	36670	9580	26.1	19.3	1795	67.8
岳 阳	Yueyang	91100	36700	40.3	25.5	1333	68.8
常 德	Changde	89930	19870	22.1	25.9	1017	67.9
张家界	Zhangjiajie	27610	22470	81.4	28.7	1575	72.1
广 州	Guangzhou	247834	57961	23.4	24.4	3636	69.1
韶 关	Shaoguan	74150	1050	1.4	21.1	1842	64.4

11-13 续表 2 continued

城　市	City	路段总长度(米) Total Length of Roads (m)	超标路段(米) Roads with Excess Noise (m)	路段超标率(%) Percentage of Roads with Excess Noise (%)	路段平均路宽(米) Average Width of Roads (m)	平均车流量(辆/小时) Average Traffic Volume (car/hour)	等效声级 dB(A) Average Noise Value dB(A)
深　圳	Shenzhen	246571	48278	19.6	63.0	4250	69.2
珠　海	Zhuhai	105220	1250	1.2	42.4	2489	67.9
汕　头	Shantou	285095	11825	4.1	37.3	2457	67.9
湛　江	Zhanjiang	92600			26.2	1858	68.2
南　宁	Nanning	139752	29840	21.4	39.9	2948	69.1
柳　州	Liuzhou	119281				2987	67.1
桂　林	Guilin	104700	12444	11.9	17.7	1627	67.8
北　海	Beihai	49220	6280	12.8	50.7	1823	67.2
海　口	Haikou	90820	12350	13.6	35.6	3053	67.7
重　庆	Chongqing	450530	102540	22.8	20.7	2336	68.1
成　都	Chengdu	406805	45549	11.2	43.7	4725	69.1
自　贡	Zigong	49140	11140	22.7	18.8	1379	67.5
攀枝花	Panzhihua	132100	40800	30.9	13.7	1526	68.5
泸　州	Luzhou	23000	3975	17.3	35.7	2086	67.7
德　阳	Deyang	34800	9000	25.9	30.8	2165	67.7
绵　阳	Mianyang	42410			30.0	2211	67.4
南　充	Nanchong	51705	1000	1.9	33.2	1358	66.7
宜　宾	Yibin	67661	12561	18.6	24.6	841	67.6
贵　阳	Guiyang	56780	12730	22.4	36.0	3978	67.8
遵　义	Zunyi	67374	17848	26.5	24.2	1773	69.2
昆　明	Kunming	91494	25522	27.9	30.2	2847	69.2
曲　靖	Qujing	70780	5780	8.2	22.3	2161	66.3
玉　溪	Yuxi	21665	530	2.4	31.7	1567	66.8
拉　萨	Lhasa	52950	17550	33.1	20.1	1532	69.5
西　安	Xi'an	204017	20055	9.8	24.3	3216	68.0
铜　川	Tongchuan	39808			12.1	988	63.6
宝　鸡	Baoji	88926			16.3	1035	67.7
咸　阳	Xianyang	109600	23000	21.0	29.8	1405	66.7
渭　南	Weinan	48200			18.7	1070	64.8
延　安	Yan'an	7700			10.8	1325	65.1
兰　州	Lanzhou	123546	37302	30.2	19.9	2401	68.8
金　昌	Jinchang	39589			22.4	935	66.7
西　宁	Xining	85680	15860	18.5	17.0	2729	69.4
银　川	Yinchuan	95000	16740	17.6	32.1	2053	68.2
石嘴山	Shizuishan	52403	5550	10.6	15.1	905	66.7
乌鲁木齐	Urumqi	214580	29955	14.0	42.9	2963	68.3
克拉玛依	Karamay	452800	7700	1.7	17.7	717	64.3

11-14 国控主要城市区域环境噪声监测情况(2010年)

Monitoring of Urban Area Environmental Noise in Major Cities under National Control Programmes (2010)

城市	City	等效声级 dB(A) Average Noise Value dB(A)	城市	City	等效声级 dB(A) Average Noise Value dB(A)	城市	City	等效声级 dB(A) Average Noise Value dB(A)
北京	Beijing	54.2	温州	Wenzhou	60.1	深圳	Shenzhen	56.8
天津	Tianjin	54.6	湖州	Huzhou	54.3	珠海	Zhuhai	55.0
石家庄	Shijiazhuang	50.3	绍兴	Shaoxing	55.6	汕头	Shantou	55.5
唐山	Tangshan	52.9	合肥	Hefei	55.4	湛江	Zhanjiang	54.8
秦皇岛	Qinhuangdao	52.1	芜湖	Wuhu	54.7	南宁	Nanning	54.4
邯郸	Handan	49.0	马鞍山	Maanshan	55.3	柳州	Liuzhou	55.9
保定	Baoding	54.3	福州	Fuzhou	56.5	桂林	Guilin	54.7
太原	Taiyuan	53.2	厦门	Xiamen	56.1	北海	Beihai	55.3
大同	Datong	53.8	泉州	Quanzhou	54.7	海口	Haikou	55.4
阳泉	Yangquan	54.1	南昌	Nanchang	55.5	重庆	Chongqing	54.3
长治	Changzhi	52.4	九江	Jiujiang	53.6	成都	Chengdu	54.3
临汾	Linfen	52.3	济南	Jinan	54.1	自贡	Zigong	53.9
呼和浩特	Hohhot	54.4	青岛	Qingdao	53.6	攀枝花	Panzhihua	51.4
包头	Baotou	53.9	淄博	Zibo	52.6	泸州	Luzhou	55.0
赤峰	Chifeng	54.7	枣庄	Zaozhuang	56.2	德阳	Deyang	49.1
沈阳	Shenyang	53.7	烟台	Yantai	54.4	绵阳	Mianyang	51.9
大连	Dalian	54.5	潍坊	Weifang	53.2	南充	Nanchong	51.6
鞍山	Anshan	55.8	济宁	Jinin	52.9	宜宾	Yibin	53.1
抚顺	Fushun	53.1	泰安	Taian	55.3	贵阳	Guiyang	55.6
本溪	Benxi	54.3	日照	Rizhao	54.4	遵义	Zunyi	56.3
锦州	Jinzhou	52.8	郑州	Zhengzhou	56.1	昆明	Kunming	52.9
长春	Changchun	55.9	开封	Kaifeng	51.8	曲靖	Qujing	53.0
吉林	Jilin	54.4	洛阳	Luoyang	53.7	玉溪	Yuxi	43.4
哈尔滨	Harbin	56.0	平顶山	Pingdingshan	54.2	拉萨	Lhasa	46.8
齐齐哈尔	Qiqihar	52.4	安阳	Anyang	52.5	西安	Xi'an	55.2
牡丹江	Mudanjiang	55.3	焦作	Jiaozuo	54.7	铜川	Tongchuan	53.6
上海	Shanghai	55.8	三门峡	Sanmenxia	50.3	宝鸡	Baoji	54.6
南京	Nanjing	54.8	武汉	Wuhan	55.5	咸阳	Xianyang	55.6
无锡	Wuxi	55.4	宜昌	Yichang	53.8	渭南	Weinan	54.2
徐州	Xuzhou	53.1	荆州	Jingzhou	52.4	延安	Yan'an	56.8
常州	Changzhou	54.3	长沙	Changsha	54.5	兰州	Lanzhou	57.2
苏州	Suzhou	53.7	株洲	Zhuzhou	53.5	金昌	Jinchang	53.1
南通	Nantong	55.0	湘潭	Xiangtan	51.4	西宁	Xining	53.2
连云港	Lianyungang	53.8	岳阳	Yueyang	53.8	银川	Yinchuan	54.0
扬州	Yangzhou	53.9	常德	Changde	53.3	石嘴山	Shizuishan	52.5
镇江	Zhenjiang	54.3	张家界	Zhangjiajie	54.5	乌鲁木齐	Urumqi	54.5
杭州	Hangzhou	57.2	广州	Guangzhou	55.2	克拉玛依	Karamay	53.5
宁波	Ningbo	53.7	韶关	Shaoguan	55.1			

11-15 主要城市区域环境噪声声源构成情况(2010年)

Composition of Environmental Noises by Sources in Major Cities (2010)

单位: dB(A) [dB(A)]

城　　市	City	交通噪声 traffic Noise	工业噪声 industry Noise	施工噪声 Construction Noise	生活噪声 Household Noise	其他噪声 Other Noise
北　　京	Beijing	57.3	54.5	57.2	53.1	58.0
天　　津	Tianjin	55.1	54.7	51.7	54.4	
石 家 庄	Shijiazhuang	49.6	52.1	53.1	50.8	51.0
太　　原	Taiyuan	55.9	55.1	51.5	52.0	52.1
呼和浩特	Hohhot	61.3		58.9	54.0	
沈　　阳	Shenyang					
长　　春	Changchun	61.2	54.0	56.2	51.7	46.0
哈 尔 滨	Harbin	57.0	55.2	55.0	56.1	55.2
上　　海	Shanghai	56.5	55.5	62.0	59.7	
南　　京	Nanjing	57.7	55.0	51.0	54.6	52.1
杭　　州	Hangzhou	58.8	56.8	54.0	56.7	57.3
合　　肥	Hefei	56.0	56.9	53.7	54.7	54.5
福　　州	Fuzhou	62.8	59.1	58.1	55.2	50.1
南　　昌	Nanchang	56.5		55.1	55.1	53.9
济　　南	Jinan	54.0	54.4	55.1	54.0	
郑　　州	Zhengzhou	56.3	56.3	57.6	55.9	56.2
武　　汉	Wuhan	57.1	53.8	58.5	55.3	
长　　沙	Changsha	55.1	55.2	54.7	54.1	54.3
广　　州	Guangzhou	55.2	54.0	51.8	57.9	55.0
南　　宁	Nanning	59.4	56.3	56.3	52.4	52.2
海　　口	Haikou	59.2	54.1	56.4	54.4	55.5
重　　庆	Chongqing	57.7	55.7	54.0	53.7	51.8
成　　都	Chengdu	56.9	54.8	56.1	53.7	53.5
贵　　阳	Guiyang	59.9	54.7	55.7	54.8	55.0
昆　　明	Kunming	50.7	55.6	53.2	53.5	49.7
拉　　萨	Lhasa					46.8
西　　安	Xi'an	60.2	57.2	55.8	54.2	58.5
兰　　州	Lanzhou	58.1	58.0		56.5	57.3
西　　宁	Xining	56.0	52.0		53.2	
银　　川	Yinchuan	55.5	56.7	55.7	52.5	
乌鲁木齐	Urumqi	55.4	54.6	57.0	54.1	

十二、农村环境

Rural Environment

12-1 全国历年农村环境情况(2000-2010年)
Rural Environment in Past Years (2000-2010)

年 份 Year	农村改水累计受益人口(万人) Benefiting Population from Rural Water Improvement Projects (10000 persons)	农村改水累计受益率(%) Proportion of Benefiting Population (%)	累计使用卫生厕所户数(万户) Households with Access to Sanitation Lavatory (10000 households)	卫生厕所普及率(%) Sanitation Lavatory Access Rate (%)	农村沼气池产气量(亿立方米) Production of Methane in Rural Areas (100 million cu.m)	太阳能热水器(万平方米) Water Heaters Using Solar Energy (10000 sq.m)	太阳灶(台) Solar Kitchen Ranges (unit)
2000	88112	92.4	9572	44.8	25.9	1107.8	332390
2001	86113	91.0	11405	46.1	29.8	1319.4	388599
2002	86833	91.7	12062	48.7	37.0	1621.7	478426
2003	87387	92.7	12624	50.9	47.5	2464.8	526177
2004	88616	93.8	13192	53.1	55.7	2845.9	577625
2005	88893	94.1	13740	55.3	72.9	3205.6	685552
2006	86629	91.1	13873	55.0	83.6	3941.0	865238
2007	87859	92.1	14442	57.0	101.7	4286.4	1118763
2008	89447	93.6	15166	59.7	118.4	4758.7	1356755
2009	90251	94.3	16056	63.2	130.8	4997.1	1484271
2010	90834	94.9	17138	67.4	139.6	5488.9	1617233

12-2 各地区农村改水、改厕情况(2010年)

Water Sanitation and Toilet Improvement in Rural Areas by Region(2010)

单位：万人 (10000 persons)

地区	Region	农村改水 Access to Water Sanitation Improvement				
		农村总人口 Rural Population	累计已改水受益人口 Population of Benefiting from Water Sanitation Improvement	自来水 Tap Water		
				厂、站(个) Factory Station (unit)	累计受益人口 Accumulative Benefiting Population	占农村总人口比重(%) % of all Rural Population
全　国	**National Total**	**95755.40**	**90833.86**	**629164**	**68158.52**	**71.18**
北　京	Beijing	300.50	300.50	3326	298.87	99.46
天　津	Tianjin	376.14	376.14	3726	366.11	97.33
河　北	Hebei	5333.84	5198.53	39567	4475.31	83.90
山　西	Shanxi	2416.47	2107.14	15600	1829.53	75.71
内蒙古	Inner Mongolia	1473.42	1301.84	8155	744.15	50.51
辽　宁	Liaoning	2273.42	2198.01	9333	1503.19	66.12
吉　林	Jilin	1534.82	1520.93	14555	1121.35	73.06
黑龙江	Heilongjiang	2181.89	2150.75	14391	1407.24	64.50
上　海	Shanghai	332.78	332.76	68	332.76	99.99
江　苏	Jiangsu	5418.87	5353.92	5604	5353.92	98.80
浙　江	Zhejiang	3606.17	3503.27	27608	3364.22	93.29
安　徽	Anhui	5250.85	5227.54	14501	2511.43	47.83
福　建	Fujian	2681.14	2649.31	15594	2337.55	87.18
江　西	Jiangxi	3383.02	3370.79	34770	2000.82	59.14
山　东	Shandong	6999.17	6971.76	41986	6338.60	90.56
河　南	Henan	8034.42	7326.97	44612	4424.69	55.07
湖　北	Hubei	4645.58	4607.24	10396	3343.22	71.97
湖　南	Hunan	5218.69	4919.33	54155	3435.03	65.82
广　东	Guangdong	5987.17	5926.65	27434	5022.67	83.89
广　西	Guangxi	4122.09	3791.93	32626	2708.82	65.71
海　南	Hainan	634.27	611.48	22448	459.33	72.42
重　庆	Chongqing	2570.86	2533.56	54566	2249.46	87.50
四　川	Sichuan	6875.02	6366.74	53900	3661.93	53.26
贵　州	Guizhou	3281.27	2659.19	33057	2028.09	61.81
云　南	Yunnan	3683.40	3132.91	24168	2362.30	64.13
西　藏	Tibet					
陕　西	Shaanxi	2875.17	2566.66	11233	1583.36	55.07
甘　肃	Gansu	2085.46	2024.83	5637	1235.41	59.24
青　海	Qinghai	391.44	332.87	1608	301.16	76.94
宁　夏	Ningxia	417.51	394.78	551	283.81	67.98
新　疆	Xinjiang	1168.89	899.71	2855	899.71	76.97
新疆兵团	Xinjiang Production & Construction Corps	201.66	175.82	1134	174.48	86.52

资料来源：卫生部(下表同)。

Source: Ministry of Health (the same as in the following table).

12-2 续表 1 continued

单位：万人 (10000 persons)

地区	Region	农村改水 Access to Water Sanitation Improvement					
		手压机井 Manually Operated Motor-pumped Wells			雨水收集 Rain Collection		
		数量(万台) Number (10000 units)	累计受益人口 Accumulative Benefiting Population	占农村总人口(%) % of all Rural Population	水窖(个) Water Cellars (unit)	累计受益人口 Accumulative Benefiting Population	占农村总人口(%) % of all Rural Population
全国	**National Total**	**6006.80**	**15172.81**	**15.85**	**2172278**	**1285.00**	**1.41**
北京	Beijing	0.45	1.48	0.49		0.04	0.01
天津	Tianjin	3.68	10.03	2.67			
河北	Hebei	192.13	640.33	12.01	18208	18.99	0.36
山西	Shanxi	64.27	85.56	3.54	59449	33.61	1.39
内蒙古	Inner Mongolia	99.97	440.54	29.90	43194	7.56	0.51
辽宁	Liaoning	194.00	527.94	23.22	2008	1.14	0.05
吉林	Jilin	92.73	399.58	26.03			
黑龙江	Heilongjiang	185.39	689.78	31.61			
上海	Shanghai						
江苏	Jiangsu						
浙江	Zhejiang	10.16	54.20	1.50	6434	2.66	0.07
安徽	Anhui	543.07	2438.33	46.44	466	16.43	0.31
福建	Fujian	1191.83	68.98	2.57			
江西	Jiangxi	188.91	883.15	26.11	22	0.45	0.01
山东	Shandong	372.14	614.35	8.78	100	18.44	0.26
河南	Henan	681.18	2846.88	35.43	14309	10.90	0.14
湖北	Hubei	167.90	723.04	15.56	147500	61.00	1.31
湖南	Hunan	248.38	737.71	14.14	6190	1.61	0.03
广东	Guangdong	177.74	730.30	12.20		0.61	0.01
广西	Guangxi	131.32	769.09	18.66	170878	137.53	3.34
海南	Hainan	14.22	111.46	17.57	18	0.27	0.04
重庆	Chongqing	14.61	96.39	3.75	1987	12.38	0.48
四川	Sichuan	365.18	1491.84	21.70	92517	109.32	1.59
贵州	Guizhou	1.61	9.93	0.30	121858	178.42	5.44
云南	Yunnan	11.66	105.18	2.86	306412	220.46	5.99
西藏	Tibet						
陕西	Shaanxi	153.70	460.44	16.01	63431	0.57	0.02
甘肃	Gansu	881.97	177.18	8.50	927090	385.52	18.49
青海	Qinghai	4.68	9.87	2.52	1400	15.96	4.08
宁夏	Ningxia	12.59	48.12	11.53	188803	50.94	12.20
新疆	Xinjiang						
新疆兵团	Xinjiang Production & Construction Corps	1.33	1.13	0.56	4.00	0.19	0.09

12-2 续表 2 continued

地 区	Region	农村改水 Access to Water Sanitation Improvement 其他 Other 累计受益人口(万人) Accumulative Benefiting Population (10000 persons)	占农村总人口(%) % of all Rural Population	农村改厕(万户) Access to Toilet Improvement (10000 households) 农村总户数 Total Rural Households	累计使用卫生厕所户数 Accumulative Households Sanitary Toilets	累计使用卫生公厕户数 Accumulative Households Using Sanitary Public Lavatories	卫生厕所普及率(%) Access Rate to Sanitary Toilets (%)	无害化卫生厕所普及率(%) Access Rate to Harmless Sanitary Toilets (%)
全 国	**National Total**	**6217.53**	**6.49**	**25415.37**	**17138.33**	**2827.69**	**67.43**	**45.00**
北 京	Beijing	0.10	0.03	118.84	108.56	16.69	91.35	90.92
天 津	Tianjin			117.56	112.87	8.78	96.01	96.01
河 北	Hebei	63.90	1.20	1426.08	758.80	40.79	53.21	26.31
山 西	Shanxi	158.44	6.56	639.64	342.43	77.37	53.53	23.12
内蒙古	Inner Mongolia	109.60	7.44	415.49	153.64	66.35	36.98	12.92
辽 宁	Liaoning	165.75	7.29	674.78	432.80	29.78	64.14	23.29
吉 林	Jilin			409.35	299.73	17.97	73.22	13.79
黑龙江	Heilongjiang	53.73	2.46	646.25	431.80	117.78	66.82	12.65
上 海	Shanghai			120.49	117.61		97.62	97.62
江 苏	Jiangsu			1566.40	1300.70	50.40	83.04	59.94
浙 江	Zhejiang	82.18	2.28	1163.48	1034.72	114.03	88.93	77.21
安 徽	Anhui	261.35	4.98	1346.54	774.92	125.90	57.55	25.64
福 建	Fujian	242.78	9.06	693.53	552.68	45.15	79.69	77.08
江 西	Jiangxi	486.37	14.38	841.28	654.03	119.60	77.74	50.36
山 东	Shandong	0.37	0.01	2037.88	1713.25	39.48	84.07	45.27
河 南	Henan	44.50	0.55	2005.94	1400.22	65.10	69.80	50.99
湖 北	Hubei	479.98	10.33	1081.03	795.27	9.03	73.57	46.45
湖 南	Hunan	744.98	14.28	1443.33	911.26	73.20	63.14	35.21
广 东	Guangdong	173.07	2.89	1469.82	1260.94	122.08	85.79	77.74
广 西	Guangxi	176.49	4.28	971.56	583.05	50.71	60.01	58.01
海 南	Hainan	40.42	6.37	142.79	96.13	12.36	67.32	65.61
重 庆	Chongqing	175.33	6.82	726.86	392.90		54.05	54.05
四 川	Sichuan	1103.65	16.05	1968.95	1224.85	1256.98	62.21	46.38
贵 州	Guizhou	442.75	13.49	817.81	315.16	48.61	38.54	20.64
云 南	Yunnan	444.97	12.08	898.99	507.01	108.15	56.40	29.22
西 藏	Tibet							
陕 西	Shaanxi	522.29	18.17	711.65	322.67	100.69	45.34	35.71
甘 肃	Gansu	226.72	10.87	482.86	295.81	66.87	61.26	22.27
青 海	Qinghai	5.88	1.50	88.29	51.47	1.64	58.30	9.03
宁 夏	Ningxia	11.91	2.85	96.14	52.21	12.42	54.30	37.75
新 疆	Xinjiang			223.21	105.19	9.20	47.13	18.70
新疆兵团	Xinjiang Production & Construction Corps	0.02	0.01	68.55	35.65	20.58	52.01	48.87

12-3 各地区农村改水、改厕投资情况(2010年)

Investment of Water Sanitation and Toilet Improvement in Rural Areas by Region(2010)

单位：万元　　(10000 yuan)

地 区	Region	农村改水 Access to Water Sanitation Improvement			农村改厕 Access to Toilet Improvement		
		农村改水投资 Investment of Water Sanitation Improvement	#国家投资 State Investment	国家投资占总投资比重(%) Proportion of State Investment in Total (%)	农村改厕投资 Investment of Toilet Improvement	#国家投资 State Investment	国家投资占总投资比重(%) Proportion of State Investment in Total (%)
全 国	**National Total**	**2817332.8**	**2124044.0**	**75.4**	**1299587.1**	**595838.3**	**45.8**
北 京	Beijing	25798.7	4675.0	18.1	32873.0	19664.9	59.8
天 津	Tianjin	24860.4	19685.5	79.2	17201.9	4406.7	25.6
河 北	Hebei	15107.0	11487.0	76.0	21721.0	10818.7	49.8
山 西	Shanxi	57475.6	39001.8	67.9	18298.9	10812.7	59.1
内蒙古	Inner Mongolia	51783.7	43204.0	83.4	22874.3	15878.1	69.4
辽 宁	Liaoning	72959.9	58129.5	79.7	30322.8	14998.0	49.5
吉 林	Jilin	130344.0	65694.0	50.4	35075.0	17552.0	50.0
黑龙江	Heilongjiang	17327.8	11758.1	67.9	15352.3	4489.3	29.2
上 海	Shanghai	23618.0	10956.0	46.4	3757.0	3757.0	100.0
江 苏	Jiangsu	102301.6	76158.0	74.4	91066.8	59757.4	65.6
浙 江	Zhejiang	192026.2	116909.6	60.9	82748.3	21136.4	25.5
安 徽	Anhui	132385.6	114918.9	86.8	33327.4	21952.2	65.9
福 建	Fujian	54623.1	35427.6	64.9	60429.8	13134.3	21.7
江 西	Jiangxi	56493.8	41219.5	73.0	43041.0	25101.3	58.3
山 东	Shandong	75829.7	37337.8	49.2	75296.0	12713.6	16.9
河 南	Henan	179602.2	139257.4	77.5	45232.8	23974.9	53.0
湖 北	Hubei	194341.0	146166.0	75.2	61376.0	40645.0	66.2
湖 南	Hunan	108699.6	83487.6	76.8	34624.7	19154.2	55.3
广 东	Guangdong	164005.2	91084.8	55.5	85038.4	11611.8	13.7
广 西	Guangxi	173281.7	148993.5	86.0	73072.2	24128.4	33.0
海 南	Hainan	22667.7	21742.2	95.9	28620.8	11366.8	39.7
重 庆	Chongqing	101201.4	85472.3	84.5	54210.7	33926.8	62.6
四 川	Sichuan	294629.8	240844.1	81.7	168454.7	84510.8	50.2
贵 州	Guizhou	88832.7	82444.9	92.8	36038.2	21006.0	58.3
云 南	Yunnan	104720.4	89241.6	85.2	32167.7	17435.9	54.2
西 藏	Tibet						
陕 西	Shaanxi	171775.8	155051.1	90.3	28599.1	19006.1	66.5
甘 肃	Gansu	53201.0	42247.4	79.4	32434.5	11615.2	35.8
青 海	Qinghai	3632.2	3252.2	89.5	8913.2	8913.2	100.0
宁 夏	Ningxia	38221.5	31017.9	81.2	9398.0	5244.5	55.8
新 疆	Xinjiang	74134.0	74134.0	100.0	12127.0	4720.0	38.9
新疆兵团	Xinjiang Production & Construction Corps	11451.3	3045.0	26.6	5893.7	2406.4	40.8

12-4 各地区农村可再生能源利用情况(2010年)

Use of Renewable Energy in Rural Areas by Region (2010)

地 区	Region	沼气池 产气总量 (万立方米) Total Production of Methane (10000 cu.m)	#大中型沼气工程 Large and Medium Methane Generating Projects	太阳能热水器 (万平方米) Water Heaters Using Solar Energy (10000 sq.m)	太阳房 (万平方米) Solar Energy Houses (10000 sq.m)	太阳灶 (台) Solar Kitchen Ranges (unit)	生活污水净化沼气池 (个) Household Waste Water Purification and Methane Generating Tanks(unit)
全 国	**National Total**	**1396620.3**	**89024.2**	**5498.3**	**2059.6**	**1617233**	**191613**
北 京	Beijing	2308.6	2062.0	66.4	29.0	1768	
天 津	Tianjin	1835.3	525.7	33.2	1.0		8
河 北	Hebei	94648.5	3612.9	535.9	155.2	7001	177
山 西	Shanxi	18402.7	1596.4	401.6	0.2	5882	31
内 蒙	Inner Mongolia	14646.5	1255.6	45.7	120.3	40354	5
辽 宁	Liaoning	16454.7	2485.0	109.8	497.5	1240	
吉 林	Jilin	3026.8	17.6	38.6	287.1	987	2
黑龙江	Heilongjiang	6821.7	1532.6	49.7	361.8	505	
黑龙江农垦	Heilongjiang Land Reclamation	309.8	252.9	9.4			
上 海	Shanghai	441.4	441.4				
江 苏	Jiangsu	23206.6	4303.5	588.5	5.5		30345
浙 江	Zhejiang	14239.1	7953.8	457.1			64644
安 徽	Anhui	23539.2	1205.7	422.1			1443
福 建	Fujian	23611.8	3230.4	37.3			1513
江 西	Jiangxi	53932.7	4457.7	101.7			1887
山 东	Shandong	81163.7	9307.0	883.2	14.1	16052	171
河 南	Henan	130618.4	12669.1	341.2	1.9	205	815
湖 北	Hubei	103033.9	2542.5	227.7			1197
湖 南	Hunan	85012.5	2468.3	124.5			2043
广 东	Guangdong	23991.3	5267.1	15.3	1.2	22	5339
广 西	Guangxi	126699.5	1224.0	46.1	…		657
海 南	Hainan	29922.9	5595.9	390.2			
重 庆	Chongqing	42931.9	1233.4	10.9			17736
四 川	Sichuan	192239.7	10159.1	68.9	1.1	131528	62954
贵 州	Guizhou	74761.9	856.1	37.9			251
云 南	Yunnan	115610.1	116.2	191.8		264	197
西 藏	Tibet	4482.0				13165	
陕 西	Shaanxi	30767.5	404.9	119.9	4.4	85574	139
甘 肃	Gansu	34084.3	1205.0	66.9	223.8	750635	52
青 海	Qinghai	3765.4	250.0	2.6	330.4	230222	
宁 夏	Ningxia	6008.3	228.3	25.7	15.7	326451	7
新 疆	Xinjiang	13146.6	123.8	48.6	9.4	5378	
新疆兵团	Xinjiang Production & Construction Corps	955.0	440.4				

资料来源：农业部。

Source: Ministry of Agriculture.

12-5 各地区农业有效灌溉和农用化肥施用情况(2010年)

Agriculture Irrigated Area and Use of Chemical Fertilizers by Region (2010)

地 区	Region	有效灌溉面积(千公顷) Area Irrigated (1000 hectares)	化肥施用量(万吨) Use of Chemical Fertilizers (10000 tons)	氮 肥 Nitrogenous Fertilizer	磷 肥 Phosphate Fertilizer	钾 肥 Potash Fertilizer	复合肥 Compound Fertilizer
全 国	**National Total**	**60347.7**	**5561.7**	**2353.7**	**805.6**	**586.4**	**1798.5**
北 京	Beijing	211.4	13.7	6.9	0.9	0.7	5.2
天 津	Tianjin	344.6	25.5	11.8	3.9	1.6	7.7
河 北	Hebei	4548.0	322.9	153.1	47.3	26.8	95.6
山 西	Shanxi	1274.2	110.4	40.0	20.0	8.5	41.8
内蒙古	Inner Mongolia	3027.5	177.2	80.5	30.9	14.6	51.3
辽 宁	Liaoning	1537.5	140.1	68.3	11.4	12.2	48.1
吉 林	Jilin	1726.8	182.8	66.9	6.6	12.2	97.1
黑龙江	Heilongjiang	3875.2	214.9	77.4	47.4	30.8	59.4
上 海	Shanghai	201.0	11.8	6.2	1.0	0.6	4.1
江 苏	Jiangsu	3819.7	341.1	179.5	47.7	20.8	93.1
浙 江	Zhejiang	1451.0	92.2	52.5	12.0	7.2	20.6
安 徽	Anhui	3519.8	319.8	112.1	35.9	31.8	139.9
福 建	Fujian	967.5	121.0	47.7	17.1	24.7	31.6
江 西	Jiangxi	1852.4	137.6	43.4	22.1	21.2	50.9
山 东	Shandong	4955.3	475.3	162.6	49.9	46.4	216.4
河 南	Henan	5081.0	655.2	243.9	117.9	61.6	231.7
湖 北	Hubei	2379.8	350.8	156.4	65.8	30.3	98.3
湖 南	Hunan	2739.0	236.6	110.4	26.7	40.5	59.0
广 东	Guangdong	1872.5	237.3	100.0	21.5	47.0	68.8
广 西	Guangxi	1523.0	237.2	69.9	28.8	53.2	85.1
海 南	Hainan	243.8	46.4	13.8	3.1	7.2	22.4
重 庆	Chongqing	685.3	91.8	49.3	17.5	5.2	19.1
四 川	Sichuan	2553.1	248.0	129.6	49.2	16.4	51.1
贵 州	Guizhou	1131.7	86.5	46.5	10.8	7.6	21.6
云 南	Yunnan	1588.4	184.6	97.5	27.2	17.9	42.0
西 藏	Tibet	237.0	4.7	1.9	1.1	0.4	1.3
陕 西	Shaanxi	1284.9	196.8	87.7	18.0	20.0	56.4
甘 肃	Gansu	1278.4	85.3	37.9	16.6	6.1	24.7
青 海	Qinghai	251.7	8.8	3.5	0.9	0.3	4.0
宁 夏	Ningxia	464.6	37.9	17.7	4.2	2.2	13.9
新 疆	Xinjiang	3721.6	167.6	78.7	42.3	10.3	36.4

资料来源：国家统计局(下表同)。

Source: National Bureau of Statistics (the same as in the following table).

12-6 各地区农用塑料薄膜和农药使用量情况(2010年)
Use of Agricultural Plastic Film and Pesticide by Region (2010)

地 区	Region	塑料薄膜使用量 (吨) Use of Agricultural Plastic Film (ton)	地膜使用量 (吨) Use of Plastic Film for Covering Plants (ton)	地膜覆盖面积 (公顷) Area Covered by Plastic Film (hectare)	农药使用量 (吨) Use of Pesticide (ton)
全 国	**National Total**	**2172991**	**1183756**	**15595604**	**1758219**
北 京	Beijing	13539	4344	21217	3972
天 津	Tianjin	12009	5730	85661	3721
河 北	Hebei	118619	63996	1066125	84615
山 西	Shanxi	38866	27341	474255	26107
内蒙古	Inner Mongolia	60558	48169	869072	24302
辽 宁	Liaoning	125382	36367	280081	69375
吉 林	Jilin	52552	19432	131531	42784
黑龙江	Heilongjiang	69377	28337	315905	73755
上 海	Shanghai	21128	6577	26242	7038
江 苏	Jiangsu	100194	39034	552515	90126
浙 江	Zhejiang	55426	25775	160840	65075
安 徽	Anhui	80721	37349	425567	116645
福 建	Fujian	57053	26561	125192	58238
江 西	Jiangxi	45491	26539	132282	106530
山 东	Shandong	322965	138901	2568441	164924
河 南	Henan	146979	68725	1032126	124867
湖 北	Hubei	63768	36226	4053	139969
湖 南	Hunan	73173	51083	706695	118762
广 东	Guangdong	42116	20579	115518	104382
广 西	Guangxi	35119	26501	345958	64460
海 南	Hainan	16075	9317	29979	45502
重 庆	Chongqing	36602	19416	285215	20854
四 川	Sichuan	114161	79309	902631	62184
贵 州	Guizhou	36174	22298	229460	12938
云 南	Yunnan	85690	67751	814344	46191
西 藏	Tibet	852	734	2894	1036
陕 西	Shaanxi	36811	19547	427110	12408
甘 肃	Gansu	123712	73968	995247	44565
青 海	Qinghai	3113	2425	26163	2062
宁 夏	Ningxia	14053	7970	243723	2640
新 疆	Xinjiang	170713	143455	2199562	18192

附录一、 人口资源环境主要统计指标

APPENDIX Ⅰ. Main Indicators of Population, Resource & Environment

附录1　人口资源环境主要统计指标
Main Indicators of Population, Resources & Environment

指　标		Indicator		2008	2009	2010
1.人口构成		**Population Structure**				
总人口	（万人）	Population	(10000 persons)	132802	133450	134091
#城镇		Urban		62403	64512	66978
乡村		Rural		70399	68938	67113
2.土地资源		**Land Resource**				
耕地面积	（万公顷）	Cultivated Land	(10000 hectares)	12172		
人均耕地面积	（亩）	Cultivated Land per Capita	(a unit of area)	1.37		
3.水资源		**Water Resource**				
水资源总量	（亿立方米）	Water Resources	(100 million cu.m)	27434.3	24180.2	30906.4
人均水资源量	（立方米/人）	Per Capita Water Resources	(cu.m/person)	2071.1	1816.2	2310.4
用水总量	（亿立方米）	Water Use	(100 million cu.m)	5910.0	5965.2	6022.0
#工业用水量		Industry		1397.1	1390.9	1447.3
人均用水量	（立方米/人）	Per Capita Water Use	(cu.m/person)	446.2	448.0	450.2
单位GDP用水量	（立方米/万元）	Water Use /GDP	(cu.m/10000 yuan)	226.6	209.6	191.4
单位工业增加值用水量	（立方米/万元）	Water Use/Value Added of Industry	(cu.m/10000 yuan)	126.9	116.2	107.7
4.森林资源		**Forest Resource**				
森林面积	（万公顷）	Forest Area	(10000 hectares)	19545.2	19545.2	19545.2
森林覆盖率	（%）	Forest Coverage Rate	(%)	20.36	20.36	20.36
活立木总蓄积量	（亿立方米）	Standing Forest Stock	(100 million cu.m)	149.1	149.1	149.1
森林蓄积量	（亿立方米）	Stock Volume of Forest	(100 million cu.m)	137.2	137.2	137.2
人均森林面积	（公顷/人）	Per Capita Forest Area	(hectare/person)	0.15	0.15	0.15
5.能源		**Energy**				
能源生产总量	（万吨标准煤）	Energy Production	(10000 tce)	260552	274619	296916
构成(能源生产总量=100)		Composition (Energy Production=100)				
原煤	（%）	Raw Coal	(%)	76.8	77.3	76.5
原油	（%）	Crude Oil	(%)	10.5	9.9	9.8
天然气	（%）	Natural Gas	(%)	4.1	4.1	4.3
电力	（%）	Power	(%)	8.6	8.7	9.4
人均能源生产量	（千克标准煤/人）	Per Capita Energy Production	(kgce/person)	1962	2058	2214
能源消费总量	（万吨标准煤）	Total Energy Consumption	(10000 tce)	291448	306647	324939
构成(能源生产总量=100)		Composition (Energy Consumption=100)				
煤炭	（%）	Coal	(%)	70.3	70.4	68.0
石油	（%）	Petroleum	(%)	18.3	17.9	19.0
天然气	（%）	Natural Gas	(%)	3.7	3.9	4.4
电力	（%）	Power	(%)	7.7	7.8	8.6

附录1 续表 continued

指 标	Indicator	2008	2009	2010
人均能源消费量(千克标准煤／人)	Per Capita Energy Consumption (kgce/person)	2195	2298	2423
能源生产弹性系数	Elasticity Ratio of Energy Production	0.56	0.59	0.78
能源消费弹性系数	Elasticity Ratio of Energy Consumption	0.41	0.57	0.58
电力生产弹性系数	Elasticity Ratio of Electric Power Production	0.58	0.77	1.28
电力消费弹性系数	Elasticity Ratio of Electric Power Consumption	0.58	0.78	1.27
单位GDP能耗 (吨标准煤／万元)	Energy Consumption/GDP (tce/10000 yuan)	1.12	1.08	1.03
6.污染物排放	**Pollutant Discharge**			
废水排放量 (亿吨)	Waste Water Discharge (100 million tons)	571.9	589.1	617.3
#工业废水排放量	Industry	241.9	234.4	237.5
化学需氧量(COD)排放量 (万吨)	COD Discharge (10000 tons)	1320.7	1277.5	1238.1
#工业COD排放量	Industry	457.6	439.7	434.8
二氧化硫(SO_2)排放量 (万吨)	SO_2 Emission (10000 tons)	2321.2	2214.4	2185.1
#工业SO_2排放量	Industry	1991.4	1865.9	1864.4
工业固体废物排放量 (万吨)	Industry Solid Wastes Discharged(10000 tons)	781.8	710.5	498.2
工业固体废物综合利用率 (%)	Ratio of Utilized Industrial Solid Wastes (%)	64.3	67.0	66.7
单位国内生产总值废水排放量 (吨／万元)	Waste Water Discharge/GDP (ton/10000 yuan)	21.9	20.7	19.6
单位工业增加值废水排放量 (吨／万元)	Waste Water Discharge/Value Added of Industry (ton/10000 yuan)	22.0	19.6	17.7
单位国内生产总值COD排放量 (千克／万元)	COD Discharge/GDP (kg/10000 yuan)	5.1	4.5	3.9
单位工业增加值COD排放量 (千克／万元)	COD Discharge/Value Added of Industry (kg/10000 yuan)	4.2	3.7	3.2
单位国内生产总值SO_2排放量 (千克／万元)	Emission of SO_2/GDP (kg/10000 yuan)	8.9	7.8	6.9
单位工业增加值SO_2排放量 (千克／万元)	Emission of SO_2/Value Added of Industry (kg/10000 yuan)	18.1	15.6	13.9
单位工业增加值固体废物排放量 (千克／万元)	Industrial Solid Wastes Discharged/Value Added of Industry (kg/10000 yuan)	7.1	5.9	3.7
城市生活垃圾清运量 (万吨)	Urban Garbage Disposal (10000 tons)	15438	15734	15805
7.污染治理投入	**Investment in Treatment of Environmental Pollution**			
环境污染治理投资 (亿元)	Investment in Anti-pollution Projects (100 milliom yuan)	4490	4525	6654
环境污染治理投资占GDP比重 (%)	Investment in Anti-pollution Projects as Percentage of GDP (%)	1.49	1.33	1.66

附录二、“十一五”和“十二五”时期主要环境保护指标

APPENDIX II. Main Environmental Indicators in the 11th Five-year & 12th Five-year Plan Period

附录2-1　“十一五”时期主要污染物排放情况
Discharge of Major Pollutants in the 11th Five-year Plan Period

单位：万吨　(10000 tons)

指　标	Item	2005	2006	2007	2008	2009	2010
二氧化硫排放总量	Emission of SO_2	2549.4	2588.8	2468.1	2321.2	2214.4	2185.1
工　业	Industrial Emission	2168.4	2234.8	2140.0	1991.4	1865.9	1864.4
生　活	Household Emission	381.0	354.0	328.1	329.9	348.5	320.7
烟尘排放总量	Emission of Soot	1182.5	1088.8	986.6	901.6	847.7	829.1
工　业	Industrial Emission	948.9	864.5	771.1	670.7	604.4	603.2
生　活	Household Emission	233.6	224.3	215.5	230.9	243.3	225.9
工业粉尘排放总量	Emission of Industrial Dust	911.2	808.4	698.7	584.9	523.6	448.7
化学需氧量排放总量	COD Discharge	1414.2	1428.2	1381.8	1320.7	1277.5	1238.1
工　业	Industrial Discharge	554.7	541.5	511.1	457.6	439.7	434.8
生　活	Household and Service Discharge	859.4	886.7	870.8	863.1	837.9	803.3
氨氮排放总量	Ammonia Nitrogen Discharge	149.8	141.4	132.3	127.0	122.6	120.3
工　业	Industrial Discharge	52.5	42.5	34.1	29.7	27.4	27.3
生　活	Household and Service Discharge	97.3	98.9	98.3	97.3	95.3	93.0
工业固体废物排放总量	Industry Solid Wastes Discharged	1654.7	1302.1	1196.7	781.8	710.5	498.2

资料来源：环境保护部。
Source:Ministry of Environmental Protection.

附录2-2 “十一五”时期人口、资源和环境指标

Indicators on Population, Resources & Environment in the 11th Five-year Plan Period

指 标	Item	2005	2010	年均增长(%) Annual Growth Rate (%)	属 性 Attribute
全国总人口 (万人)	Total Population (10000 persons)	130756	136000	<8‰	约束性 Obligatory
单位国内生产总值能源消耗降低 (%)	Reduction of Energy Consumption per Unit GDP (%)			[20]	约束性 Obligatory
单位工业增加值用水量降低 (%)	Reduction of Water Consumption per Unit Industrial Added Value (%)			[30]	约束性 Obligatory
农业灌溉用水有效利用系数	Efficient Utilization Coefficient of Agricultural Irrigation Water	0.45	0.50	[0.5]	预期性 Anticipated
工业固体废物综合利用率 (%)	Comprehensive Utilization Rate of Industrial Solid Wastes (%)	55.8	60.0	[4.2]	预期性 Anticipated
耕地保有量 (亿公顷)	Total Cultivated Land (100 million hectares)	1.22	1.20	-0.3	约束性 Obligatory
主要污染物排放总量减少 (%)	Reduction of Total Major Pollutants Emission Volume (%)			[10]	约束性 Obligatory
森林覆盖率 (%)	Forest Coverage (%)	18.2	20.0	[1.8]	约束性 Obligatory

注：国内生产总值为2005年价格；带[ ]的为五年累计数；主要污染物指二氧化硫和化学需氧量。

Note:Figures of GDP is of 2005 price; those in [ ] are accumulative figures in five years; major pollutants refers to sulfur dioxide and COD.

附录2-3 "十一五"主要环境保护指标

Main Environmental Protection Indicators in the 11th Five-year Plan Period

指 标	Item	2005	2010	"十一五"增减情况 Increase or Decrease in the 11th Five-year Plan Period
化学需氧量排放总量 (万吨)	COD Discharge (10000 tons)	1414	1270	-10%
二氧化硫排放总量 (万吨)	Emission of SO_2 (10000 tons)	2549	2295	-10%
地表水国控断面劣V类水质的比例 (%)	Proportion of Water Quality Worse than Grade V in Surface Water Monitored Section (%)	26.1	< 22	-4.1个百分点 -4.1 percentage points
七大水系国控断面好于Ⅲ类的比例 (%)	Proportion of Water Quality better than Grade Ⅲ in Main Water System Monitored Section (%)	41.0	> 43	2.0个百分点 2.0 percentage points
重点城市空气质量好于Ⅱ级标准的天数超过292天的比例 (%)	Proportion of Air Quality Equal to or Above Grade Ⅱ over 292 Days in Major Cities (%)	69.4	75	5.6个百分点 5.6 percentage points

附录2-4 “十二五”时期资源环境主要指标
Indicators on Resources & Environment in the 12th Five-year Plan Period

指标	Item		2010	2015	年均增长(%) Annual Growth Rate (%)	属性 Attribute
耕地保有量 (亿亩)	Total Cultivated Land (100 million mu)		18.18	18.18	[0]	约束性 Obligatory
单位工业增加值用水量降低 (%)	Reduction of Water Consumption per Unit Industrial Added Value (%)				[30]	约束性 Obligatory
农业灌溉用水有效利用系数	Efficient Utilization Coefficient of Agricultural Irrigation Water		0.50	0.53	[0.03]	预期性 Anticipated
非化石能源占一次能源消费比重 (%)	Proportion of Consumption on Non-fossil Energy to Primary Energy (%)		8.3	11.4	[3.1]	约束性 Obligatory
单位国内生产总值能源消耗降低 (%)	Reduction of Energy Consumption per Unit GDP (%)				[16]	约束性 Obligatory
单位国内生产总值二氧化碳排放降低(%)	Reduction of CO_2 Emission per Unit GDP (%)				[17]	约束性 Obligatory
主要污染物排放总量减少 (%) Reduction of Total Major Pollutants Emission Volume (%)	化学需氧量	COD			[8]	约束性 Obligatory
	二氧化硫	SO_2			[8]	
	氨氮	Ammonia Nitrogen			[10]	
	氮氧化物	NO_x			[10]	
森林增长 Increase of Forest	森林覆盖率(%)	Forest Coverage (%)	20.36	21.66	[1.3]	约束性 Obligatory
	森林蓄积量 (亿立方米)	Stock Volume of Forest (100 million cu.m)	137	143	[6]	

注：国内生产总值按可比价格计算；[ ]内为五年累计数。

Note:Figures of GDP is of 2010 price; those in [ ] are accumulative figures in five years.

附录三、东中西部地区
主要环境指标

APPENDIX III .
Main Environmental Indicators
by Eastern, Central & Western

附录3-1 东中西部地区水资源情况(2010年)

Water Resources by Eastern,Central & Western (2010)

单位：亿立方米 (100 million cu.m)

区域 Area	地区 Region	水资源总量 Total Amount of Water Resources	地表水 Surface Water Resources	地下水 Ground Water Resources	地表水与地下水重复量 Duplicated Measurement of Surface Water and Groundwater	降水量 Precipi-tation	人均水资源量 per Capita Water Resources
	全　国 National Total	**30906.4**	**29797.6**	**8417.0**	**7308.2**	**65849.6**	**2310.4**
	东部小计 Eastern Total	**6430.5**	**6088.7**	**1637.8**	**1295.9**	**12173.3**	**1284.7**
	北　京 Beijing	23.1	7.2	18.9	3.0	85.9	124.2
	天　津 Tianjin	9.2	5.6	4.5	0.8	56.1	72.8
	河　北 Hebei	138.9	56.6	112.9	30.6	987.0	195.3
东部	上　海 Shanghai	36.8	30.9	8.9	3.0	74.3	163.1
	江　苏 Jiangsu	383.5	291.2	108.9	16.6	1008.7	489.2
Eastern	浙　江 Zhejiang	1398.6	1382.9	264.7	249.1	2097.8	2608.7
	福　建 Fujian	1652.7	1651.5	353.8	352.6	2581.3	4491.7
	山　东 Shandong	309.1	199.1	181.2	71.2	1090.9	324.4
	广　东 Guangdong	1998.8	1989.5	478.3	468.9	3422.2	1943.3
	海　南 Hainan	479.8	474.3	105.7	100.2	769.1	5538.7
	中部小计 Central Total	**7000.1**	**6738.5**	**1712.8**	**1451.2**	**13304.9**	**1963.6**
	山　西 Shanxi	91.5	52.8	77.4	38.7	752.0	261.5
中部	安　徽 Anhui	922.8	876.3	197.8	151.3	1825.7	1526.9
	江　西 Jiangxi	2275.5	2255.2	486.8	466.5	3482.9	5116.7
Central	河　南 Heinan	534.9	415.7	214.7	95.5	1393.4	566.2
	湖　北 Hubei	1268.7	1239.1	306.1	276.5	2378.2	2216.5
	湖　南 Hunan	1906.6	1899.4	430.0	422.8	3472.7	2938.7
	西部小计 Western Total	**15329.0**	**15069.1**	**4500.0**	**4240.1**	**34893.1**	**4231.3**
	内蒙古 Inner Mongolia	388.5	253.4	227.6	92.5	3014.3	1576.1
	广　西 Guangxi	1823.6	1823.6	355.8	355.8	3740.0	3852.9
	重　庆 Chongqing	464.3	464.3	96.3	96.3	872.1	1616.8
	四　川 Sichuan	2575.3	2573.7	595.0	593.4	4568.3	3173.5
西部	贵　州 Guizhou	956.5	956.5	251.4	251.4	1948.1	2726.8
	云　南 Yunnan	1941.4	1941.4	686.0	686.0	4541.4	4233.1
Western	西　藏 Tibet	4593.0	4593.0	1033.6	1033.6	7230.4	153681.9
	陕　西 Shaanxi	507.5	482.5	142.9	117.9	1499.9	1360.3
	甘　肃 Gansu	215.2	206.7	124.2	115.7	1143.4	841.7
	青　海 Qinghai	741.1	715.8	340.1	314.8	2454.4	13225.0
	宁　夏 Ningxia	9.3	7.0	22.8	20.4	151.8	148.2
	新　疆 Xinjiang	1113.1	1051.2	624.3	562.3	3728.9	5125.2
	东北小计 Northeast Total	**2146.8**	**1901.3**	**566.5**	**321.0**	**5478.3**	**1964.0**
东北	辽　宁 Liaoning	606.7	554.0	146.8	94.1	1432.1	1392.1
Northeast	吉　林 Jilin	686.7	622.1	141.9	77.3	1497.0	2503.3
	黑龙江 Heilongjiang	853.5	725.2	277.9	149.6	2549.2	2228.6

资料来源：水利部。
Source:Ministry of Water Resource.

附录3-2　东中西部地区废水排放及处理情况(2010年)

Discharge and Treatment of Waste Water by Eastern, Central & Western (2010)

单位：万吨　　(10000 tons)

区　域 Area	地　区 Region		废水排放总量 Total Volume of Waste Water Discharged	工业废水 Industrial Waste Water	生活污水 Household Waste Water	化学需氧量排放量 COD Discharge	工业 Industrial	生活 Household and Service
	全　国	**National Total**	**6172562**	**2374732**	**3797830**	**1238.06**	**434.77**	**803.29**
	东部小计	**Eastern Total**	**3100273**	**1185230**	**1915043**	**420.85**	**138.87**	**281.98**
	北　京	Beijing	136415	8198	128217	9.20	0.49	8.71
	天　津	Tianjin	68196	19680	48516	13.20	2.22	10.98
	河　北	Hebei	262543	114232	148311	54.61	21.80	32.81
东　部	上　海	Shanghai	248250	36696	211554	21.98	2.16	19.82
	江　苏	Jiangsu	555500	263760	291740	78.80	25.63	53.17
Eastern	浙　江	Zhejiang	394828	217426	177402	48.68	24.41	24.27
	福　建	Fujian	238502	124168	114334	37.26	8.29	28.97
	山　东	Shandong	436372	208257	228115	62.05	29.51	32.54
	广　东	Guangdong	722978	187031	535947	85.84	23.44	62.40
	海　南	Hainan	36689	5782	30907	9.23	0.92	8.31
	中部小计	**Central Total**	**1361204**	**533982**	**827222**	**316.54**	**101.89**	**214.65**
	山　西	Shanxi	118299	49881	68418	33.31	13.77	19.54
中　部	安　徽	Anhui	184700	70971	113729	41.11	11.48	29.63
	江　西	Jiangxi	160661	72526	88135	43.11	11.78	31.33
Central	河　南	Heinan	358679	150406	208273	61.97	29.56	32.41
	湖　北	Hubei	270755	94593	176162	57.23	16.52	40.71
	湖　南	Hunan	268110	95605	172505	79.81	18.79	61.02
	西部小计	**Western Total**	**1259892**	**506423**	**753469**	**366.84**	**149.47**	**217.38**
	内 蒙 古	Inner Mongolia	92548	39536	53012	27.51	9.13	18.38
	广　西	Guangxi	312630	165211	147419	93.69	49.27	44.42
	重　庆	Chongqing	128113	45180	82933	23.45	8.65	14.80
	四　川	Sichuan	256095	93444	162651	74.08	25.08	49.00
西　部	贵　州	Guizhou	60823	14130	46693	20.79	1.60	19.19
	云　南	Yunnan	91992	30926	61066	26.83	8.93	17.90
Western	西　藏	Tibet	3825	736	3089	2.88	0.11	2.77
	陕　西	Shaanxi	115673	45487	70186	30.77	12.14	18.63
	甘　肃	Gansu	51241	15352	35889	16.76	4.51	12.25
	青　海	Qinghai	22609	9031	13578	8.31	4.47	3.84
	宁　夏	Ningxia	40653	21977	18676	12.17	9.28	2.89
	新　疆	Xinjiang	83690	25413	58277	29.60	16.29	13.32
	东北小计	**Northeast Total**	**451195**	**149098**	**302097**	**133.82**	**44.53**	**89.29**
东　北	辽　宁	Liaoning	218189	71521	146668	54.16	20.18	33.98
Northeast	吉　林	Jilin	114431	38656	75775	35.22	13.11	22.11
	黑 龙 江	Heilongjiang	118575	38921	79654	44.44	11.25	33.20

资料来源：环境保护部(以下各表同)。

Source:Ministry of Environmental Protection (the same as in the following tables).

附录3-2 续表 continued

单位：万吨 (10000 tons)

区 域 Area	地 区 Region	氨氮排放量 Ammonia Nitrogen Discharge	工业 Industrial	生活 Household and Service	工业废水排放达标率(%) Proportion of Industrial Waste Water Meeting Discharge Standards(%)
	全 国 National Total	**120.29**	**27.28**	**93.01**	**95.3**
	东部小计 Eastern Total	**42.76**	**8.72**	**34.04**	**97.2**
	北 京 Beijing	1.21	0.04	1.17	98.8
	天 津 Tianjin	1.98	0.32	1.66	100.0
	河 北 Hebei	5.46	1.82	3.63	98.6
东 部	上 海 Shanghai	2.75	0.32	2.43	98.0
	江 苏 Jiangsu	6.30	1.50	4.80	98.1
Eastern	浙 江 Zhejiang	3.97	1.40	2.57	96.2
	福 建 Fujian	2.98	0.66	2.32	98.7
	山 东 Shandong	6.65	1.54	5.10	98.4
	广 东 Guangdong	10.70	1.06	9.63	93.1
	海 南 Hainan	0.77	0.05	0.72	97.8
	中部小计 Central Total	**32.96**	**8.81**	**24.15**	**96.0**
	山 西 Shanxi	4.15	1.19	2.97	94.7
中 部	安 徽 Anhui	4.43	1.21	3.22	98.0
	江 西 Jiangxi	3.46	0.87	2.59	94.2
Central	河 南 Heinan	7.25	2.31	4.94	97.4
	湖 北 Hubei	6.14	1.49	4.65	96.8
	湖 南 Hunan	7.53	1.74	5.78	93.7
	西部小计 Western Total	**31.64**	**8.01**	**23.63**	**91.4**
	内蒙古 Inner Mongolia	4.06	0.69	3.37	90.2
	广 西 Guangxi	4.74	1.45	3.29	96.9
	重 庆 Chongqing	2.52	0.54	1.97	94.7
	四 川 Sichuan	6.06	1.64	4.42	96.5
西 部	贵 州 Guizhou	1.65	0.07	1.58	77.3
	云 南 Yunnan	2.07	0.38	1.70	91.8
Western	西 藏 Tibet	0.18	…	0.18	29.5
	陕 西 Shaanxi	3.23	0.73	2.50	97.5
	甘 肃 Gansu	2.35	0.76	1.60	83.3
	青 海 Qinghai	0.83	0.23	0.60	59.9
	宁 夏 Ningxia	1.29	0.89	0.40	78.7
	新 疆 Xinjiang	2.66	0.63	2.04	57.3
	东北小计 Northeast Total	**12.92**	**1.73**	**11.19**	**91.7**
东 北	辽 宁 Liaoning	5.61	0.91	4.70	92.6
Northeast	吉 林 Jilin	2.97	0.29	2.68	89.0
	黑龙江 Heilongjiang	4.34	0.53	3.81	92.7

附录3-3　东中西部地区废气排放情况(2010年)

Emission of Waste Gas by Eastern,Central & Western (2010)

单位：万吨　　　　(10000 tons)

区　域 Area	地　区 Region		工业废气排放总量(亿标立方米) Total Volume of Industrial Waste Gas Emission (100 million cu.m)	二氧化硫排放量 Volume of Sulphur Dioxide Emission	工业 Industrial	生活 Household and Service
	全　国	**National Total**	**519168**	**2185.1**	**1864.4**	**320.7**
	东部小计	**Eastern Total**	**216172**	**669.7**	**593.8**	**75.9**
	北　京	Beijing	4750	11.5	5.7	5.8
	天　津	Tianjin	7686	23.5	21.8	1.8
	河　北	Hebei	56324	123.4	99.4	24.0
东　部	上　海	Shanghai	12969	35.8	22.1	13.7
	江　苏	Jiangsu	31213	105.0	100.2	4.8
Eastern	浙　江	Zhejiang	20434	67.8	65.4	2.4
	福　建	Fujian	13507	40.9	39.1	1.8
	山　东	Shandong	43837	153.8	138.3	15.5
	广　东	Guangdong	24092	105.1	98.9	6.1
	海　南	Hainan	1360	2.9	2.8	0.1
	中部小计	**Central Total**	**114098**	**511.1**	**440.8**	**70.3**
	山　西	Shanxi	35190	124.9	114.7	10.2
中　部	安　徽	Anhui	17849	53.2	48.4	4.8
	江　西	Jiangxi	9812	55.7	47.1	8.6
Central	河　南	Heinan	22709	133.9	116.3	17.6
	湖　北	Hubei	13865	63.3	51.6	11.7
	湖　南	Hunan	14673	80.1	62.7	17.4
	西部小计	**Western Total**	**143592**	**817.5**	**672.1**	**145.4**
	内蒙古	Inner Mongolia	27488	139.4	119.3	20.1
	广　西	Guangxi	14520	90.4	84.8	5.6
	重　庆	Chongqing	10943	71.9	57.3	14.7
	四　川	Sichuan	20107	113.1	93.8	19.3
西　部	贵　州	Guizhou	10192	114.9	63.8	51.1
	云　南	Yunnan	10978	50.1	44.0	6.1
Western	西　藏	Tibet	16	0.4	0.1	0.3
	陕　西	Shaanxi	13510	77.9	70.7	7.2
	甘　肃	Gansu	6252	55.2	45.2	9.9
	青　海	Qinghai	3952	14.3	13.3	1.0
	宁　夏	Ningxia	16324	31.1	28.0	3.0
	新　疆	Xinjiang	9310	58.8	51.8	7.0
	东北小计	**Northeast Total**	**45306**	**186.9**	**157.7**	**29.2**
东　北	辽　宁	Liaoning	26955	102.2	85.9	16.3
Northeast	吉　林	Jilin	8240	35.6	30.1	5.6
	黑龙江	Heilongjiang	10111	49.0	41.7	7.3

附录3-3 续表 continued

单位：万吨 (10000 tons)

区域 Area	地区 Region		烟尘排放量 Volume of Emission of Soot	工业 Industrial	生活 Household and Service	工业粉尘排放量 Emission of Industry Dust
	全　国	**National Total**	**829.1**	**603.2**	**225.9**	**448.7**
东部 Eastern	**东部小计**	**Eastern Total**	**207.4**	**155.5**	**51.9**	**108.6**
	北　京	Beijing	4.9	2.1	2.7	1.7
	天　津	Tianjin	6.5	5.4	1.1	0.8
	河　北	Zhejiang	50.0	32.3	17.7	32.1
	上　海	Shanghai	10.2	4.2	6.0	1.0
	江　苏	Jiangsu	33.5	29.9	3.6	15.1
	浙　江	Zhejiang	17.4	16.5	0.9	13.9
	福　建	Fujian	13.9	10.0	3.9	14.0
	山　东	Shandong	39.2	29.1	10.0	18.9
	广　东	Guangdong	31.1	25.3	5.8	10.4
	海　南	Hainan	0.8	0.7	0.2	0.7
中部 Central	**中部小计**	**Central Total**	**209.2**	**163.2**	**46.0**	**162.0**
	山　西	Shanxi	62.1	43.2	18.9	36.5
	安　徽	Anhui	25.5	20.7	4.8	26.4
	江　西	Jiangxi	16.4	13.9	2.5	22.4
	河　南	Heinan	54.7	47.4	7.3	22.7
	湖　北	Hubei	19.3	14.5	4.8	14.6
	湖　南	Hunan	31.2	23.5	7.7	39.4
西部 Western	**西部小计**	**Western Total**	**276.9**	**194.1**	**82.8**	**150.3**
	内蒙古	Inner Mongolia	64.7	47.6	17.1	16.0
	广　西	Guangxi	26.2	25.0	1.1	31.8
	重　庆	Chongqing	20.8	10.2	10.6	8.4
	四　川	Sichuan	34.1	26.0	8.2	14.1
	贵　州	Guizhou	25.2	11.3	13.9	8.6
	云　南	Yunnan	13.8	8.9	4.9	9.2
	西　藏	Tibet	0.2	0.1	0.2	0.1
	陕　西	Shaanxi	16.3	11.5	4.8	18.5
	甘　肃	Gansu	16.3	9.8	6.5	9.3
	青　海	Qinghai	7.7	5.2	2.5	9.8
	宁　夏	Ningxia	17.2	13.6	3.6	6.1
	新　疆	Xinjiang	34.4	24.8	9.6	18.5
东北 Northeast	**东北小计**	**Northeast Total**	**135.6**	**90.4**	**45.1**	**27.7**
	辽　宁	Liaoning	63.3	39.8	23.5	16.7
	吉　林	Jilin	30.1	21.0	9.1	5.3
	黑龙江	Heilongjiang	42.2	29.7	12.5	5.7

附录3-4 东中西部地区工业固体废物产生及处理情况(2010年)
Generation and Disposal of Industrial Solid Wastes by Eastern,Central & Western (2010)

单位：万吨 (10000 tons)

区 域 Area	地 区 Region		工业固体废物产生量 Industrial Solid Wastes Generated	工业固体废物排放量(吨) Industrial Solid Wastes Discharged (ton)	工业固体废物综合利用量 Industrial Solid Wastes Utilized	工业固体废物处置量 Industrial Solid Wastes Disposed	工业固体废物综合利用率(%) Ratio of Industrial Solid Wastes Utilizedsed (%)
	全 国	**National Total**	**240943.5**	**4981976**	**161772.0**	**57263.8**	**66.7**
东 部 Eastern	**东部小计**	**Eastern Total**	**79792.3**	**228188**	**62457.2**	**15228.5**	**78.0**
	北 京	Beijing	1268.9	611	835.2	780.3	65.8
	天 津	Tianjin	1862.4		1845.1	27.0	98.6
	河 北	Hebei	31688.2	44506	17973.4	12007.3	56.6
	上 海	Shanghai	2448.4	2	2366.9	93.9	96.2
	江 苏	Jiangsu	9063.8		8760.6	138.7	96.1
	浙 江	Zhejiang	4267.6	6177	4032.8	174.5	94.3
	福 建	Fujian	7486.6	35163	6214.9	1181.1	82.9
	山 东	Shandong	16038.5	110	15297.3	475.0	94.7
	广 东	Guangdong	5455.8	141609	4952.6	350.5	90.2
	海 南	Hainan	212.1	10	178.4	0.4	84.1
中 部 Central	**中部小计**	**Central Total**	**60135.9**	**1293703**	**42986.4**	**13990.8**	**70.8**
	山 西	Shanxi	18270.3	953817	12059.4	5273.2	65.5
	安 徽	Anhui	9158.2	15	7849.1	916.4	84.6
	江 西	Jiangxi	9407.3	132314	4379.1	4486.6	46.5
	河 南	Heinan	10713.8	2150	8380.4	1770.4	77.1
	湖 北	Hubei	6813.0	41693	5520.9	1096.5	80.5
	湖 南	Hunan	5773.3	163714	4797.3	447.8	81.0
西 部 Western	**西部小计**	**Western Total**	**73696.2**	**3413589**	**40835.8**	**20254.6**	**55.2**
	内 蒙 古	Inner Mongolia	16996.0	45294	9562.4	5295.2	56.3
	广 西	Guangxi	6231.7	91391	4230.7	1563.1	67.8
	重 庆	Chongqing	2837.4	1336308	2316.8	155.2	80.2
	四 川	Sichuan	11239.2	32240	6159.2	3758.5	54.8
	贵 州	Guizhou	8187.7	597582	4174.1	2497.6	50.9
	云 南	Yunnan	9392.4	363098	4798.4	2911.4	50.8
	西 藏	Tibet	11.1	41243	0.2		1.8
	陕 西	Shaanxi	6892.3	133926	3753.2	2176.8	54.4
	甘 肃	Gansu	3745.5	113758	1783.0	1150.2	46.3
	青 海	Qinghai	1783.3	21652	758.6	1.3	42.2
	宁 夏	Ningxia	2465.5	9220	1422.3	489.5	57.5
	新 疆	Xinjiang	3914.1	627877	1876.9	255.9	47.5
东 北 Northeast	**东北小计**	**Northeast Total**	**27319.1**	**46496**	**15492.6**	**7789.8**	**56.1**
	辽 宁	Liaoning	17272.9	27877	8209.7	6767.3	46.9
	吉 林	Jilin	4641.6		3114.1	577.5	67.1
	黑 龙 江	Heilongjiang	5404.6	18619	4168.8	445.0	76.5

附录3-5 东中西部地区环境污染治理投资情况(2010年)

Investment in the Treatment of Evironmental Pollution by Eastern,Central & Western (2010)

单位：亿元 (100 million yuan)

区域 Area	地区 Region	环境污染治理投资总额 Total Investment in Treatment of Environ-mental Pollution	城市环境基础设施建设投资 Investment in Urban Environment Infrastructure Facilities	工业污染源治理投资 Investment in Treatment of Industrial Pollution Sources	"三同时"项目环保投资 Investment in Environment Components for New Construction Projects	环境污染治理投资占GDP比重(%) Investment in Anti-pollution Projects as Percentage of GDP (%)
	全　国 National Total	**6654.2**	**4224.2**	**397.0**	**2033.0**	**1.66**
东部 Eastern	**东部小计 Eastern Total**	**3699.4**	**2638.0**	**161.7**	**899.7**	**1.59**
	北　京 Beijing	231.4	173.0	1.9	56.5	1.64
	天　津 Tianjin	109.7	65.8	16.5	27.4	1.19
	河　北 Hebei	370.9	279.9	10.9	80.1	1.82
	上　海 Shanghai	134.0	87.1	9.4	37.4	0.78
	江　苏 Jiangsu	466.4	300.0	18.6	147.8	1.13
	浙　江 Zhejiang	333.7	95.2	12.0	226.5	1.20
	福　建 Fujian	129.7	78.0	15.3	36.3	0.88
	山　东 Shandong	483.9	284.6	45.7	153.6	1.24
	广　东 Guangdong	1416.2	1262.7	31.1	122.4	3.08
	海　南 Hainan	23.6	11.6	0.4	11.6	1.14
中部 Central	**中部小计 Central Total**	**929.0**	**567.2**	**94.3**	**267.6**	**1.08**
	山　西 Shanxi	206.9	86.1	28.0	92.8	2.25
	安　徽 Anhui	179.9	132.4	5.9	41.6	1.46
	江　西 Jiangxi	156.5	125.5	6.4	24.6	1.66
	河　南 Heinan	132.2	71.0	12.5	48.7	0.57
	湖　北 Hubei	146.8	89.9	27.7	29.2	0.92
	湖　南 Hunan	106.6	62.1	13.8	30.7	0.66
西部 Western	**西部小计 Western Total**	**1177.8**	**733.9**	**114.9**	**329.0**	**1.45**
	内蒙古 Inner Mongolia	238.9	175.6	13.2	50.1	2.05
	广　西 Guangxi	164.1	99.0	9.3	55.8	1.71
	重　庆 Chongqing	176.3	124.6	7.8	43.9	2.22
	四　川 Sichuan	89.0	44.3	7.2	37.5	0.52
	贵　州 Guizhou	30.0	6.7	6.8	16.5	0.65
	云　南 Yunnan	106.2	59.4	10.6	36.1	1.47
	西　藏 Tibet	0.3	0.3			0.06
	陕　西 Shaanxi	179.2	109.1	33.7	36.5	1.77
	甘　肃 Gansu	63.9	42.1	14.6	7.1	1.55
	青　海 Qinghai	17.0	6.3	1.0	9.7	1.26
	宁　夏 Ningxia	34.5	20.1	4.1	10.3	2.04
	新　疆 Xinjiang	78.4	46.2	6.7	25.5	1.44
东北 Northeast	**东北小计 Northeast Total**	**461.9**	**285.2**	**26.1**	**150.7**	**1.23**
	辽　宁 Liaoning	206.5	141.6	14.8	50.1	1.12
	吉　林 Jilin	124.2	70.8	6.3	47.1	1.43
	黑龙江 Heilongjiang	131.3	72.8	4.9	53.5	1.27

资料来源：环境保护部、住房和城乡建设部。
Source: Ministry of Environmental Protection,Ministry of Housing and Urban-Rural Development.

附录3-6 东中西部地区城市环境情况(2010年)

Urban Environment by Eastern,Central & Western (2010)

区域 Area	地区 Region		城市污水排放量(万立方米) Volume of Municipal Sewage Discharge (10000 cu.m)	城市污水处理率(%) Rate of Municipal Sewage Discharge (%)	城市燃气普及率(%) Gas Access Rate (%)	生活垃圾无害化处理率(%) Domestic Garbage Harmless Disposal Rate (%)
	全国	**National Total**	**3786983**	**82.3**	**92.0**	**77.9**
东部 Eastern	**东部小计**	**Eastern Total**	**2015227**	**85.9**	**98.4**	**85.5**
	北京	Beijing	141651	82.1	100.0	97.0
	天津	Tianjin	65235	85.3	100.0	100.0
	河北	Hebei	132798	92.3	99.1	69.8
	上海	Shanghai	231374	83.3	100.0	81.9
	江苏	Jiangsu	363096	87.6	99.1	93.6
	浙江	Zhejiang	206415	82.7	99.1	98.3
	福建	Fujian	95884	84.4	98.9	92.0
	山东	Shandong	244417	91.1	99.3	91.9
	广东	Guangdong	506546	86.1	95.8	72.1
	海南	Hainan	27811	54.9	82.4	68.0
中部 Central	**中部小计**	**Central Total**	**725342**	**82.7**	**85.8**	**73.6**
	山西	Shanxi	60181	84.9	89.9	73.6
	安徽	Anhui	124449	88.5	90.5	64.6
	江西	Jiangxi	70453	80.8	92.4	85.9
	河南	Heinan	147413	87.6	73.4	82.6
	湖北	Hubei	169150	81.0	91.8	61.4
	湖南	Hunan	153696	75.0	86.5	79.0
西部 Western	**西部小计**	**Western Total**	**658331**	**78.4**	**85.0**	**80.5**
	内蒙古	Inner Mongolia	46543	80.6	79.3	82.8
	广西	Guangxi	115256	83.4	92.4	91.1
	重庆	Chongqing	64622	91.7	92.0	98.8
	四川	Sichuan	136520	74.8	84.4	86.9
	贵州	Guizhou	32533	86.8	69.7	90.6
	云南	Yunnan	58711	93.4	76.4	88.3
	西藏	Tibet	6770		79.8	
	陕西	Shaanxi	68104	74.2	90.4	79.8
	甘肃	Gansu	41940	62.6	74.3	38.0
	青海	Qinghai	12889	43.5	90.8	67.3
	宁夏	Ningxia	28047	78.0	88.0	92.5
	新疆	Xinjiang	46396	73.3	95.8	70.6
东北 Northeast	**东北小计**	**Northeast Total**	**388083**	**69.7**	**89.3**	**53.4**
	辽宁	Liaoning	204370	74.9	94.2	70.9
	吉林	Jilin	75270	73.9	85.6	44.5
	黑龙江	Heilongjiang	108443	56.7	84.7	40.4

资料来源：住房和城乡建设部。
Source:Ministry of Housing and Urban-Rural Derelopment.

附录3-7 东中西部地区农村环境情况(2010年)

Rural Environment by Eastern,Central & Western (2010)

区 域 Area	地 区 Region		改水累计受益人口 (万人) Benefiting Population from Rural Water Improvement Projects (10000 persons)	累计改水受益率 (%) Proportion of Benefiting Population (%)	卫生厕所普及率 (%) Access Rate to Sanitary Toilets (%)	无害化卫生厕所普及率 (%) Access Rate to Harmless Sanitary Toilets (%)
	全 国	**National Total**	**90833.9**	**94.86**	**67.43**	**45.00**
东 部 Eastern	**东部小计**	**Eastern Total**	**31224.3**	**98.59**	**79.67**	**59.21**
	北 京	Beijing	300.5	100.00	91.35	90.92
	天 津	Tianjin	376.1	100.00	96.01	96.01
	河 北	Hebei	5198.5	97.46	53.21	26.31
	上 海	Shanghai	332.8	99.99	97.62	97.62
	江 苏	Jiangsu	5353.9	98.80	83.04	59.94
	浙 江	Zhejiang	3503.3	97.15	88.93	77.21
	福 建	Fujian	2649.3	98.81	79.69	77.08
	山 东	Shandong	6971.8	99.61	84.07	45.27
	广 东	Guangdong	5926.7	98.99	85.79	77.74
	海 南	Hainan	611.5	96.41	67.32	65.61
中 部 Central	**中部小计**	**Central Total**	**27559.0**	**571.02**	**395.33**	**40.09**
	山 西	Shanxi	2107.1	87.20	53.53	23.12
	安 徽	Anhui	5227.5	99.56	57.55	25.64
	江 西	Jiangxi	3370.8	99.64	77.74	50.36
	河 南	Heinan	7327.0	91.19	69.80	50.99
	湖 北	Hubei	4607.2	99.17	73.57	46.45
	湖 南	Hunan	4919.3	94.26	63.14	35.21
西 部 Western	**西部小计**	**Western Total**	**28315.6**	**1074.73**	**652.31**	**42.86**
	内 蒙 古	Inner Mongolia	1301.8	88.36	36.98	12.92
	广 西	Guangxi	5926.7	98.99	85.79	77.74
	重 庆	Chongqing	2533.6	98.55	54.05	54.05
	四 川	Sichuan	6366.7	92.61	62.21	46.38
	贵 州	Guizhou	2659.2	81.04	38.54	20.64
	云 南	Yunnan	3132.9	85.06	56.40	29.22
	西 藏	Tibet				
	陕 西	Shaanxi	2566.7	89.27	45.34	35.71
	甘 肃	Gansu	2024.8	97.09	61.26	22.27
	青 海	Qinghai	332.9	85.04	58.30	9.03
	宁 夏	Ningxia	394.8	94.56	54.30	37.75
	新 疆	Xinjiang	899.7	76.97	47.13	18.70
	新疆兵团	Xinjiang Production & Construction Corps	175.8	87.19	52.01	48.87
东 北 Northeast	**东北小计**	**Northeast Total**	**5869.7**	**294.35**	**204.18**	**17.07**
	辽 宁	Liaoning	2198.0	96.68	64.14	23.29
	吉 林	Jilin	1520.9	99.10	73.22	13.79
	黑 龙 江	Heilongjiang	2150.8	98.57	66.82	12.65

资料来源:卫生部。
Source: Ministry of Health.

附录四、世界主要国家和地区环境统计指标

APPENDIX IV. Main Environmental Indicators of the World's Major Countries and Regions

附录4-1　水资源

国家和地区	Country or Area	降水量 (百万立方米) Precipitation (mio m^3)
阿富汗	Afghanistan	213429
阿尔巴尼亚	Albania	42700
阿尔及利亚	Algeria	211499
安道尔	Andorra	466
安哥拉	Angola	1258793
安提瓜和巴布达	Antigua and Barbuda	500
阿根廷	Argentina	1642104
亚美尼亚	Armenia	17640
澳大利亚	Australia	3630635
奥地利	Austria	98000
阿塞拜疆	Azerbaijan	36978
巴哈马	Bahamas	17934
巴林	Bahrain	71
孟加拉国	Bangladesh	383832
巴巴多斯	Barbados	600
白俄罗斯	Belarus	136186
比利时	Belgium	28887
伯利兹	Belize	39100
贝宁	Benin	117046
百慕大	Bermuda	76
不丹	Bhutan	
玻利维亚	Bolivia	1258863
波黑	Bosnia and Herzegovina	52562
博茨瓦纳	Botswana	241825
巴西	Brazil	15333391
文莱	Brunei Darussalam	15706
保加利亚	Bulgaria	68598
布基纳法索	Burkina Faso	204925
布隆迪	Burundi	33903
柬埔寨	Cambodia	344628
喀麦隆	Cameroon	762463
加拿大	Canada	4930000
佛得角	Cape Verde	900
中非共和国	Central African Republic	836662
乍得	Chad	413191

资料来源：联合国统计司/环境规划署环境统计问卷水部分；欧盟统计局环境统计数据；经合组织环境数据摘要内陆水部分。

联合国粮农组织水统计数据库。

联合国经济社会局人口处，世界人口展望：2008修订版，纽约，2009。

Sources: UNSD/UNEP Questionnaires on Environment Statistics, Water section; Eurostat environment statistics main tables and database; OECD Environmental Data Compendium, Inland Waters section.

AQUASTAT database of the Food and Agriculture Organization of the United Nations (FAO).

United Nations, Department of Economic and Social Affairs, Population Division, World Population Prospects: The 2008 Revision, New York, 2009.

Water Resources

国内径流量 (百万立方米) Internal Flow (mio m^3)	地表水与地下水的外部流入量 (百万立方米) Actual External Inflow of Surface and Ground Waters (mio m^3)	可更新淡水资源总量 (百万立方米) Total Renewable Fresh Water Resources (mio m^3)	人均可更新淡水量 (立方米/人) Renewable Freshwater Resources per capita (m^3/person)
55000	10000	65000	2389
26900	14800	41700	13266
13900	420	14320	417
263		263	3116
184000		184000	10210
52		52	600
276000	538000	814000	20410
6317	940	7257	2358
387184		387184	18372
55000	29000	84000	10075
10330	20573	30903	3540
20		20	59
-9		-9	-12
105000	1105644	1210644	7567
80		80	315
52938	23200	76138	7866
12327	7606	19933	1882
16000	2555	18555	61717
10300	14500	24800	2863
72		72	1119
		73000	106292
303531	319000	622531	64217
35500	2000	37500	9939
2900	11500	14400	7496
5657230	2768672	8425901	43891
8500		8500	21668
18085	89141	107226	14123
12500		12500	821
3600		3600	446
120570	355540	476110	32695
273000	12500	285500	14957
2740000	51500	2791500	83931
300		300	602
141000	3400	144400	33278
15000	28000	43000	3940

国家和地区	Country or Area	降水量 (百万立方米) Precipitation (mio m³)
智利	Chile	1151600
中国	China	6172800
中国香港	China, Hong Kong SAR	2616
哥伦比亚	Colombia	2974605
科摩罗	Comoros	2000
刚果	Congo	562932
哥斯达黎加	Costa Rica	149529
科特迪瓦	Côte d'Ivoire	434676
克罗地亚	Croatia	62912
古巴	Cuba	147965
塞浦路斯	Cyprus	3046
捷克	Czech Republic	54653
刚果民主共和国	Democratic Republic of the Congo	3618119
丹麦	Denmark	38485
吉布提	Djibouti	5100
多米尼加共和国	Dominican Republic	68690
厄瓜多尔	Ecuador	521779
埃及	Egypt	51400
萨尔瓦多	El Salvador	56052
赤道几内亚	Equatorial Guinea	60481
厄立特里亚	Eritrea	45147
爱沙尼亚	Estonia	29018
埃塞俄比亚	Ethiopia	936005
斐济	Fiji	47356
芬兰	Finland	222000
法国	France	485686
法属圭亚那	French Guiana	260550
加蓬	Gabon	489997
冈比亚	Gambia	8555
格鲁吉亚	Georgia	83141
德国	Germany	307000
加纳	Ghana	283195
希腊	Greece	115000
格陵兰	Greenland	759000
危地马拉	Guatemala	217300
几内亚	Guinea	405939
几内亚比绍	Guinea-Bissau	56972
圭亚那	Guyana	513112

continued 1

国内径流量 (百万立方米) Internal Flow (mio m^3)	地表水与地下水的外部流入量 (百万立方米) Actual External Inflow of Surface and Ground Waters (mio m^3)	可更新淡水资源总量 (百万立方米) Total Renewable Fresh Water Resources (mio m^3)	人均可更新淡水量 (立方米/人) Renewable Freshwater Resources per capita (m^3/person)
884000	38000	922000	54868
2840500	21400	2861900	2140
1489		1489	213
2112000	20000	2132000	47365
1200		1200	1816
222000	610000	832000	230142
112400		112400	24872
76700	4300	81000	3934
37700	67800	105500	23855
38120		38120	3402
323		323	375
15237	740	15977	1548
900000	383000	1283000	19967
16340		16340	2994
300		300	353
20995		20995	2109
283980		283980	21065
1800	85000	86800	1065
23212	635	23847	3888
26000		26000	39442
2800	3500	6300	1279
		12347	9205
110000		110000	1363
28550		28550	33825
107000	3200	110000	20737
175293	11000	186293	3003
134000		134000	608817
164000		164000	113247
-3046	5884	2838	1709
46845	6931	53776	12486
117000	75000	188000	2285
30300	22900	53200	2278
60000	12000	72000	6465
603000		603000	10522275
109200	2070	111270	8130
226000		226000	22984
16000	15000	31000	19677
241000		241000	315678

国家和地区	Country or Area	降水量 (百万立方米) Precipitation (mio m^3)
海地	Haiti	39966
洪都拉斯	Honduras	221434
匈牙利	Hungary	55707
冰岛	Iceland	200000
印度	India	4000000
印度尼西亚	Indonesia	5146529
伊朗	Iran (Islamic Republic of)	375790
伊拉克	Iraq	94677
爱尔兰	Ireland	80000
以色列	Israel	9157
意大利	Italy	296000
牙买加	Jamaica	22542
日本	Japan	649071
约旦	Jordan	9929
哈萨克斯坦	Kazakhstan	680408
肯尼亚	Kenya	401906
朝鲜	Korea, Dem. People's Rep. of	127000
韩国	Korea, Republic of	124000
科威特	Kuwait	2160
吉尔吉斯斯坦	Kyrgyzstan	
老挝	Lao People's Dem. Rep.	434362
拉脱维亚	Latvia	42701
黎巴嫩	Lebanon	6900
莱索托	Lesotho	23928
利比里亚	Liberia	266286
利比亚	Libyan Arab Jamahiriya	98500
立陶宛	Lithuania	44010
卢森堡	Luxembourg	2030
马达加斯加	Madagascar	888192
马拉维	Malawi	139960
马来西亚	Malaysia	948163
马尔代夫	Maldives	592
马里	Mali	415000
马耳他	Malta	150
毛里塔尼亚	Mauritania	94656
毛里求斯	Mauritius	3700

continued 2

国内径流量 (百万立方米) Internal Flow (mio m³)	地表水与地下水的外部流入量 (百万立方米) Actual External Inflow of Surface and Ground Waters (mio m³)	可更新淡水资源总量 (百万立方米) Total Renewable Fresh Water Resources (mio m³)	人均可更新淡水量 (立方米/人) Renewable Freshwater Resources per capita (m³/person)
13010	1015	14025	1420
95929		95929	13107
7533	108897	116430	11629
170000		170000	538878
		1869000	1582
2838000		2838000	12483
128500	9010	137510	1876
35200	61220	96420	3204
47500		47500	10706
750	920	1670	237
167000	8000	175000	2936
9404		9404	3473
423571		423571	3328
680	200	880	143
75420	34190	109610	7062
20200	10000	30200	779
67000	10135	77135	3238
72300		72300	1501
	20	20	7
33248		33248	6142
190420	143130	333550	53752
16901	16830	33731	14933
4800	37	4837	1153
5230		5230	2552
200000	32000	232000	61159
600		600	95
15510	8990	24500	7377
905	739	1644	3421
337000		337000	17634
16140	1140	17280	1164
580000		580000	21470
30		30	98
		137000	10783
78		78	191
400	11000	11400	3546
2590		2590	2024

国家和地区	Country or Area	降水量 (百万立方米) Precipitation (mio m^3)
墨西哥	Mexico	1515478
蒙古	Mongolia	377370
摩洛哥	Morocco	150000
莫桑比克	Mozambique	827200
缅甸	Myanmar	
纳米比亚	Namibia	235252
尼泊尔	Nepal	220800
荷兰	Netherlands	29770
新喀里多尼亚	New Caledonia	537000
尼加拉瓜	Nicaragua	310856
尼日尔	Niger	190810
尼日利亚	Nigeria	1062336
挪威	Norway	470671
阿曼	Oman	26600
巴基斯坦	Pakistan	393300
巴勒斯坦	Palestine	120
巴拿马	Panama	203300
巴布亚新几内亚	Papua New Guinea	1454104
巴拉圭	Paraguay	459546
秘鲁	Peru	2233700
菲律宾	Philippines	648420
波兰	Poland	193100
葡萄牙	Portugal	82164
波多黎各	Puerto Rico	18383
卡塔尔	Qatar	122
摩尔多瓦	Republic of Moldova	17948
留尼汪	Réunion	7500
罗马尼亚	Romania	154000
俄罗斯联邦	Russian Federation	7854684
卢旺达	Rwanda	31932
圣基茨和尼维斯	Saint Kitts and Nevis	500
圣多美和普林西比	Sao Tome and Principe	3100
沙特阿拉伯	Saudi Arabia	126800
塞内加尔	Senegal	135048
塞尔维亚	Serbia	56115
塞拉利昂	Sierra Leone	181215

continued 3

国内径流量 (百万立方米) Internal Flow (mio m^3)	地表水与地下水的外部流入量 (百万立方米) Actual External Inflow of Surface and Ground Waters (mio m^3)	可更新淡水资源总量 (百万立方米) Total Renewable Fresh Water Resources (mio m^3)	人均可更新淡水量 (立方米/人) Renewable Freshwater Resources per capita (m^3/person)
422882	49700	472582	4353
34800		34800	13176
29000		29000	918
99000	117110	216110	9655
107400	17900	125300	2528
6160	39300	45460	21344
198200	12000	210200	7296
8480	81200	89680	5426
327000		327000	77305
189740	6950	196690	34706
3500	30150	33650	2288
221000	65200	286200	1893
371824	12191	384015	80564
985		985	354
52400	181370	233770	1321
46	10	56	14
147420	560	147980	43539
801000		801000	121791
94000	242000	336000	53865
1616000	297000	1913000	66339
202819		202819	2245
54800	8300	63100	1656
38593	35000	73593	6893
7100		7100	1791
92		92	72
782	10260	11042	3039
5000		5000	6123
39415	2878	42293	1980
4312700	194550	4507250	31877
5200		5200	535
24		24	462
2180		2180	13610
2400		2400	95
26400	13000	39400	3227
12776	162600	175376	17824
160000		160000	28778

国家和地区	Country or Area	降水量 (百万立方米) Precipitation (mio m^3)
新加坡	Singapore	1770
斯洛伐克	Slovakia	37352
斯洛文尼亚	Slovenia	31746
所罗门群岛	Solomon Islands	87509
索马里	Somalia	180075
南非	South Africa	524600
西班牙	Spain	346527
斯里兰卡	Sri Lanka	112337
苏丹	Sudan	1043670
苏里南	Suriname	380582
斯威士兰	Swaziland	13678
瑞典	Sweden	337538
瑞士	Switzerland	61594
叙利亚	Syrian Arab Republic	46700
塔吉克斯坦	Tajikistan	98900
泰国	Thailand	832435
马其顿	The Former Yugoslav Rep. of Macedonia	19533
多哥	Togo	72336
特立尼达和多巴哥	Trinidad and Tobago	11300
突尼斯	Tunisia	36000
土耳其	Turkey	501000
土库曼斯坦	Turkmenistan	78731
乌干达	Uganda	284500
乌克兰	Ukraine	340970
阿拉伯联合酋长国	United Arab Emirates	6529
英国	United Kingdom	275029
坦桑尼亚	United Rep. of Tanzania	1012191
美国	United States	6440000
乌拉圭	Uruguay	222865
乌兹别克斯坦	Uzbekistan	92299
委内瑞拉	Venezuela	1406154
越南	Viet Nam	604008
也门	Yemen	88329
赞比亚	Zambia	767436
津巴布韦	Zimbabwe	270523

continued 4

国内径流量 (百万立方米) Internal Flow (mio m^3)	地表水与地下水的外部流入量 (百万立方米) Actual External Inflow of Surface and Ground Waters (mio m^3)	可更新淡水资源总量 (百万立方米) Total Renewable Fresh Water Resources (mio m^3)	人均可更新淡水量 (立方米/人) Renewable Freshwater Resources per capita (m^3/person)
890		890	193
13074	67252	80326	14876
18596	13496	32092	15926
44700		44700	87532
6000	7500	13500	1512
	7273	31738	639
111133		111133	2498
50000		50000	2492
30000	119000	149000	3604
88000	34000	122000	236836
2640	1870	4510	3862
172505	13663	186168	20226
40714	12798	53512	7096
7000	39080	46080	2171
66300	33430	99730	14589
210000	199944	409944	6083
3558	1014	4572	2240
15000	3000	18000	2787
3840		3840	2880
4170		4170	410
227400	6900	234300	3170
1360	59500	60860	12067
39000	27000	66000	2085
53100	86450	139550	3034
150		150	33
157875	6405	164280	2683
82000	9000	91000	2142
2460000	18000	2478000	7951
59000	80000	139000	41501
16340	55870	72210	2656
576927	444732	1011399	35966
366500	524710	891210	10233
4100		4100	179
80200	25000	105200	8336
14100	5900	20000	1605

附录4-2 供 水

国家和地区	Country or Area	截止年份 latest year available	淡水供应量（百万立方米）Net Freshwater Delivered by Water Supply Industry (mio m^3)
阿尔及利亚	Algeria	2008	5708
安道尔	Andorra		
安提瓜和巴布达	Antigua and Barbuda	2009	5
亚美尼亚	Armenia	2009	93
澳大利亚	Australia	2004	11337
奥地利	Austria	2002	549
阿塞拜疆	Azerbaijan	2009	428
巴林	Bahrain		
白俄罗斯	Belarus	2009	680
比利时	Belgium	2009	700
伯利兹	Belize	2007	7
贝宁	Benin	2009	28
百慕大	Bermuda	2009	4
玻利维亚	Bolivia	2009	136
波黑	Bosnia and Herzegovina	2008	161
博茨瓦纳	Botswana	2009	65
巴西	Brazil	1989	10171
英属维尔京群岛	British Virgin Islands		
文莱	Brunei Darussalam		
保加利亚	Bulgaria	2009	385
喀麦隆	Cameroon	2009	85
加拿大	Canada	1996	5201
中非共和国	Central African Republic		
智利	Chile	2008	970
中国香港	China, Hong Kong SAR	2008	956
中国澳门	China, Macao SAR	2009	68
哥斯达黎加	Costa Rica		
克罗地亚	Croatia	2008	355
古巴	Cuba		
塞浦路斯	Cyprus	2008	86
捷克	Czech Republic	2008	520
丹麦	Denmark	2009	386

资料来源：联合国统计司/环境规划署环境统计问卷，水部分。
欧盟统计局环境统计数据。
经合组织环境数据摘要，内陆水部分。
联合国经济社会局人口处，世界人口展望：2008修订版，纽约，2009。

Sources:UNSD/UNEP Questionnaires on Environment Statistics, Water section.
Eurostat environment statistics main tables and database.
OECD Environmental Data Compendium, Inland Waters section.
United Nations, Department of Economic and Social Affairs, Population Division, World Population Prospects: The 2008 Revision, New York, 2009.

Water Supply Industry

人均淡水供应量 (立方米/人) Net Freshwater Delivered by Water Supply Industry per capita (m³/person)	截止年份 latest year available	供水受益率 (%) % Population Served with Water by Water Supply Industry (%)	受益人口人均淡水供应量 (立方米/人) Net Freshwater Delivered by Water Supply Industry per capita Connected (m³/person)
166	2008	95	175
	2007	100	
54	2009	84	64
30	2009	97	31
563	2004	95	592
68	2008	95	
48	2009	45	109
	2007	5	
71			
66	2009	100	66
23	2007	60	38
3			
61	2009	10	607
14	2008	75	
43	1990	56	
33	2006	96	
	2008	83	
	2001	48	
	2009	100	
51	2009	99	52
4	2007	44	
176	1999	92	
	2009	30	30
58	2008	100	58
137	2008	100	137
127	1996	100	
	2007	50	
80	2009	80	
	2009	92	
100	2009	100	
50	2007	92	
71	2002	97	

国家和地区	Country or Area	截止年份 latest year available	淡水供应量（百万立方米） Net Freshwater Delivered by Water Supply Industry (mio m^3)
多米尼加	Dominican Republic	2002	9574
埃及	Egypt	2009	7400
爱沙尼亚	Estonia	2009	47
芬兰	Finland	2001	408
法国	France	2001	5685
法国圭亚那	French Guiana	2004	11
冈比亚	Gambia		
格鲁吉亚	Georgia	2007	207
德国	Germany	2007	4544
希腊	Greece	2007	626
瓜德卢普	Guadeloupe	2004	31
危地马拉	Guatemala		
几内亚	Guinea	2009	68
匈牙利	Hungary	2009	482
冰岛	Iceland	2005	67
印度尼西亚	Indonesia	2008	2411
伊拉克	Iraq	2008	7867
爱尔兰	Ireland	2007	609
以色列	Israel	2008	2001
意大利	Italy	2008	5533
牙买加	Jamaica	2008	91
日本	Japan	2001	85968
肯尼亚	Kenya		
韩国	Korea, Republic of	2003	22275
吉尔吉斯斯坦	Kyrgyzstan	2009	4730
拉脱维亚	Latvia	2007	248
黎巴嫩	Lebanon	2008	326
立陶宛	Lithuania	2007	102
莱索托	Luxembourg	2004	33
马达加斯加	Madagascar	2007	101
马来西亚	Malaysia	2009	3121
马尔代夫	Maldives	2005	2
马里	Mali		
马耳他	Malta	2009	29
马绍尔群岛	Marshall Islands		
马提尼克	Martinique	2004	28

continued 1

人均淡水供应量 (立方米/人) Net Freshwater Delivered by Water Supply Industry per capita (m^3/person)	截止年份 latest year available	供水受益率 (%) % Population Served with Water by Water Supply Industry (%)	受益人口人均淡水供应量 (立方米/人) Net Freshwater Delivered by Water Supply Industry per capita Connected (m^3/person)
1051			
89	2009	98	91
35	2009	80	44
79	2001	90	87
96	2001	99	97
55			
	2005	50	
48	2004	80	
55	2007	99	56
56	2007	94	60
69			
	2002	75	
7			
48	2009	95	51
227	2005	95	238
11			
261			
140	2007	85	165
284			
93	1999	100	
34	2005	70	
677	2002	97	
	2007	31	
472	2003	89	531
863			
109			
78	2005	76	
30	2007	76	40
72	2009	100	
5			
114	2009	93	122
6			
	2009	73	
71	2009	100	71
	2006	32	
69			

国家和地区	Country or Area	截止年份 latest year available	淡水供应量 (百万立方米) Net Freshwater Delivered by Water Supply Industry (mio m^3)
毛里求斯	Mauritius	2009	223
墨西哥	Mexico	2004	75430
摩纳哥	Monaco	2009	5
黑山	Montenegro		
摩洛哥	Morocco		
荷兰	Netherlands	2006	1099
新西兰	New Zealand		
挪威	Norway	2002	808
巴勒斯坦	Palestine		
巴拿马	Panama	2009	329
秘鲁	Peru	2002	649
菲律宾	Philippines		
波兰	Poland	2009	1544
葡萄牙	Portugal	2008	671
留尼汪岛	Réunion	2004	83
罗马尼亚	Romania	2009	942
塞尔维亚	Serbia	2009	465
新加坡	Singapore	2009	562
斯洛伐克	Slovakia	2007	322
斯洛文尼亚	Slovenia	2009	118
南非	South Africa		
西班牙	Spain	2008	3827
苏里南	Suriname	2009	33
瑞典	Sweden	2007	737
瑞士	Switzerland	2006	981
泰国	Thailand	2007	2301
马其顿	The Former Yugoslav Rep. of Macedonia	2008	666
特立尼达和多巴哥	Trinidad and Tobago		
突尼斯	Tunisia	2007	1123
土耳其	Turkey	2008	2761
乌克兰	Ukraine	2009	1579
英国	United Kingdom	2007	6109
美国	United States		
委内瑞拉	Venezuela (Bolivarian Republic of)	2009	28268
也门	Yemen	2009	101

continued 2

人均淡水供应量 (立方米/人) Net Freshwater Delivered by Water Supply Industry per capita (m^3/person)	截止年份 latest year available	供水受益率 (%) % Population Served with Water by Water Supply Industry (%)	受益人口人均淡水供应量 (立方米/人) Net Freshwater Delivered by Water Supply Industry per capita Connected (m^3/person)
173	2000	99	
724	2004	90	
150	2009	100	
	2008	65	
	2006	72	
67	2006	100	67
	2001	87	
178	2006	90	
	2009	94	
95	2009	91	105
	2009	74	
	2004	80	
41	2009	87	47
63	2008	94	67
107			
44	2009	55	81
47	2009	80	59
119	2009	100	119
60	2007	87	69
58	2002	91	
	2000	68	
86			
63			
80	2007	85	95
131			
34			
326	2008	95	343
	2002	76	
112	2009	85	
37	2008	99	38
35			
100	2004	99	
	2000	85	
989	2009	95	1041
4	2009	18	24

附录4-3 废 水
Waste Water

国家和地区	Country or Area	截止年份 Latest Year Available	废水收集系统受益人口比重(%) Population Connected to Waste Water Collection System (%)	截止年份 Latest Year Available	废水处理厂受益人口比重(%) Population Connected to Waste Water Treatment Plants (%)
阿尔及利亚	Algeria	2009	86.0	2008	53.0
阿尔巴尼亚	Albania			2009	7.3
安道尔	Andorra	2007	100.0	2007	98.0
阿根廷	Argentina	2001	42.5	2001	42.5
亚美尼亚	Armenia	2009	67.0	2009	34.3
澳大利亚	Australia	2004	87.0		
奥地利	Austria	2008	93.0	2008	93.0
阿塞拜疆	Azerbaijan	2009	31.4	2009	31.4
巴林	Bahrain	2007	88.0	2007	88.0
白俄罗斯	Belarus	2007	94.9	2007	94.9
比利时	Belgium	2007	89.0	2007	69.0
伯利兹	Belize	2000	15.1	2000	15.1
百慕大	Bermuda	2009	5.0	2009	5.0
玻利维亚	Bolivia	2008	43.9		
波黑	Bosnia and Herzegovina	1990	38.0		
巴西	Brazil	2008	50.2	2006	26.0
英属维尔京群岛	British Virgin Islands	2001	24.5	2001	24.5
保加利亚	Bulgaria	2009	70.0	2009	45.0
加拿大	Canada	1999	74.3	1999	71.7
智利	Chile	2009	95.6	2009	83.3
中国	China	2004	45.7	2004	32.5
中国香港	China, Hong Kong SAR	2009	93.2	2009	93.2
中国澳门	China, Macao SAR	1996	99.9		
哥斯达黎加	Costa Rica	2000	24.8	2000	2.4
克罗地亚	Croatia	2008	44.2	2008	27.3
古巴	Cuba	2009	35.9	2009	24.0
塞浦路斯	Cyprus	2005	30.0	2005	30.0
捷克	Czech Republic	2008	81.0	2008	76.0
丹麦	Denmark	2002	87.9	2002	87.9
多米尼加	Dominica	2005	23.0	2005	13.0
多米尼加共和国	Dominican Republic	2000	31.4	2005	12.0
爱沙尼亚	Estonia	2009	81.0	2009	80.0
芬兰	Finland	2002	81.0	2002	81.0
法国	France	2004	82.0	2004	80.0
法属圭亚那	French Guiana	2004	46.9	2004	44.0
德国	Germany	2007	96.0	2007	95.0
希腊	Greece	2009	87.0	2009	87.0
瓜德卢普	Guadeloupe	2004	39.3	2004	38.9
危地马拉	Guatemala	2006	65.2		
几内亚	Guinea	2009	11.0	2009	11.0
圭亚那	Guyana	2009	7.2	2009	
匈牙利	Hungary	2006	65.0	2006	57.0
冰岛	Iceland	2005	90.0	2005	57.0

资料来源：联合国统计司/环境规划署环境统计问卷，水部分。
欧盟统计局环境统计数据。
经合组织环境数据摘要，内陆水部分。

Sources:UNSD/UNEP Questionnaires on Environment Statistics, Water section.
Eurostat environment statistics main tables and database.
OECD Environmental Data Compendium, Inland Waters section.

附录4-3 续表 continued

国家和地区	Country or Area	截止年份 Latest Year Available	废水收集系统受益人口比重(%) Population Connected to Waste Water Collection System (%)	截止年份 Latest Year Available	废水处理厂受益人口比重(%) Population Connected to Waste Water Treatment Plants (%)
伊拉克	Iraq	2008	26.0	2005	25.7
爱尔兰	Ireland	2005	95.0	2005	84.0
以色列	Israel	2007	93.8	2007	91.0
意大利	Italy	2005	94.0	1999	69.0
日本	Japan	2003	67.0	2003	67.0
约旦	Jordan	2006	61.0	2006	61.0
肯尼亚	Kenya	2007	4.9	2007	4.9
韩国	Korea, Republic of	2003	78.8	2003	78.8
吉尔吉斯斯坦	Kyrgyzstan	1999	23.1		
拉脱维亚	Latvia	2007	71.0	2007	65.0
黎巴嫩	Lebanon	2004	67.4		
立陶宛	Lithuania	2009	62.0	2009	71.0
卢森堡	Luxembourg	2003	95.0	2003	95.0
马达加斯加	Madagascar			2005	
马尔代夫	Maldives	2005	100.0		
马耳他	Malta	2009	98.0	2009	48.0
马绍尔群岛	Marshall Islands	2007	43.3	2007	
马提尼克	Martinique	2004	48.2	2004	48.2
毛里求斯	Mauritius	2007	25.0	2007	25.0
墨西哥	Mexico	2005	67.6	2005	35.0
摩纳哥	Monaco	2009	100.0	2009	100.0
黑山	Montenegro	2009	35.0		
摩洛哥	Morocco	2005	87.2	2000	80.0
荷兰	Netherlands	2009	99.0	2009	99.0
新西兰	New Zealand	1999	80.0	1999	80.0
挪威	Norway	2007	83.0	2009	79.0
巴勒斯坦	Occupied Palestinian Territory	2009	52.1		
巴拿马	Panama	2009	57.0	2007	55.0
巴拉圭	Paraguay	2009	16.0		
秘鲁	Peru	2009	81.0		
波兰	Poland	2009	62.0	2009	64.0
葡萄牙	Portugal	2008	78.0	2008	70.0
摩尔多瓦	Republic of Moldova	2004	60.0	2004	60.0
留尼汪	Réunion	2004	39.4	2004	35.9
罗马尼亚	Romania	2009	43.0	2009	29.0
塞内加尔	Senegal	2002	23.0		
塞尔维亚	Serbia	2009	52.0	2009	19.0
新加坡	Singapore	2009	100.0	2009	100.0
斯洛伐克	Slovakia	2007	58.0	2007	57.0
斯洛文尼亚	Slovenia	2009	63.0	2009	52.0
南非	South Africa	2007	60.0	2007	57.0
西班牙	Spain	2007	100.0	2008	92.0
瑞典	Sweden	2006	86.0	2006	86.0
瑞士	Switzerland	2005	97.0	2005	97.0
马其顿	The Former Yugoslav Rep. of Macedonia	2000	49.0	2008	7.0
特立尼达和多巴哥	Trinidad and Tobago	2007	25.2	2007	25.2
突尼斯	Tunisia	2008	55.9	2008	52.5
土耳其	Turkey	2008	73.0	2008	46.0
乌干达	Uganda	2009	6.0		
阿拉伯联合酋长国	United Arab Emirates	2007	78.3	2007	78.3
英国	United Kingdom	2002	97.7	2002	97.5
美国	United States	1996	71.4		
委内瑞拉	Venezuela (Bolivarian Republic of)	2009	86.0	2009	23.8
也门	Yemen	2009	34.7	1999	3.3

附录4-4　NO_x排放量
NO_x Emissions

国家和地区	Country or Area	截止年份 Latest Year Available	NO_x排放量(千吨) NO_x Emissions (1000 tonnes)	比1990年增减(%) % Change since 1990 (%)	人均NO_x排放量(千克) NO_x Emissions per Capita (kg)
阿尔巴尼亚	Albania	1994	18.01		5.68
阿尔及利亚	Algeria	1994	247.00		8.91
安道尔	Andorra	1997	0.71		10.77
阿根廷	Argentina	2000	675.79	31.13	18.29
亚美尼亚	Armenia	1990	73.12		20.63
澳大利亚	Australia	2007	2650.92	48.11	127.12
奥地利	Austria	2007	205.61	5.60	24.75
阿塞拜疆	Azerbaijan	2002	49.10		5.96
巴林	Bahrain	1994	57.46		102.32
巴巴多斯	Barbados	1997	0.05	-97.90	0.20
白俄罗斯	Belarus	2007	185.46	-44.79	19.07
比利时	Belgium	2007	234.83	-40.75	22.30
伯利兹	Belize	1994	5.60		26.16
贝宁	Benin	1995	54.26		9.48
不丹	Bhutan	1994	0.72		1.40
玻利维亚	Bolivia	2004	64.92	31.07	7.21
巴西	Brazil	1994	2301.30	10.81	14.45
保加利亚	Bulgaria	2007	152.98	-36.85	20.02
布基纳法索	Burkina Faso	1994	9.37		0.95
布隆迪	Burundi	1998	12.44		1.97
柬埔寨	Cambodia	1994	37.97		3.43
喀麦隆	Cameroon	1994	252.22		18.42
加拿大	Canada	2002	43.46	182.54	1.39
佛得角	Cape Verde	1995	0.80		2.01
中非共和国	Central African Republic	1994	51.25		15.77
乍得	Chad	1993	78.35		11.70
智利	Chile	1994	196.35		13.85
哥伦比亚	Colombia	1994	276.05	18.38	7.71
科摩罗	Comoros	1994	0.47		0.97
刚果	Congo	2000	17.65		5.81
哥斯达黎加	Costa Rica	2005	26.88	-19.75	6.21
科特迪瓦	Cote d'Ivoire	2000	290.49		16.81
克罗地亚	Croatia	2007	70.41	-20.75	15.90

资料来源：联合国气候变化框架公约成果。
联合国统计司/联合国环境规划署2004年环境统计问卷，大气部分。
联合国经济社会局人口处，世界人口展望：2008修订版，纽约，2009。

Sources:UN Framework Convention on Climate Change (UNFCCC) Secretatiat.
UNSD/UNEP 2004 Questionnaire on Environment Statistics, Air section.
United Nations, Department of Economic and Social Affairs, Population Division, World Population Prospects: The 2008 Revision, New York, 2009.

附录4-4 续表 1 continued

国家和地区	Country or Area	截止年份 Latest Year Available	NO_x排放量(千吨) NO_x Emissions (1000 tonnes)	比1990年增减(%) % Change since 1990 (%)	人均NO_x排放量(千克) NO_x Emissions per Capita (kg)
古巴	Cuba	1996	101.54	-28.35	9.27
捷克	Czech Republic	2007	262.81	-64.60	25.59
刚果民主共和国	Dem. Rep. of the Congo	2003	784.69		14.12
丹麦	Denmark	2007	156.08	-43.77	28.66
吉布提	Djibouti	1994	2.29		3.74
多米尼加	Dominica	1994	0.43		6.31
多米尼加共和国	Dominican Republic	2000	93.12	68.37	10.55
厄瓜多尔	Ecuador	1990	103.69		10.09
萨尔瓦多	El Salvador	1994	34.02		6.01
厄立特里亚	Eritrea	1994	0.30		0.09
爱沙尼亚	Estonia	2007	33.17	-58.52	24.70
埃塞俄比亚	Ethiopia	1995	166.00	3.75	2.91
斐济	Fiji	1994	4.80		6.33
芬兰	Finland	2007	168.49	-42.94	31.89
法国	France	2007	1307.46	-31.97	21.19
加蓬	Gabon	1994	3839.04		3646.61
冈比亚	Gambia	1993	2.78		2.77
格鲁吉亚	Georgia	2006	27.67	-78.63	6.27
德国	Germany	2007	1380.27	-52.03	16.76
希腊	Greece	2007	357.21	20.76	32.15
危地马拉	Guatemala	1990	43.79		4.91
几内亚	Guinea	1994	70.42		9.74
几内亚比绍	Guinea-Bissau	1994	4.88		4.29
圭亚那	Guyana	1998	19.00	280.00	25.09
海地	Haiti	1994	7.74		1.00
洪都拉斯	Honduras	1995	64.07		11.47
匈牙利	Hungary	2007	168.76	34.42	16.82
冰岛	Iceland	2007	22.46	-17.49	72.89
印度尼西亚	Indonesia	1994	928.33		4.92
伊朗	Iran (Islamic Republic of)	1994	1203.09		19.65
爱尔兰	Ireland	2007	108.38	-12.00	24.89
以色列	Israel	2005	204.81		30.61
意大利	Italy	2007	1067.49	-47.70	18.00
牙买加	Jamaica	1994	30.90		12.64
日本	Japan	2007	1874.29	-8.04	14.71
约旦	Jordan	2000	75.56		15.57
哈萨克斯坦	Kazakhstan	2008	351.44	23.13	22.64
肯尼亚	Kenya	1994	49.98		1.87
基里巴斯	Kiribati	1994	0.00		0.00

附录4-4 续表 2 continued

国家和地区	Country or Area	截止年份 Latest Year Available	NO_x 排放量 (千吨) NO_x Emissions (1000 tonnes)	比1990年增减 (%) % Change since 1990 (%)	人均NO_x排放量 (千克) NO_x Emissions per Capita (kg)
朝鲜	Korea, Dem. People's Rep.	1990	431.98		21.45
韩国	Korea, Republic of	1990	850.60		19.79
吉尔吉斯斯坦	Kyrgyzstan	2005	64.92	-44.53	12.43
老挝	Lao People's Dem. Rep.	1990	11.48		2.73
拉脱维亚	Latvia	2007	37.90	-47.90	16.71
黎巴嫩	Lebanon	1994	54.17		15.97
莱索托	Lesotho	1998	5.05		2.77
立陶宛	Lithuania	2007	67.48	-50.46	20.11
卢森堡	Luxembourg	2006	0.42	162.50	0.89
马达加斯加	Madagascar	1994	30.59		2.40
马拉维	Malawi	1994	26.31	-8.99	2.64
马里	Mali	1995	22.93		2.40
马耳他	Malta	2008	8.43	11.11	20.70
毛里塔尼亚	Mauritania	2000	10.31		3.96
毛里求斯	Mauritius	2002	14.50		11.89
墨西哥	Mexico	2002	1444.41	16.30	14.15
密克罗尼西亚联邦	Federated States of Micronesia	1994	2.25		21.30
摩纳哥	Monaco	2007	0.34	-25.28	10.36
蒙古	Mongolia	1998	2.98	29.57	1.28
摩洛哥	Morocco	1994	152.00		5.73
莫桑比克	Mozambique	1994	93.81	22.08	6.09
纳米比亚	Namibia	1994	0.08		0.05
荷兰	Netherlands	2007	279.09	-48.74	16.96
新西兰	New Zealand	2007	162.07	58.92	38.65
尼加拉瓜	Nicaragua	1994	37.15		8.15
尼日尔	Niger	2000	24.00		2.18
尼日利亚	Nigeria	1994	474.94		4.41
纽埃岛	Niue	1994	26.30		12215.75
挪威	Norway	2007	175.30	-14.03	37.14
巴基斯坦	Pakistan	1994	410.26		3.22
帕劳	Palau	1994	0.18		10.89
巴拿马	Panama	2002	39.42		12.87
巴拉圭	Paraguay	1994	6919.57	6184.81	1474.86
秘鲁	Peru	1994	181.66		7.72
菲律宾	Philippines	1994	345.23		5.04
波兰	Poland	2007	828.25	-35.29	21.72
葡萄牙	Portugal	2007	268.38	2.43	25.22
摩尔多瓦	Republic of Moldova	2005	31.58	-77.07	8.40
罗马尼亚	Romania	2007	361.22	-21.35	16.84
俄罗斯联邦	Russian Federation	2007	5068.95	-44.99	35.71

附录4-4 续表 3 continued

国家和地区	Country or Area	截止年份 Latest Year Available	NO_x 排放量（千吨） NO_x Emissions (1000 tonnes)	比1990年增减（%） % Change since 1990 (%)	人均NO_x排放量（千克） NO_x Emissions per Capita (kg)
卢旺达	Rwanda	2002	0.55		0.06
圣卢西亚	Saint Lucia	1994	1.41		9.72
萨摩亚	Samoa	1994	0.97		5.82
圣马力诺	San Marino	2007	1.54		49.78
圣多美和普林西	Sao Tome and Principe	1998	1.02		7.57
塞内加尔	Senegal	1995	8.84		1.02
塞舌尔	Seychelles	1995	0.59		7.79
斯洛伐克	Slovakia	2007	95.04	-57.18	17.62
斯洛文尼亚	Slovenia	2007	53.19	67.16	26.46
西班牙	Spain	2007	1253.94	-7.41	28.47
斯里兰卡	Sri Lanka	1995	62.00		3.40
圣文森特和格林纳丁斯	St. Vincent and the Grenadines	1997	27.87	-3.20	258.18
苏丹	Sudan	1995	96.00		3.11
苏里南	Suriname	2003	10.00		20.52
斯威士兰	Swaziland	1994	19.93		21.01
瑞典	Sweden	2007	155.71	-48.74	17.00
瑞士	Switzerland	2007	81.16	-48.94	10.80
塔吉克斯坦	Tajikistan	2003	12.00	-83.78	1.88
泰国	Thailand	1994	286.65		4.81
马其顿	The Former Yugoslav Rep. of Macedonia	2002	32.08	-22.86	15.85
多哥	Togo	1998	19.80		4.03
汤加	Tonga	1994	0.49		5.05
特立尼达和多巴哥	Trinidad and Tobago	1990	36.90		30.52
突尼斯	Tunisia	1994	72.62		8.24
土耳其	Turkey	2007	1288.71	100.20	17.65
土库曼斯坦	Turkmenistan	1994	83.81		20.46
图瓦卢	Tuvalu	1994	0.00		0.00
乌干达	Uganda	1994	1200.64		59.16
乌克兰	Ukraine	2007	939.30	-56.93	20.29
阿拉伯联合酋长国	United Arab Emirates	2000	248.00		76.59
英国	United Kingdom	2007	1406.24	-48.98	23.09
坦桑尼亚	United Rep. of Tanzania	1994	979.07	524.88	33.67
美国	United States	2007	13940.79	-36.13	45.16
乌拉圭	Uruguay	2000	45.20	48.77	13.61
乌兹别克斯坦	Uzbekistan	2005	257.52	-37.48	9.78
瓦努阿图	Vanuatu	1994	0.08		0.50
委内瑞拉	Venezuela	1999	395.79		16.53
越南	Viet Nam	1994	223.99		3.13
也门	Yemen	1995	89.06		5.74
赞比亚	Zambia	1994	1197.85		135.28
津巴布韦	Zimbabwe	1994	77.40		6.73

附录4-5　SO_2排放量

SO_2 Emissions

国家和地区	Country or Area	截止年份 Latest Year Available	SO_2排放量(千吨) SO_2 Emissions (1000 tonnes)	比1990年增减(%) % Change since 1990 (%)	人均SO_2排放量(千克) SO_2 Emissions per Capita (kg)
阿尔及利亚	Algeria	1994	39.69		1.43
安道尔	Andorra	1997	0.69		10.51
安提瓜和巴布达	Antigua and Barbuda	1990	2.83		45.70
阿根廷	Argentina	2000	87.62	10.63	2.37
澳大利亚	Australia	2008	2641.50	67.44	125.34
奥地利	Austria	2008	22.35	-69.93	2.68
阿塞拜疆	Azerbaijan	1994	48.00	-18.64	6.25
巴林	Bahrain	1994	1177.63		2097.08
巴巴多斯	Barbados	1997	0.05		0.20
白俄罗斯	Belarus	2008	141.26	-86.96	14.59
比利时	Belgium	2008	97.81	-72.84	9.24
伯利兹	Belize	1994	0.53		2.48
贝宁	Benin	1995	0.17		0.03
不丹	Bhutan	1994	0.05		0.10
玻利维亚	Bolivia	2000	12.11	8.51	1.46
保加利亚	Bulgaria	2008	825.90	-45.59	108.78
柬埔寨	Cambodia	1994	25.69		2.32
喀麦隆	Cameroon	1994	2.53		0.18
智利	Chile	1994	1968.10		138.83
哥伦比亚	Colombia	1994	170.27	20.09	4.76
科摩罗	Comoros	1994	0.36		0.74
科特迪瓦	Cote d'Ivoire	2000	4079.55		236.06
哥斯达黎加	Costa Rica	2005	4.85		1.12
克罗地亚	Croatia	2008	54.74	-67.87	12.38
古巴	Cuba	1996	432.38	-0.10	39.47
捷克	Czech Republic	2008	174.34	-90.70	16.89
刚果民主共和国	Dem. Rep. of the Congo	2000	0.02		0.00
丹麦	Denmark	2008	19.79	-88.93	3.63
多米尼加	Dominica	1994	0.15		2.24
多米尼加共和国	Dominican Republic	2000	110.15	42.94	12.47
爱沙尼亚	Estonia	2008	64.44	-61.43	48.04
埃塞俄比亚	Ethiopia	1995	13.20	18.92	0.23

资料来源：联合国气候变化框架公约成果。

联合国统计司/联合国环境规划署2004年环境统计问卷，大气部分。

联合国经济社会局人口处，世界人口展望：2008修订版，纽约，2009。

Sources:UN Framework Convention on Climate Change (UNFCCC) Secretatiat.

UNSD/UNEP 2004 Questionnaire on Environment Statistics, Air section.

United Nations, Department of Economic and Social Affairs, Population Division, World Population Prospects: The 2008 Revision, New York, 2009.

附录4-5 续表 1 continued 1

国家和地区	Country or Area	截止年份 Latest Year Available	SO_2 排放量 (千吨) SO_2 Emissions (1000 tonnes)	比1990年增减 (%) % Change since 1990 (%)	人均SO_2 排放量 (千克) SO_2 Emissions per Capita (kg)
斐济	Fiji	1 994	0.03		0.039536995
芬兰	Finland	2008	68.69	-72.38	12.95
法国	France	2008	400.07	-71.00	6.45
加蓬	Gabon	1994	1.00		0.95
格鲁吉亚	Georgia	2006	0.50	-99.80	0.11
德国	Germany	2008	495.74	-90.68	6.03
希腊	Greece	2008	447.60	-5.09	40.19
危地马拉	Guatemala	1990	74.50		8.36
几内亚	Guinea	1994	0.44		0.06
海地	Haiti	1994	9.45		1.23
洪都拉斯	Honduras	1995	0.30		0.05
匈牙利	Hungary	2008	106.73	-75.40	10.66
冰岛	Iceland	2008	73.85	261.83	234.10
伊朗	Iran (Islamic Republic of)	1994	29.13		0.48
爱尔兰	Ireland	2008	44.54	-75.57	10.04
以色列	Israel	2005	227.21		33.95
意大利	Italy	2008	293.75	-83.64	4.93
牙买加	Jamaica	1994	99.70		40.79
日本	Japan	2008	783.03	-22.64	6.15
约旦	Jordan	2000	186.41		38.41
吉尔吉斯斯坦	Kazakhstan	2008	483.31	-8.29	31.14
韩国	Korea, Dem. People's Rep.	1990	4170.00		207.02
吉尔吉斯斯坦	Kyrgyzstan	2005	26.90	-72.70	5.15
拉脱维亚	Latvia	2008	2.81	-97.25	1.24
黎巴嫩	Lebanon	1994	82.99		24.46
莱索托	Lesotho	1998			
立陶宛	Lithuania	2007	33.63	-84.29	10.02
卢森堡	Luxembourg	2006	0.04	-75.00	0.09
马达加斯加	Madagascar	1994	34.65		2.72
马里	Mali	1995	0.00		0.00
马耳他	Malta	2008	10.75	-30.87	26.38
毛利塔尼亚	Mauritania	2000	0.09		0.03
毛里求斯	Mauritius	2002	30.60		25.10
墨西哥	Mexico	2002	2612.91	-3.13	25.61
密克罗尼西亚联邦	Federated States of Micronesia	1994	0.53		4.97
摩纳哥	Monaco	2008	0.03	-59.52	0.92
摩洛哥	Morocco	1994	295.00		11.11
荷兰	Netherlands	2008	50.30	-73.21	3.04
新西兰	New Zealand	2008	79.85	41.70	18.88
尼加拉瓜	Nicaragua	1994	4.59		1.01

附录4-5 续表 2 continued 2

国家和地区	Country or Area	截止年份 Latest Year Available	SO_2 排放量 (千吨) SO_2 Emissions (1000 tonnes)	比1990年增减 (%) % Change since 1990 (%)	人均SO_2排放量 (千克) SO_2 Emissions per Capita (kg)
尼日尔	Niger	2000	2140		194.00
纽埃岛	Niue	1994	2211.18		1027022.76
挪威	Norway	2008	20.25	-61.21	4.25
巴基斯坦	Pakistan	1994	775.46		6.09
巴拿马	Panama	1994	1.85		0.71
巴拉圭	Paraguay	1994	0.28	-6.61	0.06
秘鲁	Peru	1994	123.26		5.24
菲律宾	Philippines	1994	458.53		6.70
波兰	Poland	2008	1018.37	-68.28	26.73
葡萄牙	Portugal	2008	113.40	-64.59	10.62
摩尔多瓦	Republic of Moldova	2005	11.77	-96.01	3.13
罗马尼亚	Romania	2008	539.90	-28.65	25.27
俄罗斯联邦	Russian Federation	2008	625.46	-22.97	4.42
圣卢西亚	Saint Lucia	1994	0.61		4.18
斯洛伐克	Slovakia	2008	69.41	-86.81	12.85
斯洛文尼亚	Slovenia	2008	13.60	-94.61	6.75
西班牙	Spain	2008	531.65	-75.58	11.95
斯里兰卡	Sri Lanka	1995	43.00		2.36
圣文森特和格林纳丁斯	St. Vincent and the Grenadines	1997	0.32	26.77	2.98
苏丹	Sudan	1995	1.00		0.03
斯威士兰	Swaziland	1994	1.97		2.08
瑞典	Sweden	2008	30.61	-70.89	3.33
瑞士	Switzerland	2008	13.86	-66.15	1.84
塔吉克斯坦	Tajikistan	2003	9.00	-73.53	1.41
马其顿	The Former Yugoslav Rep. of Macedonia	2002	2.65	-11.07	1.31
多哥	Togo	1995	0.13		0.03
特立尼达和多巴哥	Trinidad and Tobago	1996	8.60	-1.67	6.76
突尼斯	Tunisia	1994	77.86		8.84
土耳其	Turkey	2008	1071.58	28.30	14.50
土库曼斯坦	Turkmenistan	1994	22.89		5.59
乌克兰	Ukraine	2008	1531.09	-71.11	33.29
阿拉伯联合酋长国	United Arab Emirates	2000	8090.00		2498.41
英国	United Kingdom	2008	516.32	-86.16	8.43
坦桑尼亚	United Rep. of Tanzania	1994	175.74	8.40	6.04
美国	United States	2008	10368.09	-50.48	33.27
乌拉圭	Uruguay	2000	48.19	13.91	14.51
乌兹别克斯坦	Uzbekistan	2005	170.85	-74.93	6.49
越南	Viet Nam	1994	1911.10		26.66
也门	Yemen	1995	7.69		0.50
赞比亚	Zambia	1994	6.42		0.72

附录4-6 CO_2排放量(2007年)
CO_2 Emissions (2007)

国家和地区	Country or Area	CO_2 排放量 (百万吨) CO_2 Emissions (mio. tonnes)	比1990年增减 (%) % Change since 1990 (%)	人均CO_2排放量 (吨/人) CO_2 Emissions per Capita (tonne / person)	每平方公里CO_2排放量 (吨/平方公里) CO_2 Emissions per km^2 (tonne / km^2)
阿富汗	Afghanistan	0.71	-73.29	0.03	1.10
阿尔巴尼亚	Albania	4.24	-43.34	1.35	147.59
阿尔及利亚	Algeria	140.12	77.60	4.14	58.83
安道尔	Andorra	0.54		6.48	1151.71
安哥拉	Angola	24.76	458.98	1.41	19.86
安圭拉	Anguilla	0.05		3.52	560.44
安提瓜和巴布达	Antigua and Barbuda	0.44	44.85	5.09	986.43
阿根廷	Argentina	183.73	63.15	4.65	66.08
亚美尼亚	Armenia	5.06		1.65	170.02
阿鲁巴	Aruba	2.40	30.26	23.02	13322.22
澳大利亚	Australia	396.28	42.64	19.00	51.52
奥地利	Austria	74.18	19.48	8.93	884.41
阿塞拜疆	Azerbaijan	31.77		3.68	366.92
巴哈马	Bahamas	2.15	10.15	6.44	154.13
巴林	Bahrain	22.46	89.01	29.58	29952.00
孟加拉国	Bangladesh	43.75	181.72	0.28	303.83
巴巴多斯	Barbados	1.35	25.33	5.29	3130.23
白俄罗斯	Belarus	56.58	-44.57	5.82	272.56
比利时	Belgium	114.54	-3.44	10.88	3752.12
伯利兹	Belize	0.43	36.22	1.44	18.51
贝宁	Benin	3.88	442.10	0.46	34.42
百慕大	Bermuda	0.51	-14.21	7.95	9500.00
不丹	Bhutan	0.58	352.34	0.86	15.08
玻利维亚	Bolivia	13.19	139.64	1.38	12.01
波黑	Bosnia and Herzegovina	29.02		7.68	566.77
博茨瓦纳	Botswana	5.00	130.22	2.64	8.59
巴西	Brazil	368.32	76.32	1.94	43.26
英属维尔京群岛	British Virgin Islands	0.10	106.25	4.39	655.63
文莱	Brunei Darussalam	7.61	18.44	19.80	1319.17
保加利亚	Bulgaria	58.89	-31.74	7.71	531.12
布基纳法索	Burkina Faso	1.69	188.59	0.12	6.18

资料来源：联合国统计司千年发展目标数据库。
联合国经济社会局人口处，世界人口展望：2008年修订版，纽约，2009。
联合国统计司人口统计年鉴。

Sources:UNSD Millennium Development Goals Indicators database.
United Nations,Department of Economic and Social Affairs,Population Division,Word Population Prospests:The 2008 Revision,New York,2009.
UNSD Demographic Yearbook.

附录4-6 续表 1 continued 1

国家和地区	Country or Area	CO_2 排放量 (百万吨) CO_2 Emissions (mio. tonnes)	比1990年增减 (%) % Change since 1990 (%)	人均CO_2排放量 (吨/人) CO_2 Emissions per Capita (tonne / person)	每平方公里CO_2排放量 (吨/平方公里) CO_2 Emissions per km^2 (tonne / km^2)
布隆迪	Burundi	0.18	-40.79	0.02	6.47
柬埔寨	Cambodia	4.44	884.70	0.31	24.53
喀麦隆	Cameroon	6.17	254.89	0.33	12.97
加拿大	Canada	590.20	29.48	17.91	59.11
佛得角	Cape Verde	0.31	250.00	0.63	76.37
开曼群岛	Cayman Islands	0.54	113.04	9.80	2041.67
中非共和国	Central African Republic	0.25	27.78	0.06	0.41
乍得	Chad	0.38	161.90	0.04	0.30
智利	Chile	71.71	105.44	4.31	94.84
中国	China	6538.37	165.71	4.92	681.30
中国香港	China, Hong Kong SAR	39.96	44.48	5.75	36198.37
中国澳门	China, Macao SAR	1.55	50.97	3.03	53620.69
哥伦比亚	Colombia	63.44	10.64	1.43	55.56
科摩罗	Comoros	0.12	57.14	0.19	54.14
刚果	Congo	1.59	33.67	0.45	4.64
库克群岛	Cook Islands	0.07	200.00	3.38	279.66
哥斯达黎加	Costa Rica	8.12	174.66	1.82	158.88
科特迪瓦	Cote d'Ivoire	6.38	10.11	0.32	19.80
克罗地亚	Croatia	24.86	7.62	5.61	439.35
古巴	Cuba	27.06	-18.85	2.41	246.21
塞浦路斯	Cyprus	8.20	76.21	9.60	886.28
捷克	Czech Republic	130.00	-20.89	12.66	1648.34
刚果民主共和国	Dem. Rep. of the Congo	2.44	-40.05	0.04	1.04
丹麦	Denmark	54.59	0.91	9.83	1266.86
吉布提	Djibouti	0.49	22.00	0.58	21.03
多米尼加	Dominica	0.12	105.08	1.80	161.12
多米尼加共和国	Dominican Republic	20.76	116.89	2.12	426.52
厄瓜多尔	Ecuador	29.99	78.13	2.25	116.98
埃及	Egypt	184.66	143.15	2.31	184.29
萨尔瓦多	El Salvador	6.70	155.92	1.10	318.43
赤道几内亚	Equatorial Guinea	4.80	3866.94	7.47	171.12
厄立特里亚	Eritrea	0.58		0.12	4.92
爱沙尼亚	Estonia	19.09	-48.79	14.22	422.16
埃塞俄比亚	Ethiopia	6.51	115.56	0.08	5.90
法罗群岛	Faeroe Islands	0.70	11.88	14.12	500.36
福克兰群岛(马尔维纳斯群岛)	Falkland Islands (Malvinas)	0.06	59.46	19.68	4.85
斐济	Fiji	1.46	78.36	1.74	79.85

附录4-6 续表 2 continued 2

国家和地区	Country or Area	CO_2 排放量 (百万吨) CO_2 Emissions (mio. tonnes)	比1990年增减 (%) % Change since 1990 (%)	人均CO_2排放量 (吨/人) CO_2 Emissions per Capita (tonne / person)	每平方公里CO_2排放量 (吨/平方公里) CO_2 Emissions per km^2 (tonne / km^2)
芬兰	Finland	66.10	16.76	12.51	195.33
法国	France	401.01	0.75	6.50	727.12
法属圭亚那	French Guiana	0.89	9.95	4.17	9.94
法属波利尼西亚	French Polynesia	0.81	27.89	3.08	201.75
加蓬	Gabon	2.04	-66.57	1.43	7.60
冈比亚	Gambia	0.40	107.33	0.25	35.06
格鲁吉亚	Georgia	6.03		1.38	86.54
德国	Germany	841.15	-18.77	10.22	2355.42
加纳	Ghana	9.81	149.53	0.43	41.12
直布罗陀	Gibraltar	0.41	328.42	13.13	67833.33
希腊	Greece	113.57	36.58	10.22	860.63
格陵兰	Greenland	0.52	-6.46	9.09	0.24
格林纳达	Grenada	0.24	100.00	2.35	703.49
瓜德鲁普	Guadeloupe	2.16	67.23	4.69	1269.21
危地马拉	Guatemala	12.93	154.23	0.97	118.74
几内亚	Guinea	1.39	31.63	0.14	5.65
几内亚比绍	Guinea-Bissau	0.29	13.04	0.19	7.92
圭亚那	Guyana	1.51	32.19	1.97	7.01
海地	Haiti	2.40	141.25	0.25	86.41
洪都拉斯	Honduras	8.83	240.69	1.23	78.53
匈牙利	Hungary	57.75	-20.31	5.76	620.80
冰岛	Iceland	3.29	52.26	10.67	31.93
印度	India	1610.00	133.14	1.38	489.77
印度尼西亚	Indonesia	397.00	164.67	1.77	213.40
伊朗	Iran (Islamic Republic of)	495.99	118.50	6.85	304.52
伊拉克	Iraq	100.00	90.28	3.40	228.15
爱尔兰	Ireland	47.50	46.60	10.91	675.92
以色列	Israel	66.74	99.01	9.63	3023.70
意大利	Italy	475.30	9.34	8.01	1577.32
牙买加	Jamaica	13.96	75.32	5.18	1270.55
日本	Japan	1303.78	14.05	10.23	3449.80
约旦	Jordan	21.45	106.21	3.61	240.11
哈萨克斯坦	Kazakhstan	227.39		14.76	83.45
肯尼亚	Kenya	11.24	92.96	0.30	19.36
基里巴斯	Kiribati	0.03	50.00	0.35	45.45
朝鲜	Korea, Dem. People's Rep.	70.71	-71.12	2.98	586.63
韩国	Korea, Republic of	503.32	108.23	10.49	5049.47

附录4-6　续表 3　continued 3

国家和地区	Country or Area	CO_2 排放量 (百万吨) CO_2 Emissions (mio. tonnes)	比1990年增减 (%) % Change since 1990 (%)	人均CO_2排放量 (吨/人) CO_2 Emissions per Capita (tonne / person)	每平方公里CO_2排放量 (吨/平方公里) CO_2 Emissions per km^2 (tonne / km^2)
科威特	Kuwait	86.14	111.37	30.21	4834.72
吉尔吉斯斯坦	Kyrgyzstan	6.08		1.14	30.41
老挝	Lao People's Dem. Rep.	1.54	553.62	0.25	6.49
拉脱维亚	Latvia	8.61	-55.22	3.79	133.34
黎巴嫩	Lebanon	13.35	46.79	3.21	1277.75
利比里亚	Liberia	0.68	39.46	0.19	6.06
利比亚	Libyan Arab Jamahiriya	57.33	42.20	9.29	32.58
列支敦士登	Liechtenstein	0.21	4.05	5.98	1320.50
立陶宛	Lithuania	15.92	-55.92	4.74	243.73
卢森堡	Luxembourg	11.84	-2.41	24.93	4580.06
马达加斯加	Madagascar	2.25	128.40	0.12	3.84
马拉维	Malawi	1.06	72.55	0.07	8.91
马来西亚	Malaysia	194.48	243.64	7.32	587.89
马尔代夫	Maldives	0.90	483.12	2.99	2993.33
马里	Mali	0.58	37.20	0.05	0.47
马耳他	Malta	2.73	25.34	6.71	8639.24
马提尼克	Marshall Islands	0.10	106.25	1.67	546.96
毛里塔尼亚	Martinique	1.95	-5.94	4.85	1766.79
毛里求斯	Mauritania	1.95	-26.82	0.62	1.90
墨西哥	Mauritius	3.89	165.89	3.06	1906.86
摩纳哥	Mexico	471.46	31.87	4.39	240.00
密克罗尼西亚联邦	Federated States of Micronesia	0.06		0.56	88.32
蒙古	Monaco	0.09	-12.63	2.82	46030.01
黑山	Mongolia	10.58	5.37	4.05	6.77
蒙特塞拉特	Montserrat	0.08	133.33	13.11	754.90
摩洛哥	Morocco	46.40	97.09	1.49	103.91
莫桑比克	Mozambique	2.60	160.00	0.12	3.24
缅甸	Myanmar	13.19	208.47	0.27	19.50
纳米比亚	Namibia	3.04	43271.43	1.45	3.68
瑙鲁	Nauru	0.14	8.33	14.09	6809.52
尼泊尔	Nepal	3.42	440.22	0.12	23.27
荷兰	Netherlands	172.66	8.38	10.49	4622.14
荷属安的列斯	Netherlands Antilles	6.24	0.35	32.47	7797.50
新喀里多尼亚	New Caledonia	2.85	75.43	11.75	153.38
新西兰	New Zealand	35.23	39.05	8.40	130.26
尼加拉瓜	Nicaragua	4.59	73.64	0.82	35.21
尼日尔	Niger	0.91	-4.62	0.06	0.72

附录4-6 续表 4 continued 4

国家和地区	Country or Area	CO_2 排放量 (百万吨) CO_2 Emissions (mio. tonnes)	比1990年增减 (%) % Change since 1990 (%)	人均CO_2排放量 (吨/人) CO_2 Emissions per Capita (tonne / person)	每平方公里CO_2排放量 (吨/平方公里) CO_2 Emissions per km^2 (tonne / km^2)
尼日利亚	Nigeria	95.27	109.97	0.64	103.13
纽埃	Niue	0.00		2.57	15.38
挪威	Norway	45.00	29.34	9.53	138.97
巴勒斯坦	Occupied Palestinian Territory	2.33		0.58	386.21
阿曼	Oman	37.32	260.50	13.69	120.58
巴基斯坦	Pakistan	156.39	128.09	0.90	196.45
帕劳	Palau	0.21	-9.36	10.49	464.05
巴勒斯坦	Palestine	2.33		0.58	386.21
巴拿马	Panama	7.25	131.26	2.17	96.00
巴布亚新几内亚	Papua New Guinea	3.37	57.14	0.52	7.27
巴拉圭	Paraguay	4.13	82.63	0.67	10.16
秘鲁	Peru	42.99	103.10	1.51	33.45
菲律宾	Philippines	70.92	59.25	0.80	236.39
波兰	Poland	328.27	-11.04	8.61	1049.86
葡萄牙	Portugal	62.79	44.02	5.90	681.86
卡塔尔	Qatar	63.05	435.49	55.43	5442.26
摩尔多瓦	Republic of Moldova	4.70		1.28	139.01
留尼汪	Réunion	2.80	92.84	3.48	1115.54
罗马尼亚	Romania	110.88	-35.58	5.17	465.13
俄罗斯联邦	Russian Federation	1579.82	-36.78	11.13	92.40
卢旺达	Rwanda	0.71	4.84	0.08	27.15
圣赫勒拿	Saint Helena	0.01	57.14	2.40	35.71
圣基茨和尼维斯	Saint Kitts and Nevis	0.25	277.27	4.94	954.02
圣卢西亚	Saint Lucia	0.38	130.91	2.26	706.86
圣皮埃尔岛和密克隆	Saint Pierre and Miquelon	0.07	-28.26	10.83	272.73
萨摩亚	Samoa	0.16	28.80	0.90	56.87
圣多美和普林西比	Sao Tome and Principe	0.13	93.94	0.81	132.78
沙特阿拉伯	Saudi Arabia	402.45	87.14	16.31	187.21
塞内加尔	Senegal	5.48	72.10	0.46	27.85
塞尔维亚	Serbia and Montenegro	53.59		5.13	524.53
塞舌尔	Seychelles	0.62	446.49	7.47	1369.23
塞拉利昂	Sierra Leone	1.31	237.53	0.24	18.30
新加坡	Singapore	54.19	15.44	12.08	76855.77
斯洛伐克	Slovakia	38.14	-38.44	7.07	777.84
斯洛文尼亚	Slovenia	16.99	15.23	8.45	838.02
所罗门群岛	Solomon Islands	0.20	22.98	0.40	6.85
索马里	Somalia	0.60	3238.89	0.07	0.94

附录4-6 续表 5 continued 5

国家和地区	Country or Area	CO_2 排放量 (百万吨) CO_2 Emissions (mio. tonnes)	比1990年增减 (%) % Change since 1990 (%)	人均CO_2排放量 (吨/人) CO_2 Emissions per Capita (tonne / person)	每平方公里CO_2排放量 (吨/平方公里) CO_2 Emissions per km^2 (tonne / km^2)
南非	South Africa	433.53	29.99	8.82	355.62
西班牙	Spain	366.00	60.21	8.32	723.33
斯里兰卡	Sri Lanka	12.31	226.37	0.62	187.68
圣文森特和格林纳丁	St. Vincent and the Grenadines	0.20	149.38	1.85	519.28
苏丹	Sudan	11.52	107.27	0.28	4.60
苏里南	Suriname	2.44	34.68	4.78	14.89
斯威士兰	Swaziland	1.06	149.41	0.92	61.05
瑞典	Sweden	51.62	-8.31	5.64	116.96
瑞士	Switzerland	43.64	-1.95	5.81	1057.16
叙利亚	Syrian Arab Republic	69.89	86.63	3.41	377.43
塔吉克斯坦	Tajikistan	7.23		1.07	50.51
泰国	Thailand	277.51	189.58	4.14	540.83
马其顿	The Former Yugoslav Rep. of Macedonia	11.28		5.53	438.53
东帝汶	Timor-Leste	0.18		0.17	12.30
多哥	Togo	1.32	70.03	0.21	23.18
汤加	Tonga	0.18	128.57	1.71	235.61
特立尼达和多巴哥	Trinidad and Tobago	37.04	118.38	27.88	7219.69
突尼斯	Tunisia	23.87	79.91	2.37	145.89
土耳其	Turkey	304.47	118.11	4.17	388.58
土库曼斯坦	Turkmenistan	45.81		9.20	93.85
特克斯和凯科斯群岛	Turks and Caicos Islands	0.16		4.87	166.67
乌干达	Uganda	3.20	291.81	0.10	13.30
乌克兰	Ukraine	340.15	-52.47	7.35	563.62
阿拉伯联合酋长国	United Arab Emirates	135.54	147.27	31.06	1621.29
英国	United Kingdom	546.43	-7.58	8.97	2249.59
坦桑尼亚	United Rep. of Tanzania	6.04	154.53	0.15	6.39
美国	United States	6094.39	20.24	19.74	632.91
乌拉圭	Uruguay	6.22	55.75	1.86	35.29
乌兹别克斯坦	Uzbekistan	116.09		4.32	259.48
瓦努阿图	Vanuatu	0.10	47.14	0.45	8.45
委内瑞拉	Venezuela	165.55	35.52	5.99	181.51
越南	Viet Nam	111.38	420.26	1.29	336.27
瓦利斯群岛和富图纳	Wallis and Futuna Islands	0.03		1.92	204.23
西撒哈拉	Western Sahara	0.24	20.20	0.50	0.89
也门	Yemen	21.98	129.04	0.99	41.62
赞比亚	Zambia	2.69	10.06	0.22	3.58
津巴布韦	Zimbabwe	9.64	-37.91	0.77	24.66

附录4-7 温室气体排放量
Greenhouse Gas Emissions

国家和地区	Country or Area	截止年份 Latest Year Available	温室气体排放总量(百万吨二氧化碳当量) Total GHG Emissions (mio. tonnes of CO_2 equivalent)	比1990年增减(%) % Change since 1990 (%)	人均温室气体排放量(吨二氧化碳当量/人) GHG Emissions per Capita (tonnes of CO_2 equivalent/person)
阿尔巴尼亚	Albania	1994	5.53	-22.43	1.74
阿尔及利亚	Algeria	1994	91.76		3.31
安提瓜和巴布达	Antigua and Barbuda	1990	0.39		6.28
阿根廷	Argentina	2000	282.00	22.05	7.63
亚美尼亚	Armenia	1990	25.31		7.14
澳大利亚	Australia	2008	549.54	31.35	26.08
奥地利	Austria	2008	86.64	10.84	10.39
阿塞拜疆	Azerbaijan	1994	43.17	-28.97	5.62
巴哈马	Bahamas	1994	2.20	14.72	7.96
巴林	Bahrain	1994	19.60		34.90
孟加拉国	Bangladesh	1994	45.93		0.37
巴巴多斯	Barbados	1997	4.06	23.81	15.89
白俄罗斯	Belarus	2008	91.11	-35.10	9.41
比利时	Belgium	2008	133.25	-7.07	12.58
伯利兹	Belize	1994	6.34		29.60
贝宁	Benin	1995	39.35		6.87
不丹	Bhutan	1994	1.29		2.52
玻利维亚	Bolivia	2004	43.67	184.95	4.85
博茨瓦纳	Botswana	1994	9.29		6.15
巴西	Brazil	1994	663.25	11.17	4.16
保加利亚	Bulgaria	2008	73.43	-37.38	9.67
布基纳法索	Burkina Faso	1994	5.97		0.61
布隆迪	Burundi	1998	2.00		0.32
柬埔寨	Cambodia	1994	12.76		1.15
喀麦隆	Cameroon	1994	165.73		12.10
加拿大	Canada	2008	734.42	24.10	22.08
佛得角	Cape Verde	1995	0.29		0.74
中非共和国	Central African Republic	1994	37.74		11.61
乍得	Chad	1993	8.02		1.20

资料来源：联合国气候变化框架公约成果。
联合国经济社会局人口处，世界人口展望：2008修订版，纽约，2009。

Sources:UN Framework Convention on Climate Change (UNFCCC) Secretatiat.
United Nations, Department of Economic and Social Affairs, Population Division, World Population Prospects: The 2008 Revision, New York, 2009.

附录4-7　续表 1　continued 1

国家和地区	Country or Area	截止年份 Latest Year Available	温室气体排放总量（百万吨二氧化碳当量） Total GHG Emissions (mio. tonnes of CO_2 equivalent)	比1990年增减（%） % Change since 1990 (%)	人均温室气体排放量（吨二氧化碳当量/人） GHG Emissions per Capita (tonnes of CO_2 equivalent/person)
智利	Chile	1994	54.89		3.87
中国	China	1994	4057.62		3.39
哥伦比亚	Colombia	1994	137.48	22.89	3.84
科摩罗	Comoros	1994	0.51		1.06
刚果	Congo	2000	2.07		0.68
库克群岛	Cook Islands	1994	0.08		4.34
哥斯达黎加	Costa Rica	2005	12.11	98.87	2.80
科特迪瓦	Cote d'Ivoire	2000	271.20		15.69
克罗地亚	Croatia	2008	31.13	-0.90	7.04
古巴	Cuba	1996	40.19	-36.76	3.67
捷克	Czech Republic	2008	141.41	-27.55	13.70
刚果民主共和国	Dem. Rep. of the Congo	2003	46.00		0.83
丹麦	Denmark	2008	65.13	-7.34	11.93
吉布提	Djibouti	1994	0.51		0.84
多米尼加	Dominica	1994	0.15		2.22
多米尼加共和国	Dominican Republic	2000	26.43	109.11	2.99
厄瓜多尔	Ecuador	1990	30.77		2.99
埃及	Egypt	1990	116.74		2.02
萨尔瓦多	El Salvador	1994	11.72		2.07
厄立特里亚	Eritrea	2000	0.76		0.21
爱沙尼亚	Estonia	2008	20.25	-50.41	15.10
埃塞俄比亚	Ethiopia	1995	47.75	10.99	0.84
斐济	Fiji	1994	1.39		1.83
芬兰	Finland	2008	70.13	-0.33	13.22
法国	France	2008	531.80	-6.06	8.57
加蓬	Gabon	1994	6.52		6.20
冈比亚	Gambia	1993	4.26		4.23
格鲁吉亚	Georgia	2006	12.22	-73.05	2.77
德国	Germany	2008	958.06	-22.22	11.65
加纳	Ghana	1996	13.14	17.76	0.74
希腊	Greece	2008	126.89	22.85	11.39
格林纳达	Grenada	1994	1.61		16.17
危地马拉	Guatemala	1990	14.74		1.65
几内亚	Guinea	1994	5.06		0.70
几内亚比绍	Guinea-Bissau	1994	1.69		1.49
圭亚那	Guyana	1998	3.07	40.66	4.05

附录4-7 续表 2 continued 2

国家和地区	Country or Area	截止年份 Latest Year Available	温室气体排放总量(百万吨二氧化碳当量) Total GHG Emissions (mio. tonnes of CO_2 equivalent)	比1990年增减(%) % Change since 1990 (%)	人均温室气体排放量(吨二氧化碳当量/人) GHG Emissions per Capita (tonnes of CO_2 equivalent/person)
海地	Haiti	1994	5.10		0.66
洪都拉斯	Honduras	1995	10.83		1.94
匈牙利	Hungary	2008	73.14	-24.88	7.30
冰岛	Iceland	2008	4.88	42.90	15.47
印度	India	1994	1214.25		1.30
印度尼西亚	Indonesia	1994	334.19	25.25	1.77
伊朗	Iran (Islamic Republic of)	1994	385.43		6.30
爱尔兰	Ireland	2008	67.44	23.04	15.20
以色列	Israel	2005	73.41		10.97
意大利	Italy	2008	541.49	4.73	9.08
牙买加	Jamaica	1994	116.31		47.58
日本	Japan	2008	1281.82	1.04	10.07
约旦	Jordan	2000	19.40		4.00
哈萨克斯坦	Kazakhstan	2008	245.86	-27.31	15.84
肯尼亚	Kenya	1994	21.47		0.80
基里巴斯	Kiribati	1994	0.03		0.37
朝鲜	Korea, Dem. People's Rep.	1990	201.92		10.02
韩国	Korea, Republic of	2001	542.89	87.56	11.62
吉尔吉斯斯坦	Kyrgyzstan	2005	12.02	-60.29	2.30
老挝	Lao People's Dem. Rep.	1990	6.87		1.63
拉脱维亚	Latvia	2008	11.90	-55.57	5.27
黎巴嫩	Lebanon	1994	15.70		4.63
莱索托	Lesotho	1994	1.82		1.07
列支敦士登	Liechtenstein	2008	0.26	14.74	7.39
立陶宛	Lithuania	2008	24.33	-51.08	7.33
卢森堡	Luxembourg	2008	12.49	-4.76	26.00
马达加斯加	Madagascar	1994	21.93		1.72
马拉维	Malawi	1994	7.07	-12.11	0.71
马来西亚	Malaysia	1994	136.68		6.81
马尔代夫	Maldives	1994	0.15		0.63
马里	Mali	1995	8.67		0.91
马耳他	Malta	2008	2.95	44.22	7.25
毛里塔尼亚	Mauritania	2000	6.94		2.67
毛里求斯	Mauritius	1995	2.06		1.82
墨西哥	Mexico	2002	553.33	30.11	5.42
密克罗尼西亚联邦	Micronesia, Federated States	1994	0.25		2.32

附录4-7　续表 3　continued 3

国家和地区	Country or Area	截止年份 Latest Year Available	温室气体排放总量（百万吨二氧化碳当量） Total GHG Emissions (mio. tonnes of CO_2 equivalent)	比1990年增减（%） % Change since 1990 (%)	人均温室气体排放量（吨二氧化碳当量/人） GHG Emissions per Capita (tonnes of CO_2 equivalent/person)
摩纳哥	Monaco	2008	0.10	-11.43	2.92
蒙古	Mongolia	1998	15.93	-17.54	6.83
摩洛哥	Morocco	1994	44.39		1.67
莫桑比克	Mozambique	1994	8.22	21.24	0.53
纳米比亚	Namibia	1994	5.60		3.54
瑙鲁	Nauru	1994	0.04		3.64
尼泊尔	Nepal	1994	31.19		1.48
荷兰	Netherlands	2008	206.91	-2.40	12.52
新西兰	New Zealand	2008	74.66	22.85	17.65
尼加拉瓜	Nicaragua	1994	7.65		1.68
尼日尔	Niger	2000	13.63	180.83	1.24
尼日利亚	Nigeria	1994	242.63		2.25
纽埃	Niue	1994	4.42		2053.95
挪威	Norway	2008	53.71	7.96	11.27
巴基斯坦	Pakistan	1994	160.59		1.26
帕劳	Palau	2000	0.09		4.80
巴拿马	Panama	1994	10.69		4.08
巴布亚新几内亚	Papua New Guinea	1994	5.01		1.09
巴拉圭	Paraguay	1994	140.46	149.94	29.94
秘鲁	Peru	1994	57.58		2.45
菲律宾	Philippines	1994	100.87		1.47
波兰	Poland	2008	395.56	-12.74	10.38
葡萄牙	Portugal	2008	78.38	32.20	7.34
摩尔多瓦	Republic of Moldova	2005	11.88	-72.29	3.16
罗马尼亚	Romania	2008	145.92	-39.73	6.83
俄罗斯联邦	Russian Federation	2008	2229.57	-32.88	15.77
卢旺达	Rwanda	2002	2.38		0.28
圣基茨和尼维斯	Saint Kitts and Nevis	1994	0.16		3.87
圣卢西亚	Saint Lucia	1994	0.89		6.09
萨摩亚	Samoa	1994	0.56		3.36
圣马力诺	San Marino	2007	0.24		7.67
圣多美和普林西	Sao Tome and Principe	1998	0.12		0.90
沙特阿拉伯	Saudi Arabia	1990	165.27		10.16
塞内加尔	Senegal	1995	9.57		1.11
塞舌尔	Seychelles	1995	0.26		3.39
新加坡	Singapore	1994	26.86		7.96
斯洛伐克	Slovakia	2008	48.83	-33.92	9.04

附录4-7 续表 4 continued 4

国家和地区	Country or Area	截止年份 Latest Year Available	温室气体排放总量（百万吨二氧化碳当量） Total GHG Emissions (mio. tonnes of CO_2 equivalent)	比1990年增减（%） % Change since 1990 (%)	人均温室气体排放量（吨二氧化碳当量/人） GHG Emissions per Capita (tonnes of CO_2 equivalent/person)
斯洛文尼亚	Slovenia	2008	21.28	15.19	10.56
所罗门群岛	Solomon Islands	1994	0.29		0.84
南非	South Africa	1994	379.84	9.35	9.38
西班牙	Spain	2008	405.74	42.30	9.12
斯里兰卡	Sri Lanka	1995	29.13		1.60
圣文森特和格林纳丁斯	St. Vincent and the Grenadines	1997	0.41	4.65	3.80
苏丹	Sudan	1995	54.19		1.76
苏里南	Suriname	2003	3.33		6.83
斯威士兰	Swaziland	1994	7.54		7.95
瑞典	Sweden	2008	63.96	-11.70	6.95
瑞士	Switzerland	2008	53.22	0.51	7.06
塔吉克斯坦	Tajikistan	2003	7.50	-68.98	1.18
泰国	Thailand	1994	223.99		3.76
马其顿	The Former Yugoslav Rep. of Macedonia	2002	12.23	-7.73	6.04
多哥	Togo	1998	6.28		1.28
汤加	Tonga	1994	0.23		2.36
特立尼达和多巴哥	Trinidad and Tobago	1990	16.01		13.13
突尼斯	Tunisia	1994	25.14		2.85
土耳其	Turkey	2008	366.50	95.96	4.96
土库曼斯坦	Turkmenistan	1994	52.31		12.77
图瓦卢	Tuvalu	1994	0.01		0.61
乌干达	Uganda	1994	41.55		2.05
乌克兰	Ukraine	2008	427.80	-53.89	9.30
阿拉伯联合酋长国	United Arab Emirates	2000	129.83		40.10
英国	United Kingdom	2008	631.73	-18.45	10.32
坦桑尼亚	United Rep. of Tanzania	1994	39.24	0.64	1.35
美国	United States	2008	6924.56	13.30	22.22
乌拉圭	Uruguay	2000	29.73	7.52	8.95
乌兹别克斯坦	Uzbekistan	2005	199.84	9.26	7.59
瓦努阿图	Vanuatu	1994	0.30		1.78
委内瑞拉	Venezuela	1999	192.19		8.03
越南	Viet Nam	1994	84.45		1.18
也门	Yemen	1995	17.87		1.15
赞比亚	Zambia	1994	32.77		3.70
津巴布韦	Zimbabwe	1994	27.59		2.40

附录4-8　消耗臭氧层物质

国家和地区	Country or Area	氟氯化碳消耗臭氧量 Consumption of CFCs	
		消耗臭氧潜力基数 Baseline ODP tonnes	2008年消耗臭氧潜力 2008 ODP tonnes
阿富汗	Afghanistan	380.0	40.0
阿尔巴尼亚	Albania	40.8	
阿尔及利亚	Algeria	2119.5	149.6
安道尔	Andorra	67.5	
安哥拉	Angola	114.8	9.7
安提瓜和巴布达	Antigua and Barbuda	10.7	0.1
阿根廷	Argentina	4697.2	50.9
亚美尼亚	Armenia	196.5	13.6
澳大利亚	Australia	14290.4	-42.0
阿塞拜疆	Azerbaijan	480.6	
巴哈马	Bahamas	64.9	
巴林	Bahrain	135.4	11.7
孟加拉国	Bangladesh	581.6	158.3
巴巴多斯	Barbados	21.5	1.1
白俄罗斯	Belarus	2510.9	
伯利兹	Belize	24.4	
贝宁	Benin	59.9	5.2
不丹	Bhutan	0.2	
玻利维亚	Bolivia	75.7	2.6
波黑	Bosnia and Herzegovina	24.2	8.8
博茨瓦纳	Botswana	6.9	0.3
巴西	Brazil	10525.8	290.4
文莱	Brunei Darussalam	78.2	2.4
布基纳法索	Burkina Faso	36.3	
布隆迪	Burundi	59.0	1.0
柬埔寨	Cambodia	94.2	1.4
喀麦隆	Cameroon	256.9	17.0
加拿大	Canada	19958.2	

资料来源：联合国统计司千年发展目标数据库。
Sources:UNSD Millennium Development Goals Database.

Consumption of Ozone-Depleting Substances(ODS)

	全部消耗臭氧层物质消耗臭氧量 Consumption of All ODS		
比基数减少 (%) Reduction from Baseline (%)	2002年消耗臭氧潜力 2002 ODP tonnes	2008年消耗臭氧潜力 2008 ODP tonnes	比2002年减少(%) Reduction from 2002 (%)
89.5	181.5	47.9	73.6
100.0	50.5	4.1	91.9
92.9	1966.1	236.9	88.0
91.6	110.0	20.2	81.6
99.1	4.0	0.3	92.5
98.9	2386.0	654.8	72.6
93.1	174.4	18.4	89.4
100.3	389.5	58.5	85.0
100.0	12.1	0.8	93.4
100.0	58.4	3.9	93.3
91.4	138.1	50.5	63.4
72.8	350.1	223.1	36.3
94.9	12.1	3.2	73.6
100.0	2.7	1.0	63.0
100.0	21.7	1.8	91.7
91.3	36.0	6.0	83.3
100.0	0.1	0.1	
96.6	67.4	8.6	87.2
63.6	259.2	16.4	93.7
95.7	10.2	13.6	-33.3
97.2	3589.4	2089.8	41.8
96.9	46.3	7.6	83.6
100.0	16.3	27.2	-66.9
98.3	19.2	1.0	94.8
98.5	97.0	9.3	90.4
93.4	261.7	36.1	86.2
100.0	923.1	509.9	44.8

国家和地区	Country or Area	氟氯化碳消耗臭氧量 Consumption of CFCs	
		消耗臭氧潜力基数 Baseline ODP tonnes	2008年消耗臭氧潜力 2008 ODP tonnes
佛得角	Cape Verde	2.3	
中非共和国	Central African Republic	11.2	
乍得	Chad	34.6	2.2
智利	Chile	828.7	47.9
中国	China	57818.7	263.0
哥伦比亚	Colombia	2208.2	208.0
科摩罗	Comoros	2.5	
刚果	Congo	11.9	1.4
库克群岛	Cook Islands	1.7	
哥斯达黎加	Costa Rica	250.2	13.9
科特迪瓦	Cote d'Ivoire	294.2	12.0
克罗地亚	Croatia	219.3	
古巴	Cuba	625.1	74.4
刚果民主共和国	Dem. Rep. of the Congo	665.7	8.6
吉布提	Djibouti	21.0	0.9
多米尼加	Dominica	1.5	
多米尼加共和国	Dominican Republic	539.8	4.5
厄瓜多尔	Ecuador	301.4	8.2
埃及	Egypt	1668.0	187.8
萨尔瓦多	El Salvador	306.5	
赤道几内亚	Equatorial Guinea	31.5	2.3
厄立特里亚	Eritrea	41.1	2.8
爱沙尼亚	Ethiopia	33.8	4.3
欧盟	European Union (EU)	301930.2	-552.0
斐济	Fiji	33.4	
加蓬	Gabon	10.3	
冈比亚	Gambia	23.8	0.4
格鲁吉亚	Georgia	22.5	
加纳	Ghana	35.8	
格林纳达	Grenada	6.0	
危地马拉	Guatemala	224.6	1.4
几内亚	Guinea	42.4	1.6
几内亚比绍	Guinea-Bissau	26.3	1.4
圭亚那	Guyana	53.2	

continued 1

	全部消耗臭氧层物质消耗臭氧量 Consumption of All ODS		
比基数减少(%) Reduction from Baseline (%)	2002年消耗臭氧潜力 2002 ODP tonnes	2008年消耗臭氧潜力 2008 ODP tonnes	比2002年减少(%) Reduction from 2002 (%)
100.0	1.8	0.8	55.6
100.0	4.6	6.7	-45.7
93.6	27.3	21.5	21.2
94.2	591.9	304.0	48.6
99.5	47804.1	17386.3	63.6
90.6	1002.2	414.8	58.6
100.0	1.9	0.2	89.5
88.2	7.0	2.0	71.4
100.0			
94.4	425.4	237.0	44.3
95.9	121.2	24.1	80.1
100.0	172.3	7.7	95.5
88.1	518.0	87.7	83.1
98.7	1081.3	16.6	98.5
95.7	15.8	1.5	90.5
100.0	3.1		100.0
99.2	406.9	53.4	86.9
97.3	273.4	79.8	70.8
88.7	1944.1	726.2	62.6
100.0	108.1	11.6	89.3
92.7	27.9	8.1	71.0
93.2	32.2	3.1	90.4
87.3	86.6	4.3	95.0
100.2	-6754.6	-9805.1	45.2
100.0	5.3	4.8	9.4
100.0	6.9	5.2	24.6
98.3	4.9	0.5	89.8
100.0	64.3	5.9	90.8
100.0	24.0	21.6	10.0
100.0	2.3	0.5	78.3
99.4	952.5	184.3	80.7
96.2	31.4	2.7	91.4
94.7	27.2	2.2	91.9
100.0	15.6	1.7	89.1

国家和地区	Country or Area	氟氯化碳消耗臭氧量 Consumption of CFCs	
		消耗臭氧潜力基数 Baseline ODP tonnes	2008年消耗臭氧潜力 2008 ODP tonnes
海地	Haiti	169.0	2.3
洪都拉斯	Honduras	331.6	23.4
冰岛	Iceland	195.1	
印度	India	6681.0	216.5
印度尼西亚	Indonesia	8332.7	
伊朗	Iran (Islamic Republic of)	4571.7	240.6
伊拉克	Iraq	1517.0	1597.1
以色列	Israel	4141.6	
牙买加	Jamaica	93.2	
日本	Japan	118134.0	-0.7
约旦	Jordan	673.3	6.0
哈萨克斯坦	Kazakhstan	1206.2	
肯尼亚	Kenya	239.5	7.5
基里巴斯	Kiribati	0.7	
朝鲜	Korea, Dem. People's Rep.	441.7	33.5
韩国	Korea, Republic of	9159.8	1114.8
科威特	Kuwait	480.4	33.0
吉尔吉斯斯坦	Kyrgyzstan	72.8	5.0
老挝	Lao People's Dem. Rep.	43.3	2.0
黎巴嫩	Lebanon	725.5	33.8
莱索托	Lesotho	5.1	
利比里亚	Liberia	56.1	0.6
阿拉伯利比亚民众国	Libyan Arab Jamahiriya	716.7	21.9
列支敦士登	Liechtenstein	37.2	
马达加斯加	Madagascar	47.9	0.8
马拉维	Malawi	57.7	
马来西亚	Malaysia	3271.1	173.7
马尔代夫	Maldives	4.6	
马里	Mali	108.1	3.0
马绍尔群岛	Marshall Islands	1.1	
毛里塔尼亚	Mauritania	15.7	1.0
毛里求斯	Mauritius	29.1	
墨西哥	Mexico	4624.9	-130.4
密克罗尼西亚联邦	Micronesia, Federated States of	1.2	

continued 2

	全部消耗臭氧层物质消耗臭氧量 Consumption of All ODS		
比基数减少 (%) Reduction from Baseline (%)	2002年消耗 臭氧潜力 2002 ODP tonnes	2008年消耗 臭氧潜力 2008 ODP tonnes	比2002年 减少(%) Reduction from 2002 (%)
98.6	197.7	3.7	98.1
92.9	555.7	216.2	61.1
100.0	2.6	2.2	15.4
96.8	15026.9	2904.9	80.7
100.0	5787.4	299.9	94.8
94.7	8572.9	508.6	94.1
-5.3	1580.6	1752.4	-10.9
100.0	1241.3	475.4	61.7
100.0	39.2	8.5	78.3
100.0	2466.8	1050.0	57.4
99.1	267.0	95.8	64.1
100.0	146.9	128.8	12.3
96.9	322.0	75.7	76.5
100.0		0.2	-100.0
92.4	2326.3	91.2	96.1
87.8	11745.9	4050.2	65.5
93.1	515.7	408.5	20.8
93.1	50.2	12.4	75.3
95.4	42.9	3.6	91.6
95.3	710.8	58.2	91.8
100.0	4.6	11.6	-152.2
98.9	54.0	3.4	93.7
96.9	1596.5	111.6	93.0
100.0	0.1		100.0
98.3	8.8	3.0	65.9
100.0	75.4	6.7	91.1
94.7	1966.3	571.2	71.0
100.0	4.0	3.7	7.5
97.2	28.3	5.1	82.0
100.0	0.3	0.2	33.3
93.6	16.5	6.5	60.6
100.0	14.4	6.9	52.1
102.8	3954.7	1992.3	49.6
100.0	2.2	0.2	90.9

国家和地区	Country or Area	氟氯化碳消耗臭氧量 Consumption of CFCs	
		消耗臭氧潜力基数 Baseline ODP tonnes	2008年消耗臭氧潜力 2008 ODP tonnes
摩纳哥	Monaco	6.2	
蒙古	Mongolia	10.6	0.4
黑山	Montenegro	104.9	0.1
摩洛哥	Morocco	802.3	
莫桑比克	Mozambique	18.2	2.3
缅甸	Myanmar	54.3	
纳米比亚	Namibia	21.9	
瑙鲁	Nauru	0.5	
尼泊尔	Nepal	27.0	
新西兰	New Zealand	2088.0	
尼加拉瓜	Nicaragua	82.8	
尼日尔	Niger	32.0	2.9
尼日利亚	Nigeria	3650.0	16.5
纽埃	Niue	0.1	
挪威	Norway	1313.0	-3.8
阿曼	Oman	248.4	8.5
巴基斯坦	Pakistan	1679.4	167.4
帕劳	Palau	1.6	0.1
巴拿马	Panama	384.1	11.5
巴布亚新几内亚	Papua New Guinea	36.3	-1.6
巴拉圭	Paraguay	210.6	27.3
秘鲁	Peru	289.5	
菲律宾	Philippines	3055.8	169.4
卡塔尔	Qatar	101.4	5.1
摩尔多瓦	Republic of Moldova	73.3	
俄罗斯联邦	Russian Federation	100352.0	324.0
卢旺达	Rwanda	30.4	1.2
圣基茨和尼维斯	Saint Kitts and Nevis	3.7	
圣卢西亚	Saint Lucia	8.3	
圣文森特和格林纳丁斯	St. Vincent and the Grenadines	1.8	
萨摩亚	Samoa	4.5	
圣多美和普林西	Sao Tome and Principe	4.7	0.2
沙特阿拉伯	Saudi Arabia	1798.5	365.0
塞内加尔	Senegal	155.8	10.0
塞尔维亚	Serbia	849.2	76.7

continued 3

	全部消耗臭氧层物质消耗臭氧量 Consumption of All ODS		
比基数减少 (%) Reduction from Baseline (%)	2002年消耗臭氧潜力 2002 ODP tonnes	2008年消耗臭氧潜力 2008 ODP tonnes	比2002年减少(%) Reduction from 2002 (%)
100.0	0.1	0.1	
96.2	7.3	2.6	64.4
99.9	15.4	0.5	96.8
100.0	1070.0	212.7	80.1
87.4	14.4	4.9	66.0
100.0	45.7	2.0	95.6
100.0	20.0	5.8	71.0
100.0			
100.0	2.6	1.4	46.2
100.0	42.8	17.4	59.3
100.0	64.9	3.9	94.0
90.9	27.6	3.1	88.8
99.5	3933.3	312.7	92.0
100.0			
100.3	-42.8	15.6	136.4
96.6	201.5	33.2	83.5
90.0	2347.2	356.9	84.8
93.8	0.2	0.1	50.0
97.0	204.7	40.2	80.4
104.4	39.7	1.5	96.2
87.0	105.5	39.0	63.0
100.0	203.6	28.0	86.2
94.5	1795.1	397.4	77.9
95.0	105.4	43.8	58.4
100.0	29.6	2.8	90.5
99.7	892.3	1457.6	-63.4
96.1	30.4	2.9	90.5
100.0	6.3	0.4	93.7
100.0	7.7	0.1	98.7
100.0	6.4	0.1	98.4
100.0	2.6	0.1	96.2
95.7	4.4	0.2	95.5
79.7	1926.4	1643.6	14.7
93.6	82.3	19.5	76.3
91.0	384.9	88.0	77.1

国家和地区	Country or Area	氟氯化碳消耗臭氧量 Consumption of CFCs	
		消耗臭氧潜力基数 Baseline ODP tonnes	2008年消耗臭氧潜力 2008 ODP tonnes
塞舌尔	Seychelles	2.9	
塞拉利昂	Sierra Leone	78.6	4.2
新加坡	Singapore	2718.2	
所罗门群岛	Solomon Islands	2.1	
索马里	Somalia	241.4	20.0
南非	South Africa	592.6	
斯里兰卡	Sri Lanka	445.6	
苏丹	Sudan	456.8	44.8
苏里南	Suriname	41.3	
斯威士兰	Swaziland	24.6	
瑞士	Switzerland	7960.0	
阿拉伯叙利亚共和国	Syrian Arab Republic	2224.6	166.0
塔吉克斯坦	Tajikistan	211.0	
泰国	Thailand	6082.1	190.3
马其顿	The Former Yugoslav Rep. of Macedonia	519.7	
东帝汶	Timor-Leste	36.0	
多哥	Togo	39.8	3.2
汤加	Tonga	1.3	
特立尼达和多巴哥	Trinidad and Tobago	120.0	
突尼斯	Tunisia	870.1	12.2
土耳其	Turkey	3805.7	-0.1
土库曼斯坦	Turkmenistan	37.3	1.2
图瓦卢	Tuvalu	0.3	
乌干达	Uganda	12.8	
乌克兰	Ukraine	4725.2	
阿拉伯联合酋长国	United Arab Emirates	529.3	52.9
坦桑尼亚	United Rep. of Tanzania	253.9	13.9
美国	United States	305963.6	-569.2
乌拉圭	Uruguay	199.1	26.4
乌兹别克斯坦	Uzbekistan	1779.2	
瓦努阿图	Vanuatu		0.7
委内瑞拉	Venezuela (Bolivarian Republic of)	3322.4	-15.0
越南	Viet Nam	500.0	20.4
也门	Yemen	1796.1	247.7
赞比亚	Zambia	27.4	2.0
津巴布韦	Zimbabwe	451.4	7.0

continued 4

比基数减少 (%) Reduction from Baseline (%)	全部消耗臭氧层物质消耗臭氧量 Consumption of All ODS		
	2002年消耗臭氧潜力 2002 ODP tonnes	2008年消耗臭氧潜力 2008 ODP tonnes	比2002年减少(%) Reduction from 2002 (%)
100.0	166.1	0.6	99.6
94.7	84.4	5.8	93.1
100.0	146.7	149.5	-1.9
100.0	5.7	1.2	78.9
91.7	124.1	28.3	77.2
100.0	848.8	435.1	48.7
100.0	227.4	10.3	95.5
90.2	258.2	91.9	64.4
100.0	51.0	0.7	98.6
100.0	2.4	3.3	-37.5
100.0	26.2	10.0	61.8
92.5	1754.1	289.8	83.5
100.0	12.6	3.9	69.0
96.9	3612.5	1197.5	66.9
100.0	44.6	3.5	92.2
	2.7		
92.0	35.3	9.4	73.4
100.0	1.0	0.2	80.0
100.0	93.9	56.8	39.5
98.6	552.5	59.2	89.3
100.0	1336.4	762.5	42.9
96.8	10.9	10.1	7.3
100.0			
100.0	44.9		100.0
100.0	145.5	75.0	48.5
90.0	624.2	560.7	10.2
94.5	71.5	15.4	78.5
100.2	16206.4	6229.6	61.6
86.7	100.9	53.9	46.6
100.0	0.8	2.3	-187.5
-100.0		1.0	-100.0
100.5	1653.0	133.5	91.9
95.9	447.4	277.5	38.0
86.2	1135.8	431.0	62.1
92.7	24.0	6.9	71.3
98.4	345.8	37.3	89.2

附录4-9 危险废物产生量

Hazardous Waste Generation

单位：千吨 (1000 tonnes)

国家和地区	Country or Area	1995	2003	2004	2005	2006	2007	2008	2009
阿尔及利亚	Algeria	185.0	325.0						
安道尔	Andorra		0.5	0.4	0.6	0.9			
亚美尼亚	Armenia		420.4	544.7	330.9	343.4	440.9	430.6	467.5
奥地利	Austria	594.9		1013.7		961.9		1330.0	
阿塞拜疆	Azerbaijan	27.0	26.9	11.2	12.8	29.5	10.4	24.3	16.0
巴林	Bahrain	136.0	33.6	33.0	38.2	38.7	35.0		
孟加拉国	Bangladesh			74.0	75.9				
比利时	Belgium	1114		5197		4039		5919	
波黑	Bosnia and Herzegovina							91.8	
贝宁	Benin								
保加利亚	Bulgaria			527.6		785.0		13042.7	
喀麦隆	Cameroon			5.8	9.4	10.2	8.4	9.3	8.7
智利	Chile		0.2	0.2	0.3	0.2	0.2	0.3	0.2
中国	China		11700	9950	11620	10840	10790	13570	14300
中国香港	China, Hong Kong SAR	97.1	59.2	47.6	47.1	59.0	60.7	56.9	54.8
中国澳门	China, Macao SAR		5.9	5.9	5.9	6.5	6.4	8.7	11.5
哥伦比亚	Colombia						69.4	78.6	
克罗地亚	Croatia		48.1	42.3	39.5	40.0	52.5	58.4	
古巴	Cuba		624.1	613.8	941.4	1253.7	1417.3		
塞浦路斯	Cyprus			111.1		17.0	52.5	23.8	
捷克	Czech Republic	6005.0	1219.0	1446.0	1372.0	1307.1	52.5	1510.5	
丹麦	Denmark	179.0	328.3	319.7	340.5	493.1	52.5	419.6	
多米尼加	Dominica						52.5		
厄瓜多尔	Ecuador		125.3	159.3	196.8	146.6	197.7	193.8	
爱沙尼亚	Estonia			7333		6619		7538	
芬兰	Finland			2153		2711		2163	
法国	France			9617		9622		10893	
法属圭亚那	French Guiana					3.2	2.4		
德国	Germany		19515	20000		21705		22323	
希腊	Greece	350.0	353.8	426.0		275.0		253.0	
瓜德罗普岛	Guadeloupe					10.1	5.7		
危地马拉	Guatemala		648.3	622.0	599.0	822.5			
匈牙利	Hungary	2274.3		1364.5		1300.1		670.6	
冰岛	Iceland	6.0	8.0	8.5					
印度	India					8140.0			
伊拉克	Iraq							2.3	
爱尔兰	Ireland	247.8		724.3		708.8		743.4	
以色列	Israel		249.0	301.0	321.0	311.1	291.9	321.0	
意大利	Italy	2708	5440	6134		7465		6655	
牙买加	Jamaica		10.0	10.0	10.0	10.0			
日本	Japan	2883.0							

资料来源：联合国统计司/环境规划署环境统计问卷，废物部分。
欧盟统计局环境数据中心废物数据。
经合组织环境统计摘要，废物部分。

Sources:UNSD/UNEP Questionnaires on Environment Statistics, Waste section.
Eurostat Environmental Data Centre on Waste.
OECD Environmental Data Compendium,Waste Section.

附录4-9 续表 continued

单位：千吨 (1000 tonnes)

国家和地区	Country or Area	1995	2003	2004	2005	2006	2007	2008	2009
约旦	Jordan		73.6	33.4	71.4			1293.8	
韩国	Korea,Republic of	1622	2913						
吉尔吉斯斯坦	Kyrgyzstan	472	6421	6411	6206	5827	5546	5581	5684
拉脱维亚	Latvia			17.0		65.3		67.5	
立陶宛	Lithuania			89.7		127.3		115.7	
卢森堡	Luxembourg	200.0		123.9		233.9		199.1	
马达加斯加	Madagascar						46.0		
马来西亚	Malaysia		460.9	469.6	548.9	1103.5	1138.8	1304.9	1705.3
马耳他	Malta			41.0		50.7		55.0	
马提尼克	Martinique					10.2	4.7		
毛里求斯	Mauritius		0.9				4.2	4.0	4.2
墨西哥	Mexico								
摩纳哥	Monaco	0.3	0.8	0.6	0.5	0.5	0.6	0.7	
荷兰	Netherlands	1004.0		1896.5		4949.3		4723.9	
尼日尔	Niger			503.0	554.0				
挪威	Norway	650.0	825.0	670.0	939.0	756.7		1336.5	
巴勒斯坦	Palestine		12.5	15.1	11.0	29.7	4.5	11.9	14.4
巴拿马	Panama	0.2	1.7	1.5	1.5	1.7	1.2		
菲律宾	Philippines		2265	707	1670	11786	1130	164939	1901
波兰	Poland	3866	1339	1612	1779	2381		1469	
葡萄牙	Portugal	668.0		2263.2		6063.1		3367.9	
卡塔尔	Qatar		2.5	2.3	2.0	4.4	7.2	11.9	
摩尔多瓦	Republic of Moldova	2.7	2.0	0.9	0.8	0.6	0.6	0.8	1.1
留尼汪	Réunion					7.9	1.0		
罗马尼亚	Romania			2242.9		1032.0		524.2	
俄罗斯联邦	Russian Federation	83330	287272	142766	142497	140011	287653	122883	141019
塞尔维亚	Serbia							8227.9	
新加坡	Singapore	64.9	217.0	278.0	339.0	413.0	491.0	472.0	356.0
斯洛伐克	Slovakia	1352.7	1257.6	422.3		532.9		527.2	
斯洛文尼亚	Slovenia			107.9		116.4		152.7	
西班牙	Spain		3222.9	3116.0		4028.2		3648.6	
瑞典	Sweden			1624.8		2654.1		2063.4	
瑞士	Switzerland	830.8							
叙利亚	Syrian Arab Republic								
泰国	Thailand		1800	1808	1814	1832	1849		
多哥	Togo						1.9		
特立尼达和多巴哥	Trinidad and Tobago		11.5						
土耳其	Turkey			997.6		10.8		1024.0	
乌克兰	Ukraine	3563	2437	2420	2412	2371	2585	2301	1230
阿拉伯联合酋长国	United Arab Emirates								272.9
英国	United Kingdom	2160	4991	7973		8448		7285	
美国	United States	194225	27376		34788				
也门	Yemen	38.2							
赞比亚	Zambia		53.8		80.0				
津巴布韦	Zimbabwe		25.8	37.8	27.4		29.4	17.0	11.0

附录4-10 城市垃圾收集

Municipal Waste Collection

国家和地区	Country or Area	截止年份 Latest Year Available	城市垃圾收集量（千吨） Municipal Waste Collected (1000 tonnes)	截止年份 Latest Year Available	城市垃圾收集受益率（%） Population Served by Municipal Waste Collection (%)	人均城市垃圾收集量（千克/人） Municipal Waste Collected per Capita Served (kg/person)
阿尔巴尼亚	Albania	2009	1313	2007	85	
阿尔及利亚	Algeria	2003	8500	2003	80	333
安道尔	Andorra	2007	32	2007	100	387
安哥拉	Angola	2006	5840			
安圭拉	Anguilla	2008	15	2008	100	988
安提瓜和巴布达	Antigua and Barbuda	2009	136	2009	95	1639
阿根廷	Argentina			2001	88	
亚美尼亚	Armenia	2009	411	2009	72	185
澳大利亚	Australia	2003	8903			
奥地利	Austria	2009	4941	2009	100	591
阿塞拜疆	Azerbaijan	2009	1603			
巴哈马	Bahamas	2006	227			
白俄罗斯	Belarus	2009	3347	2009	100	347
比利时	Belgium	2009	5277	2009	100	491
伯利兹	Belize	2008	163	2008	51	1052
贝宁	Benin	2002	986			
玻利维亚	Bolivia	2009	955	2008	49	
波黑	Bosnia and Herzegovina	2009	1422	2009	67	378
巴西	Brazil	2007	51432	2008	87	
英属维尔京群岛	British Virgin Islands	2005	37	2001	97	
文莱	Brunei Darussalam	2002	196			
保加利亚	Bulgaria	2009	3561	2009	97	468
加拿大	Canada	2004	13375	1996	99	
智利	Chile	2009	6151			
中国	China	2009	157340			
中国香港	China, Hong Kong SAR	2009	6450	2009	100	919
中国澳门	China, Macao SAR	2009	325	2009	100	605
哥伦比亚	Colombia	2008	7437			
哥斯达黎加	Costa Rica	2002	1280	2002	73	428
克罗地亚	Croatia	2008	1788	2008	93	435
古巴	Cuba	2009	4264	2009	75	505
塞浦路斯	Cyprus	2009	620	2008	100	778
捷克	Czech Republic	2009	3310	2009	100	316

资料来源：联合国统计司/环境规划署环境统计问卷，废物部分。
欧盟统计局环境数据中心废物数据。
经合组织环境统计摘要，废物部分。
联合国经济社会局人口处，世界人口展望：2008修订版，纽约，2009。

Sources:UNSD/UNEP Questionnaires on Environment Statistics, Waste section.
Eurostat Environmental Data Centre on Waste.
OECD Environmental Data Compendium,Waste Section.
United Nations, Department of Economic and Social Affairs, Population Division, World Population Prospects: The 2008 Revision, New York, 2009. Eurostat environment statistics data website.

附录4-10 续表 1 continued 1

国家和地区	Country or Area	截止年份 Latest Year Available	城市垃圾收集量(千吨) Municipal Waste Collected (1000 tonnes)	截止年份 Latest Year Available	城市垃圾收集受益率(%) Population Served by Municipal Waste Collection (%)	人均城市垃圾收集量(千克/人) Municipal Waste Collected per Capita Served (kg/person)
丹麦	Denmark	2009	4530	2008	100	833
多米尼加	Dominica	2005	21	2005	94	330
多米尼加共和国	Dominican Republic	2009	756	2002	60	
厄瓜多尔	Ecuador			1999	49	
埃及	Egypt	2008	29306			
萨尔瓦多	El Salvador			2002	53	
爱沙尼亚	Estonia	2009	464	2009	79	346
芬兰	Finland	2009	2562	2009	100	481
法国	France	2009	34504	2009	100	536
法属圭亚那	French Guiana	2007	79	2007	100	370
格鲁吉亚	Georgia	2009	880	2007	60	
德国	Germany	2009	48101	2009	100	587
希腊	Greece	2009	5386	2009	100	458
瓜德鲁普	Guadeloupe	2007	274	2007	100	593
危地马拉	Guatemala			2006	22	
匈牙利	Hungary	2009	4312	2009	93	430
冰岛	Iceland	2009	177	2008	100	554
印度	India	2001	17569			
印度尼西亚	Indonesia	2008	9601			
伊拉克	Iraq	2005	5446	2005	56	347
爱尔兰	Ireland	2009	3300	2005	76	664
以色列	Israel	2009	4556			
意大利	Italy	2009	32500	2008	100	541
牙买加	Jamaica	2006	1464	2001	76	
日本	Japan	2003	54367	2003	100	428
约旦	Jordan	2008	3864			
哈萨克斯坦	Kazakhstan	2009	3928			
肯尼亚	Kenya			1999	40	
韩国	Korea, Republic of	2004	18252	2002	99	
科威特	Kuwait	2009	1723	2009	100	577
吉尔吉斯斯坦	Kyrgyzstan	2009	6642			
拉脱维亚	Latvia	2009	753	2009	85	333
黎巴嫩	Lebanon	2009	1720			
立陶宛	Lithuania	2009	1206	2009	91	360
卢森堡	Luxembourg	2009	349	2009	100	707
马达加斯加	Madagascar	2007	419	2007	18	127
马尔代夫	Maldives	2005	19			
马耳他	Malta	2009	268	2009	100	647
马绍尔群岛	Marshall Islands	2007	26	2007	60	731
马提尼克	Martinique	2007	211	2007	100	524
毛里求斯	Mauritius	2009	408	2009	98	323
墨西哥	Mexico	2006	36088	2006	90	377
摩纳哥	Monaco	2009	37	2009	100	1118

附录4-10 续表 2 continued 2

国家和地区	Country or Area	截止年份 Latest Year Available	城市垃圾收集量 (千吨) Municipal Waste Collected (1000 tonnes)	截止年份 Latest Year Available	城市垃圾收集受益率 (%) Population Served by Municipal Waste Collection (%)	人均城市垃圾收集量 (千克/人) Municipal Waste Collected per Capita Served (kg/person)
黑山	Montenegro	2009	212			
摩洛哥	Morocco	2000	6500			
尼泊尔	Nepal	2002	418			
荷兰	Netherlands	2009	10159	2009	100	613
新西兰	New Zealand	1999	1541			
尼日尔	Niger	2005	9750			
挪威	Norway	2009	2269	2009	99	473
巴勒斯坦	Palestine	2001	1350	2008	75	
巴拿马	Panama	2009	551	2009	64	249
巴拉圭	Paraguay			2009	38	
秘鲁	Peru	2001	4740	2001	75	239
菲律宾	Philippines	2009	9104	2009	70	141
波兰	Poland	2009	12053	2009	79	316
葡萄牙	Portugal	2009	5185	2009	100	488
卡塔尔	Qatar	2009	789			
摩尔多瓦	Republic of Moldova	2009	2268			
留尼汪	Réunion	2007	559	2007	100	693
罗马尼亚	Romania	2009	8507	2008	54	396
俄罗斯联邦	Russian Federation	2009	56172			
塞内加尔	Senegal	2005	465	2007	21	
塞尔维亚	Serbia	2009	1580			
新加坡	Singapore	2009	6114	2009	100	1291
斯洛伐克	Slovakia	2009	1837	2008	100	339
斯洛文尼亚	Slovenia	2009	913	2009	95	449
西班牙	Spain	2009	25090	2009	100	547
斯里兰卡	Sri Lanka	2004	1036			
圣文森特和格林纳丁斯	St. Vincent and the Grenadines	2002	38	2002	100	350
苏丹	Sudan	2009	1355			
苏里南	Suriname	2009	175	2004	67	
瑞典	Sweden	2009	4486	2009	100	485
瑞士	Switzerland	2009	5460	2009	99	706
叙利亚	Syrian Arab Republic	2003	7500	2004	74	
泰国	Thailand	2000	13972			
马其顿	The Former Yugoslav Rep. of Macedonia	2009	552	2009	72	270
特立尼达和多巴哥	Trinidad and Tobago	2002	425	1995	90	
突尼斯	Tunisia	2004	1316			
土耳其	Turkey	2009	28006	2008	82	392
乌干达	Uganda	2006	224			
乌克兰	Ukraine	2009	4445			
阿拉伯联合酋长国	United Arab Emirates	2009	10875			
英国	United Kingdom	2009	32600	2008	100	
美国	United States	2005	222863	2005	100	
乌拉圭	Uruguay	2000	910			
也门	Yemen	2009	1410	2009	19	
赞比亚	Zambia	2005	389	2005	20	

附录4-11 城市垃圾处理

Municipal Waste Treatment

国家和地区	Country or Area	截止年份 Latest Year Available	城市垃圾收集量（千吨） Municipal Waste Collected (1000 tonnes)	填埋 Municipal Waste Landfilled (%)	焚烧 Municipal Waste Incinerated (%)	回收利用 Municipal Waste Recycled (%)	堆肥 Municipal Waste Composted (%)
阿尔及利亚	Algeria	2003	8500	99.9		0.1	
安道尔	Andorra	2007	32		116.1		
安圭拉	Anguilla	2008	15	100.0			
安提瓜和巴布达	Antigua and Barbuda	2009	136	100.0			
亚美尼亚	Armenia	2009	411	100.0			
澳大利亚	Australia	2003	8903	69.7		30.3	
奥地利	Austria	2009	4941	0.7	29.4	30.2	39.7
白俄罗斯	Belarus	2009	3347	100.0			
比利时	Belgium	2009	5277	5.1	34.3	35.8	23.9
伯利兹	Belize	2008	163	100.0			
波黑共和国	Bosnia and Herzegovina	2009	1422	100.0			
英属维尔京群岛	British Virgin Islands	2005	37		80.3		
保加利亚	Bulgaria	2009	3561	96.1			
布基纳法索	Burkina Faso	2009	666	92.0			
喀麦隆	Cameroon	2009	7249	99.6		0.4	
加拿大	Canada	2004	13375			26.8	12.5
智利	Chile	2009	6151			0.4	0.5
中国	China	2009	157340		12.9		1.1
中国香港	China, Hong Kong SAR	2009	6450			49.3	
中国澳门	China, Macao SAR	2009	325		99.8	0.1	
克罗地亚	Croatia	2008	1788	96.8	1.8		1.8
古巴	Cuba	2009	4264	87.2		5.1	7.7
塞浦路斯	Cyprus	2009	620	86.3		13.7	
捷克	Czech Republic	2009	3310	72.2	10.5	2.1	2.0
丹麦	Denmark	2009	4530	3.5	51.1	34.2	16.5
多米尼加	Dominica	2005	21	100.0			
爱沙尼亚	Estonia	2009	464	61.9	0.2	11.2	9.3
芬兰	Finland	2009	2562	46.1	18.1	24.0	11.9
法国	France	2009	34504	32.3	33.9	18.2	15.6
德国	Germany	2009	48101	0.4	32.3	46.6	16.9
希腊	Greece	2009	5386	81.3		16.4	1.4
匈牙利	Hungary	2009	4312	74.5	9.4	13.4	2.1
冰岛	Iceland	2009	177	68.4	10.2	13.0	2.3
伊拉克	Iraq	2005	5446		12.3		
爱尔兰	Ireland	2009	3300	60.6	2.6	31.8	3.5
意大利	Italy	2009	32500	49.2	12.7	12.4	35.4

资料来源：联合国统计司/环境规划署环境统计问卷，废物部分。
欧盟统计局环境数据中心废物数据。
经合组织环境统计摘要，废物部分。

Sources:UNSD/UNEP Questionnaires on Environment Statistics, Waste section.
Eurostat Environmental Data Centre on Waste.
OECD Environmental Data Compendium,Waste Section.

附录4-11 续表 continued

国家和地区	Country or Area	截止年份 Latest Year Available	城市垃圾收集量(千吨) Municipal Waste Collected (1000 tonnes)	填埋 Municipal Waste Landfilled (%)	焚烧 Municipal Waste Incinerated (%)	回收利用 Municipal Waste Recycled (%)	堆肥 Municipal Waste Composted (%)
牙买加	Jamaica	2006	1464	100.0			
日本	Japan	2003	54367	3.4	74.0	16.8	
韩国	Korea, Republic of	2004	18252	36.4	14.4	49.2	
科威特	Kuwait	2009	1723	100.0			
吉尔吉斯斯坦	Kyrgyzstan	2009	6642	100.0			
拉脱维亚	Latvia	2009	753	92.2	0.1	7.4	0.3
黎巴嫩	Lebanon	2009	1720	78.0		7.7	14.0
立陶宛	Lithuania	2009	1206	90.6		3.1	1.3
卢森堡	Luxembourg	2009	349	17.2	36.1	26.6	20.1
马达加斯加	Madagascar	2007	419	96.7			3.5
马耳他	Malta	2009	268	95.1		4.1	
马绍尔群岛	Marshall Islands	2007	26			30.8	6.0
毛里求斯	Mauritius	2009	408	97.1		2.9	
墨西哥	Mexico	2006	36088	96.7		3.3	
摩纳哥	Monaco	2009	37		132.6	8.3	
黑山	Montenegro	2009	212				
摩洛哥	Morocco	2000	6500	98.0		2.0	
荷兰	Netherlands	2009	10159	0.7	33.1	27.2	23.4
新西兰	New Zealand	1999	1541	84.7		15.3	
尼日尔	Niger	2005	9750	64.0	12.0	4.0	
挪威	Norway	2009	2269	14.3	41.5	27.3	15.7
巴勒斯坦	Palestine	2001	1350	100.0			
秘鲁	Peru	2001	4740	65.7		14.7	
波兰	Poland	2009	12053	65.2	0.8	11.8	5.6
葡萄牙	Portugal	2009	5185	61.7	18.5	8.2	11.6
卡塔尔	Qatar	2009	789	94.1			5.9
罗马尼亚	Romania	2009	8507	76.9		0.9	
新加坡	Singapore	2009	6114	2.4	40.6	57.0	
斯洛伐克	Slovakia	2009	1837	75.4	9.0	2.2	5.1
斯洛文尼亚	Slovenia	2009	913	68.8	1.5	37.8	2.2
西班牙	Spain	2009	25090	52.0	8.8	14.7	24.5
圣文森特和格林纳丁斯	St. Vincent and the Grenadines	2002	38	84.9		15.1	
瑞典	Sweden	2009	4486	1.4	48.4	35.4	13.8
瑞士	Switzerland	2009	5460		48.7	34.2	17.0
叙利亚	Syrian Arab Republic	2003	7500	93.9	5.3	1.1	
泰国	Thailand	2000	13972		0.8	14.3	
马其顿	The Former Yugoslav Rep. of Macedonia	2009	552	100.0			
突尼斯	Tunisia	2004	1316	99.9			0.1
土耳其	Turkey	2009	28006	84.8			1.1
乌干达	Uganda	2006	224	100.0			
英国	United Kingdom	2009	32600	49.1	11.1	26.9	14.7
美国	United States	2005	222863	54.3	13.6	23.8	8.4
也门	Yemen	2009	1410	100.0			

附录4-12 森林面积
Forest Area

国家和地区	Country or Area	1990年森林面积(平方公里) Forest Area in 1990 (km^2)	2010年森林面积(平方公里) Forest Area in 2010 (km^2)	比1990年增减(%) % Change since 1990 (%)	2010年森林覆盖率(%) % of Land Area Covered by Forest in 2010 (%)
阿富汗	Afghanistan	13500	13500		2
阿尔巴尼亚	Albania	7890	7760	-1.6	28
阿尔及利亚	Algeria	16670	14920	-10.5	1
美属萨摩亚	American Samoa	180	180		89
安道尔	Andorra	160	160		36
安哥拉	Angola	609760	584800	-4.1	47
安圭拉	Anguilla	60	60		60
安提瓜和巴布达	Antigua and Barbuda	100	100		22
阿根廷	Argentina	347930	294000	-15.5	11
亚美尼亚	Armenia	3470	2620	-24.5	9
阿鲁巴	Aruba				2
澳大利亚	Australia	1545000	1493000	-3.4	19
奥地利	Austria	37760	38870	2.9	47
阿塞拜疆	Azerbaijan	9360	9360		11
巴哈马	Bahamas	5150	5150		51
巴林	Bahrain		10	100.0	1
孟加拉国	Bangladesh	14940	14420	-3.5	11
巴巴多斯	Barbados	80	80		19
白俄罗斯	Belarus	77800	86300	10.9	42
比利时	Belgium	6770	6780	0.1	22
伯利兹	Belize	15860	13930	-12.2	61
贝宁	Benin	57610	45610	-20.8	41
百慕大	Bermuda	10	10		20
不丹	Bhutan	30350	32490	7.1	69
玻利维亚	Bolivia	627950	571960	-8.9	53
波黑	Bosnia and Herzegovina	22100	21850	-1.1	43
博茨瓦纳	Botswana	137180	113510	-17.3	20
巴西	Brazil	5748390	5195220	-9.6	62
英属维尔京群岛	British Virgin Islands	40	40		24
文莱	Brunei Darussalam	4130	3800	-8.0	72
保加利亚	Bulgaria	33270	39270	18.0	36
布基纳法索	Burkina Faso	68470	56490	-17.5	21
布隆迪	Burundi	2890	1720	-40.5	7

资料来源：联合国粮农组织。
Sources:Food and Agriculture Organization of the United Nations (FAO).

附录4-12 续表 1 continued 1

国家和地区	Country or Area	1990年 森林面积 (平方公里) Forest Area in 1990 (km²)	2010年 森林面积 (平方公里) Forest Area in 2010 (km²)	比1990年 增减 (%) % Change since 1990 (%)	2010年 森林覆盖率 (%) % of Land Area Covered by Forest in 2010 (%)
柬埔寨	Cambodia	129440	100940	-22.0	57
喀麦隆	Cameroon	243160	199160	-18.1	42
加拿大	Canada	3101340	3101340		34
佛得角	Cape Verde	580	850	46.6	21
开曼群岛	Cayman Islands	130	130		50
中非共和国	Central African Republic	232030	226050	-2.6	36
乍得	Chad	131100	115250	-12.1	9
智利	Chile	152630	162310	6.3	22
中国	China	1571410	2068610	31.6	22
哥伦比亚	Colombia	625190	604990	-3.2	55
科摩罗	Comoros	120	30	-75.0	2
刚果	Congo	227260	224110	-1.4	66
库克群岛	Cook Islands	150	160	6.7	65
哥斯达黎加	Costa Rica	25640	26050	1.6	51
科特迪瓦	Cote d'Ivoire	102220	104030	1.8	33
克罗地亚	Croatia	18500	19200	3.8	34
古巴	Cuba	20580	28700	39.5	26
塞浦路斯	Cyprus	1610	1730	7.5	19
捷克	Czech Republic	26290	26570	1.1	34
刚果民主共和国	Dem. Rep. of the Congo	1603630	1541350	-3.9	68
丹麦	Denmark	4450	5440	22.2	13
吉布提	Djibouti	60	60		
多米尼加	Dominica	500	450	-10.0	60
多米尼加共和国	Dominican Republic	19720	19720		41
厄瓜多尔	Ecuador	138170	98650	-28.6	36
埃及	Egypt	440	700	59.1	
萨尔瓦多	El Salvador	3770	2870	-23.9	14
赤道几内亚	Equatorial Guinea	18600	16260	-12.6	58
厄立特里亚	Eritrea	16210	15320	-5.5	15
爱沙尼亚	Estonia	20900	22170	6.1	52
埃塞俄比亚	Ethiopia	151140	122960	-18.6	11
法罗群岛	Faeroe Islands				
福克兰群岛(马尔维纳斯群岛)	Falkland Islands (Malvinas)				

附录4-12　续表 2　continued 2

国家和地区	Country or Area	1990年森林面积(平方公里) Forest Area in 1990 (km²)	2010年森林面积(平方公里) Forest Area in 2010 (km²)	比1990年增减(%) % Change since 1990 (%)	2010年森林覆盖率(%) % of Land Area Covered by Forest in 2010 (%)
斐济	Fiji	9530	10140	6.4	56
芬兰	Finland	218890	221570	1.2	73
法国	France	145370	159540	9.7	29
法属圭亚那	French Guiana	81880	80820	-1.3	98
法属波利尼西亚	French Polynesia	550	1550	181.8	42
加蓬	Gabon	220000	220000		85
冈比亚	Gambia	4420	4800	8.6	48
格鲁吉亚	Georgia	27790	27420	-1.3	39
德国	Germany	107410	110760	3.1	32
加纳	Ghana	74480	49400	-33.7	22
直布罗陀	Gibraltar				
希腊	Greece	32990	39030	18.3	30
格陵兰	Greenland				
格林纳达	Grenada	170	170		50
瓜德鲁普	Guadeloupe	670	640	-4.5	39
关岛	Guam	260	260		47
危地马拉	Guatemala	47480	36570	-23.0	34
根西	Guernsey				3
几内亚	Guinea	72640	65440	-9.9	27
几内亚比绍	Guinea-Bissau	22160	20220	-8.8	72
圭亚那	Guyana	152050	152050		77
海地	Haiti	1160	1010	-12.9	4
罗马教廷	Holy See				
洪都拉斯	Honduras	81360	51920	-36.2	46
匈牙利	Hungary	18010	20290	12.7	23
冰岛	Iceland	90	300	233.3	
印度	India	639390	684340	7.0	23
印度尼西亚	Indonesia	1185450	944320	-20.3	52
伊朗	Iran (Islamic Republic of)	110750	110750		7
伊拉克	Iraq	8040	8250	2.6	2
爱尔兰	Ireland	4650	7390	58.9	11
曼岛	Isle of Man	30	30		6
以色列	Israel	1320	1540	16.7	7
意大利	Italy	75900	91490	20.5	31

附录4-12 续表 3 continued 3

国家和地区	Country or Area	1990年森林面积(平方公里) Forest Area in 1990 (km^2)	2010年森林面积(平方公里) Forest Area in 2010 (km^2)	比1990年增减(%) % Change since 1990 (%)	2010年森林覆盖率(%) % of Land Area Covered by Forest in 2010 (%)
牙买加	Jamaica	3450	3370	-2.3	31
日本	Japan	249500	249790	0.1	69
泽西岛	Jersey	10	10		5
约旦	Jordan	980	980		1
哈萨克斯坦	Kazakhstan	34220	33090	-3.3	1
肯尼亚	Kenya	37080	34670	-6.5	6
基里巴斯	Kiribati	120	120		15
朝鲜	Korea, Dem. People's Rep.	82010	56660	-30.9	47
韩国	Korea, Republic of	63700	62220	-2.3	63
科威特	Kuwait	30	60	100.0	
吉尔吉斯斯坦	Kyrgyzstan	8360	9540	14.1	5
老挝	Lao People's Dem. Rep.	173140	157510	-9.0	68
拉脱维亚	Latvia	31730	33540	5.7	54
黎巴嫩	Lebanon	1310	1370	4.6	13
莱索托	Lesotho	400	440	10.0	1
利比里亚	Liberia	49290	43290	-12.2	45
利比亚	Libyan Arab Jamahiriya	2170	2170		
列支敦士登	Liechtenstein	70	70		43
立陶宛	Lithuania	19450	21600	11.1	34
卢森堡	Luxembourg	860	870	1.2	33
马达加斯加	Madagascar	136920	125530	-8.3	22
马拉维	Malawi	38960	32370	-16.9	34
马来西亚	Malaysia	223760	204560	-8.6	62
马尔代夫	Maldives	10	10		3
马里	Mali	140720	124900	-11.2	10
马耳他	Malta				1
马绍尔群岛	Marshall Islands	130	130		70
马提尼克	Martinique	490	490		46
毛里塔尼亚	Mauritania	4150	2420	-41.7	
毛里求斯	Mauritius	390	350	-10.3	17
马约特	Mayotte	180	140	-22.2	37
墨西哥	Mexico	702910	648020	-7.8	33
密克罗尼西亚联邦	Federated States of Micronesia	640	640		92

附录4-12　续表 4　continued 4

国家和地区	Country or Area	1990年森林面积(平方公里) Forest Area in 1990 (km²)	2010年森林面积(平方公里) Forest Area in 2010 (km²)	比1990年增减(%) % Change since 1990 (%)	2010年森林覆盖率(%) % of Land Area Covered by Forest in 2010 (%)
摩纳哥	Monaco				
蒙古	Mongolia	125360	108980	-13.1	7
黑山	Montenegro	5430	5430		40
蒙特塞拉特	Montserrat	40	30	-25.0	24
摩洛哥	Morocco	50490	51310	1.6	11
莫桑比克	Mozambique	433780	390220	-10.0	50
缅甸	Myanmar	392180	317730	-19.0	48
纳米比亚	Namibia	87620	72900	-16.8	9
瑙鲁	Nauru				
尼泊尔	Nepal	48170	36360	-24.5	25
荷兰	Netherlands	3450	3650	5.8	11
荷属安的列斯	Netherlands Antilles	10	10		1
新喀里多尼亚	New Caledonia	8390	8390		46
新西兰	New Zealand	77200	82690	7.1	31
尼加拉瓜	Nicaragua	45140	31140	-31.0	26
尼日尔	Niger	19450	12040	-38.1	1
尼日利亚	Nigeria	172340	90410	-47.5	10
纽埃	Niue	210	190	-9.5	72
诺福克岛	Norfolk Island				12
北马里亚纳群岛	Northern Mariana Islands	340	300	-11.8	66
挪威	Norway	91300	100650	10.2	33
阿曼	Oman	20	20		
巴基斯坦	Pakistan	25270	16870	-33.2	2
帕劳	Palau	380	400	5.3	88
巴拿马	Panama	37920	32510	-14.3	44
巴布亚新几内亚	Papua New Guinea	315230	287260	-8.9	63
巴拉圭	Paraguay	211570	175820	-16.9	44
秘鲁	Peru	701560	679920	-3.1	53
菲律宾	Philippines	65700	76650	16.7	26
皮特凯恩	Pitcairn	40	40		83
波兰	Poland	88810	93370	5.1	30
葡萄牙	Portugal	33270	34560	3.9	38
波多黎各	Puerto Rico	2870	5520	92.3	62

附录4-12 续表 5 continued 5

国家和地区	Country or Area	1990年森林面积(平方公里) Forest Area in 1990 (km²)	2010年森林面积(平方公里) Forest Area in 2010 (km²)	比1990年增减(%) % Change since 1990 (%)	2010年森林覆盖率(%) % of Land Area Covered by Forest in 2010 (%)
卡塔尔	Qatar				
摩尔多瓦	Republic of Moldova	3190	3860	21.0	12
留尼汪	Réunion	870	880	1.1	35
罗马尼亚	Romania	63710	65730	3.2	29
俄罗斯联邦	Russian Federation	8089500	8090900		49
卢旺达	Rwanda	3180	4350	36.8	18
圣赫勒拿	Saint Helena	20	20		6
圣基茨和尼维斯	Saint Kitts and Nevis	110	110		42
圣卢西亚	Saint Lucia	440	470	6.8	77
圣皮埃尔岛和密克隆	Saint Pierre and Miquelon	30	30		13
萨摩亚	Samoa	1300	1710	31.5	60
圣马力诺	San Marino				
圣多美和普林西比	Sao Tome and Principe	270	270		28
沙特阿拉伯	Saudi Arabia	9770	9770		
塞内加尔	Senegal	93480	84730	-9.4	44
塞尔维亚	Serbia	23130	27130	17.3	31
塞舌尔	Seychelles	410	410		88
塞拉利昂	Sierra Leone	31180	27260	-12.6	38
新加坡	Singapore	20	20		3
斯洛伐克	Slovakia	19220	19330	0.6	40
斯洛文尼亚	Slovenia	11880	12530	5.5	62
所罗门群岛	Solomon Islands	23240	22130	-4.8	79
索马里	Somalia	82820	67470	-18.5	11
南非	South Africa	92410	92410		8
西班牙	Spain	138180	181730	31.5	36
斯里兰卡	Sri Lanka	23500	18600	-20.9	29
圣文森特和格林纳丁斯	St. Vincent and the Grenadines	250	270	8.0	68
苏丹	Sudan	763810	699490	-8.4	29
苏里南	Suriname	147760	147580	-0.1	95
斯威士兰	Swaziland	4720	5630	19.3	33
瑞典	Sweden	272810	282030	3.4	69
瑞士	Switzerland	11510	12400	7.7	31

附录4-12　续表 6　continued 6

国家和地区	Country or Area	1990年森林面积(平方公里) Forest Area in 1990 (km^2)	2010年森林面积(平方公里) Forest Area in 2010 (km^2)	比1990年增减(%) % Change since 1990 (%)	2010年森林覆盖率(%) % of Land Area Covered by Forest in 2010 (%)
叙利亚	Syrian Arab Republic	3720	4910	32.0	3
塔吉克斯坦	Tajikistan	4080	4100	0.5	3
泰国	Thailand	195490	189720	-3.0	37
马其顿	The Former Yugoslav Rep. of Macedonia	9120	9980	9.4	39
东帝汶	Timor-Leste	9660	7420	-23.2	50
多哥	Togo	6850	2870	-58.1	5
托克劳	Tokelau				
汤加	Tonga	90	90		13
特立尼达和多巴哥	Trinidad and Tobago	2410	2260	-6.2	44
突尼斯	Tunisia	6430	10060	56.5	6
土耳其	Turkey	96800	113340	17.1	15
土库曼斯坦	Turkmenistan	41270	41270		9
特克斯和凯科斯群岛	Turks and Caicos Islands	340	340		80
图瓦卢	Tuvalu	10	10		33
乌干达	Uganda	47510	29880	-37.1	15
乌克兰	Ukraine	92740	97050	4.6	17
阿拉伯联合酋长国	United Arab Emirates	2450	3170	29.4	4
英国	United Kingdom	26110	28810	10.3	12
坦桑尼亚	United Rep. of Tanzania	414950	334280	-19.4	38
美国	United States	2963350	3040220	2.6	33
美属维尔京群岛	United States Virgin Islands	240	200	-16.7	58
乌拉圭	Uruguay	9200	17440	89.6	10
乌兹别克斯坦	Uzbekistan	30450	32760	7.6	8
瓦努阿图	Vanuatu	4400	4400		36
委内瑞拉	Venezuela	520260	462750	-11.1	52
越南	Viet Nam	93630	137970	47.4	44
瓦利斯和富图纳群岛	Wallis and Futuna Islands	60	60		42
西撒哈拉	Western Sahara	7070	7070		3
也门	Yemen	5490	5490		1
赞比亚	Zambia	528000	494680	-6.3	67
津巴布韦	Zimbabwe	221640	156240	-29.5	40

附录4-13 农业用地

国家和地区	Country or Area	2008年 农业用地 (平方公里) Agricultural Area in 2008 (km²)	比1990年 增减 (%) % Change since 1990 (%)
阿富汗	Afghanistan	379100	-0.3
阿尔巴尼亚	Albania	11810	5.4
阿尔及利亚	Algeria	413090	6.8
美属萨摩亚	American Samoa	50	25.0
安道尔	Andorra	260	
安哥拉	Angola	576900	0.5
安提瓜和巴布达	Antigua and Barbuda	130	
阿根廷	Argentina	1328500	4.3
亚美尼亚	Armenia	17473	
阿鲁巴	Aruba	20	
澳大利亚	Australia	4172880	-10.2
奥地利	Austria	31710	-9.4
阿塞拜疆	Azerbaijan	47567	
巴哈马	Bahamas	130	8.3
巴林	Bahrain	84	5.0
孟加拉国	Bangladesh	93000	-7.3
巴巴多斯	Barbados	190	
白俄罗斯	Belarus	89170	
比利时	Belgium	13730	
伯利兹	Belize	1520	20.6
贝宁	Benin	33950	49.6
百慕大	Bermuda	7	-26.0
不丹	Bhutan	5630	24.0
玻利维亚	Bolivia	368190	3.8
波黑	Bosnia and Herzegovina	21300	
博茨瓦纳	Botswana	258520	-0.6
巴西	Brazil	2645000	9.5
英属维尔京群岛	British Virgin Islands	70	-12.5
文莱	Brunei Darussalam	114	3.6
保加利亚	Bulgaria	51740	-16.0
布基纳法索	Burkina Faso	123600	29.1
布隆迪	Burundi	21900	3.1
柬埔寨	Cambodia	55550	24.7
喀麦隆	Cameroon	91630	-0.1
加拿大	Canada	676000	-0.2
佛得角	Cape Verde	930	36.8
开曼群岛	Cayman Islands	27	

资料来源：联合国粮农组织。
Sources:Food and Agriculture Organization of the United Nations (FAO).

Agricultural Land

2008年农业用地占土地总面积比重(%) % of Total Land Area in 2008 (%)	2008年耕地面积(平方公里) Arable Land in 2008 (km^2)	2008年农用地面积(平方公里) Land Under Permanent Crops in 2008 (km^2)	2008年牧草地面积(平方公里) Land under Permanent Meadows and Pastures in 2008 (km^2)	2008年农业灌溉面积(平方公里) Agricultural Area Irrigated in 2008 (km^2)
58.1	77940	1160	300000	21910
43.1	6100	870	4840	1180
17.3	74890	9350	328850	8550
25.0	20	30		
55.3	10		250	
46.3	34000	2900	540000	
29.5	80	10	40	
48.5	320000	10000	998500	
61.4	4494	540	12439	1558
11.1	20			
54.3	440240	3500	3729140	18510
38.5	13740	660	17310	
57.6	18602	2275	26690	14295
1.3	70	40	20	
11.1	14	30	40	
71.4	79000	8000	6000	
44.2	160	10	20	
43.9	55160	1210	32800	600
45.3	8450	230	5050	
6.7	700	320	500	
30.7	25500	2950	5500	
14.8	7			
14.7	1280	280	4070	
34.0	36000	2190	330000	
41.6	10080	900	10320	
45.6	2500	20	256000	
31.3	610000	75000	1960000	
46.7	10	10	50	
2.2	30	50	34	
47.6	30610	1840	19290	
45.2	63000	600	60000	
85.3	9000	3900	9000	
31.5	39000	1550	15000	
19.4	59630	12000	20000	
7.4	451000	70500	154500	
23.1	650	30	250	
11.3	2	5	20	

国家和地区	Country or Area	2008年 农业用地 (平方公里) Agricultural Area in 2008 (km²)	比1990年 增减 (%) % Change since 1990 (%)
中非共和国	Central African Republic	52100	4.1
乍得	Chad	493300	2.1
海峡群岛	Channel Islands	75	-11.8
智利	Chile	157370	-1.0
中国	China	5225440	-1.7
哥伦比亚	Colombia	426140	-5.5
科摩罗	Comoros	1500	17.2
刚果	Congo	105420	0.2
库克群岛	Cook Islands	30	-50.0
哥斯达黎加	Costa Rica	18000	-21.9
科特迪瓦	Cote d'Ivoire	202500	7.0
克罗地亚	Croatia	12880	
古巴	Cuba	66000	-2.1
塞浦路斯	Cyprus	1156	-28.6
捷克	Czech Republic	42450	
刚果民主共和国	Dem. Rep. of the Congo	224500	-1.8
丹麦	Denmark	26680	-4.3
吉布提	Djibouti	17010	30.9
多米尼加	Dominica	230	27.8
多米尼加共和国	Dominican Republic	25000	-2.0
厄瓜多尔	Ecuador	74450	-5.1
埃及	Egypt	35420	33.8
萨尔瓦多	El Salvador	15520	10.1
赤道几内亚	Equatorial Guinea	3100	-7.2
厄立特里亚	Eritrea	75720	
爱沙尼亚	Estonia	8030	
埃塞俄比亚	Ethiopia	345130	
法罗群岛	Faeroe Islands	30	
福克兰群岛(马尔维纳斯群岛)	Falkland Islands (Malvinas)	11240	-5.5
斐济	Fiji	4280	4.4
芬兰	Finland	22960	-4.2
法国	France	292421	-4.3
法属圭亚那	French Guiana	246	17.1
法属波利尼西亚	French Polynesia	450	4.7
加蓬	Gabon	51400	-0.3
冈比亚	Gambia	6550	2.8
格鲁吉亚	Georgia	25230	

continued 1

2008年农业用地占土地总面积比重(%) % of Total Land Area in 2008 (%)	2008年耕地面积(平方公里) Arable Land in 2008 (km^2)	2008年农用地面积(平方公里) Land Under Permanent Crops in 2008 (km^2)	2008年牧草地面积(平方公里) Land under Permanent Meadows and Pastures in 2008 (km^2)	2008年农业灌溉面积(平方公里) Agricultural Area Irrigated in 2008 (km^2)
8.4	19300	800	32000	
39.2	43000	300	450000	
39.5	37		38	1
21.2	12650	4570	140150	
56.0	1086420	139010	4000010	
38.4	18300	16310	391530	
80.6	800	550	150	
30.9	4900	520	100000	
12.5	20	10		
35.3	2000	3000	13000	
63.7	28000	42500	132000	
23.0	8600	860	3420	
62.0	35700	4000	26300	
12.5	824	318	14	244
55.0	30260	2390	9800	100
9.9	67000	7500	150000	
62.9	24000	70	2610	2540
73.4	10		17000	
30.7	50	160	20	
51.7	8000	5000	12000	
30.0	12360	12640	49450	7580
3.6	27730	7690		
74.9	6850	2300	6370	
11.1	1310	750	1040	
75.0	6700	20	69000	
18.9	5980	80	1970	
34.5	136060	9070	200000	
2.1	30			
92.4			11240	
23.4	1700	830	1750	
7.6	22555	75	330	
53.4	182603	10711	99107	
0.3	128	43	75	
12.3	30	220	200	
19.9	3250	1500	46650	
65.5	3900	50	2600	
36.3	4680	1150	19400	1010

国家和地区	Country or Area	2008年农业用地(平方公里) Agricultural Area in 2008 (km²)	比1990年增减(%) %Change since 1990 (%)
德国	Germany	169220	-6.2
加纳	Ghana	156000	23.8
希腊	Greece	46250	-49.8
格陵兰	Greenland	2350	
格林纳达	Grenada	120	-7.7
瓜德鲁普	Guadeloupe	435	-17.9
关岛	Guam	190	-5.0
危地马拉	Guatemala	42180	-1.6
几内亚	Guinea	137900	14.0
几内亚比绍	Guinea-Bissau	16300	12.6
圭亚那	Guyana	16750	-3.3
海地	Haiti	17900	12.1
洪都拉斯	Honduras	31840	-4.1
匈牙利	Hungary	57780	-10.8
冰岛	Iceland	22810	
印度	India	1797080	-0.7
印度尼西亚	Indonesia	481000	6.7
伊朗	Iran(Islamic Republic of)	482940	-21.5
伊拉克	Iraq	94500	-6.3
爱尔兰	Ireland	42001	-25.6
曼岛	Isle of Man	422	10.2
以色列	Israel	5041	-12.9
意大利	Italy	133960	-20.5
牙买加	Jamaica	4640	-2.5
日本	Japan	46280	-18.7
约旦	Jordan	9735	-6.4
哈萨克斯坦	Kazakhstan	2078980	
肯尼亚	Kenya	271000	1.2
基里巴斯	Kiribati	340	-12.8
朝鲜	Korea, Dem. People's Rep.	29500	17.2
韩国	Korea, Republic of	18050	-17.2
科威特	Kuwait	1510	7.1
吉尔吉斯斯坦	Kyrgyzstan	107272	
老挝	Lao People's Dem. Rep.	22230	33.9
拉脱维亚	Latvia	18250	
黎巴嫩	Lebanon	6860	13.4
莱索托	Lesotho	23590	1.6
利比里亚	Liberia	26180	5.0

continued 2

2008年农业用地占土地总面积比重(%) %ofTotal LandAreain2008 (%)	2008年耕地面积(平方公里) ArableLand in2008 (km²)	2008年农用地面积(平方公里) LandUnder PermanentCrops in2008 (km²)	2008年牧草地面积(平方公里) LandunderPermanent Meadowsand Pasturesin2008 (km²)	2008年农业灌溉面积(平方公里) AgriculturalArea Irrigatedin2008 (km²)
48.5	119330	2000	47890	
68.6	44000	28500	83500	
35.9	21000	11250	14000	
0.6			2350	
35.3	20	90	10	2
25.7	211	34	190	
35.2	10	100	80	
39.4	13250	9430	19500	
56.1	24000	6900	107000	
58.0	3000	2500	10800	
8.5	4200	250	12300	
64.9	10000	3000	4900	
28.5	10180	4100	17560	
64.5	45730	1950	10100	799
22.8	70		22740	
60.4	1581450	111750	103880	
26.6	220000	151000	110000	
29.7	170370	17330	295240	91860
21.6	52000	2500	40000	
61.0	11010	27	30964	
74.0	52		370	
23.3	3017	774	1250	
45.5	71320	26360	36280	
42.8	1250	1100	2290	
12.7	43080	3200		16240
11.0	1495	810	7430	928
77.0	227000	1000	1850980	
47.6	53000	5000	213000	
42.0	20	320		
24.5	27000	2000	500	
18.6	15530	1940	580	
8.5	114	36	1360	
55.9	12795	734	93743	9982
9.6	12500	950	8780	
29.3	11700	70	6480	
67.1	1440	1420	4000	
77.7	3550	40	20000	
27.2	4000	2180	20000	

国家和地区	Country or Area	2008年 农业用地 (平方公里) Agricultural Area in 2008 (km^2)	比1990年 增减 (%) % Change since 1990 (%)
利比亚	Libyan Arab Jamahiriya	155500	0.6
列支敦士登	Liechtenstein	60	-14.3
立陶宛	Lithuania	26721	
卢森堡	Luxembourg	1300	
马达加斯加	Madagascar	408450	12.4
马拉维	Malawi	54720	29.7
马来西亚	Malaysia	78700	8.9
马尔代夫	Maldives	90	
马里	Mali	396300	23.4
马耳他	Malta	100	-23.1
马绍尔群岛	Marshall Islands	130	
马提尼克	Martinique	280	-28.2
毛里塔尼亚	Mauritania	396610	
毛里求斯	Mauritius	980	-13.3
马约特	Mayotte	200	11.1
墨西哥	Mexico	1025000	-1.3
密克罗尼西亚联邦	Micronesia, Federated States of	225	
蒙古	Mongolia	1159520	-7.7
黑山	Montenegro	5130	
蒙特塞拉特	Montserrat	30	
摩洛哥	Morocco	299810	-1.2
莫桑比克	Mozambique	487500	2.2
缅甸	Myanmar	120050	15.1
纳米比亚	Namibia	388080	0.4
瑙鲁	Nauru	4	
尼泊尔	Nepal	42100	1.4
荷兰	Netherlands	19293	-3.8
荷属安的列斯	Netherlands Antilles	80	
新喀里多尼亚	New Caledonia	2520	8.6
新西兰	New Zealand	113740	-29.7
尼加拉瓜	Nicaragua	51460	27.9
尼日尔	Niger	433160	31.1
尼日利亚	Nigeria	785000	8.9
纽埃	Niue	50	4.2
诺福克岛	Norfolk Island	10	
北马里亚纳群岛	Northern Mariana Islands	30	
挪威	Norway	10243	4.9
阿曼	Oman	17940	66.1

continued 3

2008年农业用地占土地总面积比重(%) % of Total Land Area in 2008 (%)	2008年耕地面积(平方公里) Arable Land in 2008 (km^2)	2008年农用地面积(平方公里) Land Under Permanent Crops in 2008 (km^2)	2008年牧草地面积(平方公里) Land under Permanent Meadows and Pastures in 2008 (km^2)	2008年农业灌溉面积(平方公里) Agricultural Area Irrigated in 2008 (km^2)
8.8	17500	3000	135000	
37.5	38		20	
42.6	18615	274	7832	
50.2	620	10	670	
70.2	29500	6000	372950	8900
58.2	35000	1220	18500	
24.0	18000	57850	2850	
30.0	40	40	10	
32.5	48500	1300	346500	
31.3	85	15		29
72.2	20	80	30	
26.4	110	60	110	
38.5	4000	110	392500	
48.3	870	40	70	210
53.3	70	130		
52.7	248000	27000	750000	
32.1	25	170	30	
74.6	8500	20	1151000	
38.1	1730	160	3240	
30.0	20		10	
67.2	80550	9260	210000	13280
62.0	45000	2500	440000	
18.4	106000	11000	3050	
47.1	8000	80	380000	
20.0		4		
29.4	23570	1180	17350	11680
57.1	10666	349	8278	
10.0	80			
13.8	80	50	2390	
43.2	4530	690	108520	
42.8	19000	2300	30160	
34.2	144930	430	287800	
86.2	375000	30000	380000	
19.2	10	30	10	
25.0			10	
6.5	10	10	10	
3.4	8447	46	1750	
5.8	550	390	17000	

国家和地区	Country or Area	2008年农业用地(平方公里) Agricultural Area in 2008 (km²)	比1990年增减(%) % Change since 1990 (%)
巴基斯坦	Pakistan	262000	1.0
帕劳	Palau	50	
巴拿马	Panama	22300	5.0
巴布亚新几内亚	Papua New Guinea	11100	26.6
巴拉圭	Paraguay	204000	18.9
秘鲁	Peru	214400	-1.8
菲律宾	Philippines	118000	5.9
波兰	Poland	161540	-14.0
葡萄牙	Portugal	34600	-12.7
波多黎各	Puerto Rico	1870	-57.0
卡塔尔	Qatar	660	8.2
摩尔多瓦	Republic of Moldova	24850	
留尼汪	Réunion	470	-26.6
罗马尼亚	Romania	135460	-8.3
俄罗斯联邦	Russian Federation	2154940	
卢旺达	Rwanda	20200	7.5
圣赫勒拿	Saint Helena	120	20.0
圣基茨和尼维斯	Saint Kitts and Nevis	51	-57.5
圣卢西亚	Saint Lucia	110	-45.0
圣皮埃尔岛和密克隆	Saint Pierre and Miquelon	30	
萨摩亚	Samoa	660	-1.5
圣马力诺	San Marino	10	
圣多美和普林西比	Sao Tome and Principe	550	31.0
沙特阿拉伯	Saudi Arabia	1736760	40.6
塞内加尔	Senegal	91540	3.2
塞尔维亚	Serbia	50560	
塞舌尔	Seychelles	40	-20.0
塞拉利昂	Sierra Leone	41300	46.2
新加坡	Singapore	7	-65.0
斯洛伐克	Slovakia	19370	
斯洛文尼亚	Slovenia	5030	
所罗门群岛	Solomon Islands	840	23.5
索马里	Somalia	440270	
南非	South Africa	993780	2.7
西班牙	Spain	279000	-8.4
斯里兰卡	Sri Lanka	26400	12.9

continued 4

2008年农业用地占土地总面积比重(%) % of Total Land Area in 2008 (%)	2008年耕地面积(平方公里) Arable Land in 2008 (km^2)	2008年农用地面积(平方公里) Land Under Permanent Crops in 2008 (km^2)	2008年牧草地面积(平方公里) Land under Permanent Meadows and Pastures in 2008 (km^2)	2008年农业灌溉面积(平方公里) Agricultural Area Irrigated in 2008 (km^2)
34.0	203470	8530	50000	191300
10.9	10	20	20	
30.0	5480	1470	15350	
2.5	2700	6500	1900	
51.3	42000	1000	161000	
16.8	36500	7900	170000	
39.6	53000	50000	15000	
53.1	125710	3990	31840	
37.8	10500	5850	18250	
21.1	600	370	900	
5.7	130	30	500	
75.6	18220	3030	3600	2250
18.8	328	32	110	
58.9	87210	3750	44500	2570
13.2	1216490	17930	920520	42470
81.9	12900	2800	4500	
30.8	40		80	
19.6	40	1	10	4
18.0	30	70	10	
13.0	30			
23.3	250	380	30	
16.7	10			
57.3	90	450	10	
80.8	34460	2300	1700000	
47.5	35000	540	56000	
57.2	33020	3000	14540	260
8.7	10	30		
57.7	17950	1350	22000	
1.0	5	2		
40.3	13820	230	5320	260
25.0	1810	260	2960	40
3.0	160	600	80	
70.2	10000	270	430000	
81.8	145000	9500	839280	
55.9	125000	48000	106000	
42.1	12500	9500	4400	

国家和地区	Country or Area	2008年 农业用地 (平方公里) Agricultural Area in 2008 (km²)	比1990年 增减 (%) % Change since 1990 (%)
圣文森特和格林纳丁斯	St. Vincent and the Grenadines	100	-16.7
苏丹	Sudan	1380860	12.3
苏里南	Suriname	748	-15.0
斯威士兰	Swaziland	12240	-1.1
瑞典	Sweden	30930	-9.4
瑞士	Switzerland	15613	-1.2
叙利亚	Syrian Arab Republic	138980	3.0
塔吉克斯坦	Tajikistan	47270	
泰国	Thailand	196500	-8.1
马其顿	The Former Yugoslav Rep. of Macedonia	10710	
东帝汶	Timor-Leste	3750	17.9
多哥	Togo	36300	13.8
托劳克群岛	Tokelau	6	20.0
汤加	Tonga	310	-3.1
特立尼达和多巴哥	Trinidad and Tobago	540	-29.9
突尼斯	Tunisia	98810	14.3
土耳其	Turkey	391220	-1.4
土库曼斯坦	Turkmenistan	326180	
特克斯和凯科斯群岛	Turks and Caicos Islands	10	
图瓦卢	Tuvalu	18	-10.0
乌干达	Uganda	130120	8.8
乌克兰	Ukraine	412920	
阿拉伯联合酋长国	United Arab Emirates	5700	100.0
英国	United Kingdom	176840	-2.9
坦桑尼亚	United Rep. of Tanzania	349500	2.8
美国	United States	4112000	-3.7
美属维尔京群岛	United States Virgin Islands	40	-60.0
乌拉圭	Uruguay	148640	0.3
乌兹别克斯坦	Uzbekistan	266200	
瓦努阿图	Vanuatu	1870	23.0
委内瑞拉	Venezuela	213500	-2.3
越南	Viet Nam	100570	49.5
瓦利斯和富图纳群岛	Wallis and Futuna Islands	60	
西撒哈拉	Western Sahara	50040	
也门	Yemen	236060	-0.1
赞比亚	Zambia	223840	10.8
津巴布韦	Zimbabwe	159500	22.6

continued 5

2008年农业用地占土地总面积比重(%) % of Total Land Area in 2008 (%)	2008年耕地面积(平方公里) Arable Land in 2008 (km^2)	2008年农用地面积(平方公里) Land Under Permanent Crops in 2008 (km^2)	2008年牧草地面积(平方公里) Land under Permanent Meadows and Pastures in 2008 (km^2)	2008年农业灌溉面积(平方公里) Agricultural Area Irrigated in 2008 (km^2)
25.6	50	30	20	
58.1	206980	2080	1171800	17310
0.5	490	70	188	
71.2	1780	140	10320	
7.5	26260	90	4580	
39.0	4083	230	11300	
75.7	46990	9670	82320	13560
33.8	7380	1330	38560	7108
38.5	152000	36500	8000	
42.4	4320	360	6030	
25.2	1600	650	1500	
66.7	24600	1700	10000	
60.0		6		
43.1	150	120	40	
10.5	250	220	70	
63.6	28350	22060	48400	3960
50.8	215550	29500	146170	52150
69.4	18500	680	307000	
1.1	10			
60.0		18		
66.0	56500	22500	51120	
71.3	324740	9000	79180	21730
6.8	650	2000	3050	
73.1	60050	460	116330	
39.5	96000	13500	240000	
45.0	1705000	27000	2380000	
11.4	10	10	20	
84.9	16400	330	131910	1800
62.6	43000	3200	220000	
15.3	200	1250	420	
24.2	27000	6500	180000	
32.4	63000	31150	6420	
42.9	10	50		
18.8	40		50000	
44.7	12790	3270	220000	
30.1	23550	290	200000	
41.2	37300	1200	121000	

附录五、2011年上半年各省、自治区、直辖市主要污染物排放量指标公报

APPENDIX V. The Main Pollutants Emission Indicators Communiqué of the Provinces, Autonomous Regions, Municipality Directly under the Central Government in the First Half of 2011

2011年上半年各省、自治区、直辖市主要污染物排放量指标公报

The Main Pollutants Emission Indicators Communiqué of the Provinces, Autonomous Regions, Municipality Directly under the Central Government in the First Half of 2010

单位:万吨 (10000 tons)

地 区	Region	化学需氧量排放量 COD Discharge			氨氮排放量 Ammonia Nitrogen Discharge		
		2010年上半年 the First Half of 2010	2011年上半年 the First Half of 2011	2011年比上年增减(%) Increase or Decrease in 2011 over 2010 (%)	2010年上半年 the First Half of 2010	2011年上半年 the First Half of 2011	2011年比上年增减(%) Increase or Decrease in 2011 over 2010 (%)
全 国	**National Total**	**1276.0**	**1255.0**	**-1.63**	**132.2**	**131.2**	**-0.73**
北 京	Beijing	10.01	9.93	-0.82	1.10	1.09	-0.74
天 津	Tianjin	11.92	11.91	-0.11	1.39	1.38	-0.80
河 北	Hebei	71.10	69.54	-2.20	5.81	5.71	-1.55
山 西	Shanxi	25.36	25.15	-0.84	2.97	2.96	-0.19
内蒙古	Inner Mongolia	46.06	45.35	-1.56	2.72	2.75	0.98
辽 宁	Liaoning	68.67	67.67	-1.46	5.62	5.54	-1.42
吉 林	Jilin	41.72	40.98	-1.76	2.93	2.89	-1.56
黑龙江	Heilongjiang	80.58	79.19	-1.73	4.73	4.72	-0.14
上 海	Shanghai	13.28	12.97	-2.32	2.61	2.60	-0.34
江 苏	Jiangsu	64.01	62.40	-2.51	8.06	7.96	-1.19
浙 江	Zhejiang	42.09	41.53	-1.35	5.92	5.89	-0.50
安 徽	Anhui	48.67	47.55	-2.29	5.60	5.51	-1.68
福 建	Fujian	34.79	34.10	-2.00	4.86	4.84	-0.39
江 西	Jiangxi	38.85	38.39	-1.20	4.72	4.68	-0.83
山 东	Shandong	100.81	99.72	-1.09	8.82	8.76	-0.65
河 南	Henan	74.12	73.48	-0.86	7.79	7.84	0.73
湖 北	Hubei	56.19	55.63	-0.99	6.64	6.63	-0.18
湖 南	Hunan	67.07	66.27	-1.19	8.48	8.47	-0.04
广 东	Guangdong	96.63	93.27	-3.47	11.76	11.49	-2.32
广 西	Guangxi	40.37	38.61	-4.34	4.23	4.22	-0.08
海 南	Hainan	10.20	10.01	-1.87	1.15	1.14	-0.87
重 庆	Chongqing	21.31	21.11	-0.91	2.80	2.77	-0.91
四 川	Sichuan	66.22	65.70	-0.78	7.28	7.17	-1.56
贵 州	Guizhou	17.42	17.41	-0.02	2.02	2.01	-0.45
云 南	Yunnan	28.18	27.68	-1.79	3.00	2.98	-0.62
西 藏	Tibet	1.37	1.37		0.17	0.17	
陕 西	Shaanxi	28.49	27.54	-3.33	3.22	3.19	-1.09
甘 肃	Gansu	20.12	20.03	-0.47	2.16	2.18	0.53
青 海	Qinghai	5.22	5.05	-3.39	0.48	0.47	-3.25
宁 夏	Ningxia	12.00	11.88	-1.05	0.91	0.89	-2.22
新 疆	Xinjiang	28.43	28.82	1.38	2.03	2.07	2.13
新疆兵团	Xinjiang Production & Construction Corps	4.73	4.78	1.11	0.25	0.26	2.29

注：公报不含香港特别行政区、澳门特别行政区和台湾省。
Note: Statistics in this Communique not include Hong kong SAR, Macao SAR and Taiwan Province.

附录5 续表

单位:万吨 (10000 tons)

地 区	Region	二氧化硫排放量 Sulphur Dioxide Emission			氮氧化物排放量 Nitrogen Oxides Emission		
		2010年上半年 the First Half of 2010	2011年上半年 the First Half of 2011	2011年比上年增减(%) Increase or Decrease in 2011 over 2010 (%)	2010年上半年 the First Half of 2010	2011年上半年 the First Half of 2011	2011年比上年增减(%) Increase or Decrease in 2011 over 2010 (%)
全 国	**National Total**	**1133.9**	**1114.1**	**-1.74**	**1136.6**	**1206.7**	**6.17**
北 京	Beijing	5.22	4.60	-11.87	9.89	9.57	-3.18
天 津	Tianjin	11.90	11.70	-1.71	17.01	18.20	7.00
河 北	Hebei	71.90	71.12	-1.08	85.65	91.26	6.55
山 西	Shanxi	71.91	70.31	-2.22	62.07	64.11	3.28
内蒙古	Inner Mongolia	69.87	70.01	0.20	65.70	70.20	6.84
辽 宁	Liaoning	58.60	56.45	-3.66	51.01	53.26	4.40
吉 林	Jilin	20.84	20.61	-1.14	29.12	30.15	3.56
黑龙江	Heilongjiang	25.67	25.56	-0.42	37.64	39.48	4.91
上 海	Shanghai	12.76	12.34	-3.24	22.14	22.99	3.85
江 苏	Jiangsu	54.28	54.98	1.29	73.59	79.97	8.67
浙 江	Zhejiang	34.18	33.44	-2.16	42.66	44.46	4.22
安 徽	Anhui	26.91	26.47	-1.65	45.19	48.52	7.39
福 建	Fujian	19.64	19.88	1.23	22.38	26.84	19.97
江 西	Jiangxi	29.71	28.91	-2.72	29.11	31.93	9.69
山 东	Shandong	94.06	92.64	-1.50	87.00	90.45	3.97
河 南	Henan	72.01	70.24	-2.46	79.49	82.90	4.29
湖 北	Hubei	34.73	34.29	-1.27	31.56	33.86	7.27
湖 南	Hunan	35.48	35.27	-0.59	30.22	32.71	8.25
广 东	Guangdong	41.95	41.64	-0.75	66.17	68.41	3.39
广 西	Guangxi	28.61	23.11	-19.23	22.55	23.49	4.17
海 南	Hainan	1.56	1.72	10.66	4.01	4.48	11.60
重 庆	Chongqing	30.44	30.06	-1.25	19.11	20.73	8.47
四 川	Sichuan	46.34	45.22	-2.41	31.02	34.10	9.95
贵 州	Guizhou	58.09	54.71	-5.81	24.65	26.15	6.08
云 南	Yunnan	35.19	34.19	-2.84	25.99	26.25	1.01
西 藏	Tibet	0.21	0.21		1.91	1.91	
陕 西	Shaanxi	47.38	46.14	-2.62	38.29	41.21	7.63
甘 肃	Gansu	31.12	32.03	2.92	21.02	23.42	11.43
青 海	Qinghai	7.85	7.71	-1.74	5.78	6.38	10.30
宁 夏	Ningxia	19.14	20.65	7.87	20.88	22.61	8.27
新 疆	Xinjiang	31.57	32.83	4.00	29.41	31.74	7.91
新疆兵团	Xinjiang Production & Construction Corps	4.79	5.07	5.87	4.38	4.93	12.55

附录六、主要统计指标解释

APPENDIX VI. Explanatory Notes on Main Statistical Indicators

主要统计指标解释

一、自然状况

平均气温 气温指空气的温度，我国一般以摄氏度为单位表示。气象观测的温度表是放在离地面约 1.5 米处通风良好的百叶箱里测量的，因此，通常说的气温指的是离地面 1.5 米处百叶箱中的温度。计算方法：月平均气温是将全月各日的平均气温相加，除以该月的天数而得。年平均气温是将 12 个月的月平均气温累加后除以 12 而得。

年平均相对湿度 相对湿度指空气中实际水气压与当时气温下的饱和水气压之比，通常以(%)为单位表示。其统计方法与气温相同。

全年日照时数 日照时数指太阳实际照射地面的时数，通常以小时为单位表示。其统计方法与降水量相同。

全年降水量 降水量指从天空降落到地面的液态或固态(经融化后)水，未经蒸发、渗透、流失而在地面上积聚的深度，通常以毫米为单位表示。计算方法：月降水量是将该全月各日的降水量累加而得。年降水量是将该年 12 个月的月降水量累加而得。

二、水环境

水资源总量 一定区域内的水资源总量指当地降水形成的地表和地下产水量，即地表径流量与降水入渗补给量之和，不包括过境水量。

地表水资源量 指河流、湖泊、冰川等地表水体中由当地降水形成的、可以逐年更新的动态水量，即天然河川径流量。

地下水资源量 指当地降水和地表水对饱水岩土层的补给量。

地表水与地下水资源重复计算量 指地表水和地下水相互转化的部分，即在河川径流量中包括一部分地下水排泄量，地下水补给量中包括一部分来源于地表水的入渗量。

供水总量 指各种水源工程为用户提供的包括输水损失在内的毛供水量。

地表水源供水量 指地表水体工程的取水量，按蓄、引、提、调四种形式统计。从水库、塘坝中引水或提水，均属蓄水工程供水量；从河道或湖泊中自流引水的，无论有闸或无闸，均属引水工程供水量；利用扬水站从河道或湖泊中直接取水的，属提水工程供水量；跨流域调水指水资源一级区或独立流域之间的跨流域调配水量，不包括在蓄、引、提水量中。

地下水源供水量 指水井工程的开采量，按浅层淡水、深层承压水和微咸水分别统计。城市地下水源供水量包括自来水厂的开采量和工矿企业自备井的开采量。

其他水源供水量 包括污水处理再利用、集雨工程、海水淡化等水源工程的供水量。

用水总量 指分配给用户的包括输水损失在内的毛用水量。按用户特性分为农业、工业、生活和生态用水四大类。

农业用水 包括农田灌溉和林牧渔业用水。林牧渔业用水指林果地灌溉、草地灌溉和鱼塘补水。

工业用水 按新水取用量计，不包括企业内部的重复利用水量。

生活用水 包括城镇生活用水和农村生活用水。城镇生活用水由居民用水和公共用水（含服务业、餐饮业、货运邮电业及建筑业等用水）组成；农村生活用水除居民生活用水外，还包括畜用水在内。

生态环境补水 仅包括城市环境用水和部分河湖、湿地的人工补水。

工业废水排放量 指报告期内经过企业厂区所有排放口排到企业外部的工业废水量。包括生产废水、外排的直接冷却水、超标排放的矿井地下水和与工业废水混排的厂区生活污水，不包括外排的间接冷却水(清污不分流的间接冷却水应计算在废水排放量内)。

直接排入海的 指经企业位于海边的排放口，直接排入海的废水量。直接排放指废水经过工厂的排污口直接排入海，而未经过城市下水道或其他中间体，也不受其他水体的影响。

工业废水排放达标量 指报告期内废水中各项污染物指标都达到国家或地方排放标准的外排工业废水量，包括未经处理外排达标的，经废水处理设施处理后达标排放的，以及经污水处理厂处理后达标排放的。

工业废水排放达标率 指工业废水排放达标量占工业废水排放量的百分率，计算公式为：

$$\text{工业废水排放达标率} = \frac{\text{工业废水排放达标量}}{\text{工业废水排放量}} \times 100\%$$

化学需氧量(COD) 测量有机和无机物质化学分解所消耗氧的质量浓度的水污染指数。

三、海洋环境

清洁海域 符合国家海水水质标准中一类海水水质的海域，适用于海洋渔业水域、海上自然保护区、珍稀濒危海洋生物保护区。

较清洁海域 符合国家海水水质标准中二类海水水质的海域，适用于水产养殖区、海水浴场、人体直接接触海水的海上运动或娱乐区、以及与人类食用直接有关的工业用水区。

轻度污染海域 符合国家海水水质标准中三类海水水质的海域，适用于一般工业用水区。

中度污染海域 符合国家海水水质标准中四类海水水质的海域，仅适用于海洋港口水域和海洋开发作业区。

严重污染海域 劣于国家海水水质标准中四类海水水质的海域。

四、大气环境

工业废气排放量 指报告期内企业厂区内燃料燃烧和生产工艺过程中产生的各种排入大气的含有污染物的气体的总量，以标准状态(273K，101325Pa)计算。测算公式为：

$$\text{工业废气排放量}=\text{燃料燃烧过程中的废气排放量}+\text{生产工艺过程中的废气排放量}$$

生活及其他 SO_2 排放量 以生活及其他煤炭消费量和其含硫量为基础，根据以下公式计算：

$$\text{生活及其他 } SO_2 \text{排放量}=\text{生活及其他煤炭消费量} \times \text{含硫量} \times 0.8 \times 2$$

工业 SO_2 排放量 指报告期内企业在燃料燃烧和生产工艺过程中排入大气的 SO_2 总量，计算公式为：

$$\text{工业} SO_2 \text{排放量}=\text{燃料燃烧过程中 } SO_2 \text{排放量}+\text{生产工艺过程中 } SO_2 \text{排放量}$$

工业烟尘排放量 指企业厂区内燃料燃烧过程中产生的烟气中夹带的颗粒物排放量。

生活及其他烟尘排放量 指除工业生产活动以外的所有社会、经济活动及公共设施的经营活动中燃烧所排放的烟尘纯重量。以生活及其他煤炭消费量为基础进行测算。

工业粉尘排放量 指报告期内企业排入大气的粉尘量。工业粉尘指在生产工艺过程中排放的能在空气中悬浮一定时间的固体颗粒，如钢铁企业的耐火材料粉尘、焦化企业的筛焦系统粉尘、烧结机的粉尘、石灰窑的粉尘、建材企业水泥粉尘等，不包括电厂排入大气的烟尘。工业粉尘排放量可以通过除尘系统的排风量和除尘设备出口排尘浓度相乘求得，计算公式为：

$$\text{工业粉尘排放量}=\text{除尘设备出口废气中粉尘平均浓度}\times\text{除尘系统排风量}\times\text{除尘设备运行时间}$$

五、固体废物

工业固体废物产生量 指报告期内企业在生产过程中产生的固体状、半固体状和高浓度液体状废弃物的总量，包括危险废物、冶炼废渣、粉煤灰、炉渣、煤矸石、尾矿、放射性废物和其他废物等；不包括矿山开采的剥离废石和掘进废石(煤矸石和呈酸性或碱性的废石除外)。酸性或碱性废石指采掘的废石其流经水、雨淋水的 PH 值小于 4 或 PH 值大于 10.5 者。

危险废物 指列入国家危险废物名录或者根据国家规定的危险废物鉴别标准和鉴别方法认定的，具有爆炸性、易燃性、易氧化性、毒性、腐蚀性、易传染性疾病等危险特性之一的废物。

工业固体废物综合利用量 指报告期内企业通过回收、加工、循环、交换等方式，从固体废物中提取或者使其转化为可以利用的资源、能源和其他原材料的固体废物量(包括当年利用的往年工业固体废物贮存量)。如用做农业肥料、生产建筑材料、筑路等。综合利用量由原产生固体废物的单位统计。

工业固体废物综合利用率 指工业固体废物综合利用量占固体废物产生量的百分率。计算公式为：

$$\text{工业固体废物综合利用率}=\frac{\text{工业固体废物综合利用量}}{\text{工业固体废物产生量}+\text{综合利用往年贮存量}}\times 100\%$$

工业固体废物贮存量 指报告期内企业以综合利用或处置为目的，将固体废物暂时贮存或堆存在专设的贮存设施或专设的集中堆存场所内的数量。专设的固体废物贮存场所或贮存设施必须有防扩散、防流失、防渗漏、防止污染大气、水体的措施。

工业固体废物处置量 指报告期内企业将固体废物焚烧或者最终置于符合环境保护规定要求的场所，并不再回取的工业固体废物量(包括当年处置往年的工业固体废物贮存量)。处置方式有填埋(其中危险废物应安全填埋)、焚烧、专业贮存场(库)封场处理、深层灌注、回填矿井及海洋处置(经海洋管理部门同意投海处置)等。

工业固体废物排放量 指报告期内企业将所产生的固体废物排到固体废物污染防治设施、场所以外的量。不包括矿山开采的剥离废石和掘进废石(煤矸石和呈酸性或碱性的废石除外)。

“三废”综合利用产品产值 指报告期内利用“三废” 作为主要原料生产的产品价值(现行价)；已经销售或准备销售的应计算产品价值，留作生产自用的不应计算产品价值。

六、自然生态

自然保护区 指对有代表性的自然生态系统、珍稀濒危野生动植物物种的天然分布区、水源涵养区、有特殊意义的自然历史遗迹等保护对象所在的陆地、陆地水体或海域，依法划出一定面积进行特殊保护和管理的区域。以县及县以上各级人民政府正式批准建立的自然保护区为准。风景名胜区、文物保护区不计在内。

湿地 指天然或人工、长久或暂时性的沼泽地、泥炭地或水域地带，包括静止或流动、淡水、半咸水、咸水体，低潮时水深不超过 6 米的水域以及海岸地带地区的珊瑚滩和海草床、滩涂、红树林、河口、河流、淡水沼泽、沼泽森林、湖泊、盐沼及盐湖。

七、土地利用

土地调查面积 指行政区域内的土地调查总面积，包括农用地、建设用地和未利用地。

八、林业

森林面积 包括郁闭度 0.2 以上的乔木林地面积和竹林面积，国家特别规定的灌木林地面积、农田林网以及村旁、路旁、水旁、宅旁林木的覆盖面积。

人工林面积 指由人工播种、植苗或扦插造林形成的生长稳定，(一般造林 3-5 年后或飞机播种 5-7 年后)每公顷保存株数大于或等于造林设计植树株数 80%或郁闭度 0.20 以上(含02.0)的林分面积。

森林覆盖率 指以行政区域为单位森林面积占区域土地总面积的百分比。计算公式：

$$森林覆盖率 = \frac{森林面积}{土地总面积} \times 100\%$$

活立木总蓄积量 指一定范围土地上全部树木蓄积的总量，包括森林蓄积、疏林蓄积、散生木蓄积和四旁树蓄积。

森林蓄积量 指一定森林面积上存在着的林木树干部分的总材积，以立方米为计算单位。它是反映一个国家或地区森林资源总规模和水平的基本指标之一。它说明一个国家或地区林业生产发展情况，反映森林资源的丰富程度，也是衡量森林生态环境优劣的重要依据。

造林面积 指在宜林荒山荒地、宜林沙荒地、无立木林地、疏林地和退耕地等其它宜林地上通过人工措施形成或恢复森林、林木、灌木林的过程。

人工造林 指在宜林荒山荒地、宜林沙荒地、无立木林地、疏林地和退耕地等其它宜林地上通过播种、植苗和分植来提高森林植被覆被率的技术措施。

飞播造林 通过飞机播种，为宜林荒山荒地、宜林沙荒地、其它宜林地、疏林地补充适量的种源，并辅以适当的人工措施，在自然力的作用下使其形成森林或灌草植被，提高森林植被覆被率的技术措施。

无林地和疏林地新封山育林 对宜林地、无立木林地、疏林地实施封禁并辅以人工促进手段，使其形成森林或灌草植被的一项技术措施。

用材林 指以生产木材为主要目的的森林和林木，包括以生产竹材为主要目的的竹林。

经济林 指以生产果品，食用油料、饮料、调料，工业原料和药材为主要目的的林木。经济林是人们为了取得林木的果实、叶片、皮层、胶液等产品作为工业原料或者供食用所营造的林木，如油茶、油桐、核桃、樟树、花椒、茶、桑、果等。

防护林 指以防护为主要目的的森林、林木和灌木丛。包括水源涵养林，水土保持林，防风固沙林，农田、牧场防护林，护岸林，护路林等。

薪炭林 指以生产燃料为主要目的的林木。

特种用途林 指以国防、环境保护、科学实验等为主要目的的森林和林木。包括国防林、实验林、母树林、环境保护林、风景林，名胜古迹和革命纪念地的林木，自然保护区的森林。

天然林保护工程 是我国林业的"天"字号工程、一号工程，也是投资最大的生态工程。具体包括三个层次：全面停止长江上游、黄河上中游地区天然林采伐；大幅度调减东北、内蒙古等重点国有林区的木材产量；同时保护好其他地区的天然林资源。主要解决这些区域天然林资源的休养生息和恢复发展问题。

退耕还林还草工程 是我国林业建设上涉及面最广、政策性最强、工序最复杂、群众参与度最高的生态建设工程。主要解决重点地区的水土流失问题。

三北和长江流域等重点防护林体系建设工程 三北和长江中下游地区等重点防护林体系建设工程，是我国涵盖面最大、内容最丰富的防护林体系建设工程。具体包括三北防护林四期工程、长江中下游及淮河太湖流域防护林二期工程、沿海防护林二期工程、珠江防护林二期工程、太行山绿化二期工程和平原绿化二期工程。主要解决三北地区的防沙治沙问题和其他区域各不相同的生态问题。

京津风沙源治理工程 环北京地区防沙治沙工程，是首都乃至中国的"形象工程"，也是环京津生态圈建设的主体工程。虽然规模不大，但是意义特殊。主要解决首都周围地区的风沙危害问题。

野生动植物保护及自然保护区建设工程 野生动植物保护及自然保护区建设工程，是一个面向未来，着眼长远，具有多项战略意义的生态保护工程，也是呼应国际大气候、树立中国良好国际形象的"外交工程"。主要解决基因保存、生物多样性保护、自然保护、湿地保护等问题。

重点地区速生丰产用材林基地建设工程 重点地区以速生丰产用材林为主的林业产业基地建设工程，是我国林业产业体系建设的骨干工程，也是增强林业实力的"希望工程"。主要解决我国木材和林产品的供应问题。

九、自然灾害及突发事件

滑坡 指斜坡上不稳定的岩土体在重力作用下沿一定软面（或滑动带）整体向下滑动的物理地质现象。地表水和地下水的作用以及人为的不合理工程活动对斜坡岩、土体稳定性的破坏，经常是促使滑坡发生的主要因素。在露天采矿、水利、铁路、公路等工程中，滑坡往往造成严重危害。

崩塌 指陡坡上大块的岩土体在重力作用下突然脱离母体崩落的物理地质现象。它可因多裂隙的岩体经强烈的物理风化、雨水渗入或地震而造成，往往毁坏建筑物，堵塞河道或交通路线。

泥石流 指山地突然爆发的包含大量泥沙、石块的特殊洪流称为泥石流，多见于半干旱山地高原地区。其形成条件是地形陡峻，松散堆积物丰富，有特大暴雨或大量冰融水的流出。

地面塌陷 指地表岩、土体在自然或人为因素作用下向下陷落，并在地面形成塌陷坑(洞)的一种动力地质现象。由于其发育的地质条件和作用因素的不同，地面塌陷可分为：岩溶塌陷、非岩溶塌陷。

突发环境事件 指突然发生，造成或可能造成重大人员伤亡、重大财产损失和对全国或者某一地区的经济社会稳定、政治安定构成重大威胁和损害，有重大社会影响的涉及公共安全的环境事件。

十、环境投资

环境污染治理投资 指在工业污染源治理和城市环境基础设施建设的资金投入中，用于形成固定资产的资金。包括工业新老污染源治理工程投资、建设项目“三同时”环保投资，以及城市环境基础设施建设所投入的资金。

林业建设到位资金 报告期内林业建设项目实施单位专项账户上实际收到的用于林业建设的资金合计。

本年完成投资 指从本年1月1日起至本年最后一天止完成的全部投资额。本年完成投资是反映本年的实际投资规模，计算有关投资效果，进行年度国民经济平衡分析的重要指标。

十一、城市环境

年末道路长度 指年末道路长度和与道路相通的广场、桥梁、隧道的长度，按车行道中心线计算。在统计时只统计路面宽度在3.5米(含3.5米)以上的各种铺装道路，包括开放型工业区和住宅区道路在内。

城市桥梁 指为跨越天然或人工障碍物而修建的构筑物。包括跨河桥、立交桥、人行天桥以及人行地下通道等。包括永久性桥和半永久性桥。

城市排水管道长度 指所有排水总管、干管、支管、检查井及连接井进出口等长度之和。

全年供水总量 指报告期供水企业（单位）供出的全部水量。包括有效供水量和漏损水量。

用水普及率 指城市用水人口数与城市人口总数的比率。计算公式：

用水普及率=城市用水人口数/城市人口总数×100%

城市污水日处理能力 指污水处理厂（或处理装置）每昼夜处理污水量的设计能力。

供气管道长度 指报告期末从气源厂压缩机的出口或门站出口至各类用户引入管之间的全部已经通气投入使用的管道长度。不包括煤气生产厂、输配站、液化气储存站、灌瓶站、储配站、气化站、混气站、供应站等厂（站）内的管道。

全年供气总量 指全年燃气企业（单位）向用户供应的燃气数量。包括销售量和损失量。

燃气普及率 指报告期末使用燃气的城市人口数与城市人口总数的比率。计算公式为：

燃气普及率=城市用气人口数/城市人口总数×100%

城市供热能力 指供热企业（单位）向城市热用户输送热能的设计能力。

城市供热总量 指在报告期供热企业（单位）向城市热用户输送全部蒸汽和热水的总热量。

城市供热管道长度 指从各类热源到热用户建筑物接入口之间的全部蒸汽和热水的管道长度。不包括各类热源厂内部的管道长度。

生活垃圾清运量 指报告期内收集和运送到垃圾处理厂（场）的生活垃圾数量。生活垃圾指城市日常生活或为城市日常生活提供服务的活动中产生的固体废物以及法律行政规定的视为城市生活垃圾的固体废物。包括：居民生活垃圾、商业垃圾、集市贸易市场垃圾、街道清扫垃圾、公共场所垃圾和机关、学校、厂矿等单位的生活垃圾。

生活垃圾无害化处理率 指报告期生活垃圾无害化处理量与生活垃圾产生量比率。在统计上，由于生活垃圾产生量不易取得，可用清运量代替。计算公式为：

$$\text{生活垃圾无害化处理率}=\frac{\text{生活垃圾无害化处理量}}{\text{生活垃圾产生量}}\times 100\%$$

年末运营车数 指年末公交企业（单位）用于运营业务的全部车辆数。以企业（单位）固定资产台账中已投入运营的车辆数为准。

城市绿地面积 指报告期末用作园林和绿化的各种绿地面积。包括公园绿地、防护绿地、生产绿地、附属绿地和其他绿地面积。

公园绿地 指向公众开放的，以游憩为主要功能，有一定的游憩设施和服务设施，同时兼有健全生态，美化景观，防灾减灾等综合作用的绿化用地。

十二、农村环境

农村人口　指居住和生活在县城(不含)以下的乡镇、村的人口。

累计已改水受益人口　指各种改水形式的受益人口。

卫生厕所　指有完整下水道系统的水冲式、三格化粪池式、净化沼气池式、多翁漏斗式公厕以及粪便及时清理并进行高温堆肥无害化处理的非水冲式公厕。

累计使用卫生公厕户数　指农民因某种原因没有兴建自己的卫生厕所,而使用村内卫生公厕户数。

Explanatory Notes on Main Statistical Indicators

I. Natural Conditions

Average Temperature Temperature refers to the air temperature, generally expressed in centigrade in China. Thermometers used for meteorological observation are placed in sun-blinded boxes 1.5 meters above the ground with good ventilation. Therefore, temperatures cited in general are the temperatures in sun-blinded boxes 1.5 meters above the ground. The monthly average temperature is obtained by the sum of daily temperatures of the month, then divided by the number of days in the months, and the sum of the monthly average temperatures of the 12 months in the year divided by 12 represents the annual average temperature.

Annual Average Relative Humidity Humidity is the ratio between the actual hydrosphere pressure in the air and the saturated hydrosphere pressure at the present temperature, usually expressed in percentage terms. The average humidity is calculated in the same way as the average temperature.

Annual Sunshine Hours Sunshine refer to the duration when the sunshine falls on earth, usually expressed in hours. It is calculated with the same approach as the calculation of precipitation.

Annual Precipitation Precipitation refers to the volume of water, in liquid or solid (then melted) form, falling from the sky onto earth, without being evaporated, leaked or eroded, express normally in millimeters. The monthly precipitation is obtained by the sum of daily precipitation of the month, and the annual precipitation is the sum of monthly precipitation of the 12 months of the year.

Ⅱ. Freshwater Environment

Total Water Resources refers to total volume of water resources measured as run-off for surface water from rainfall and recharge for groundwater in a given area, excluding transit water.

Surface Water Resources refers to total renewable resources which exist in rivers, lakes, glaciers and other collectors from rainfall and are measured as run-off of rivers.

Groundwater Resources refers to replenishment of aquifers with rainfall and surface water.

Duplicated Measurement of Surface Water and Groundwater refers to mutual exchange between surface water and groundwater, i.e. run-off of rivers includes some depletion with groundwater while groundwater includes some replenishment with surface water.

Water Supply refers to gross water supply by supply systems from sources to consumers, including losses during distribution.

Surface Water Supply refers to withdrawals by surface water supply system, broken down with storage, flow, pumping and transfer. Supply from storage projects includes withdrawals from reservoirs; supply from flow includes withdrawals from rivers and lakes with natural flows no matter if there are locks or not; supply from pumping projects includes withdrawals from rivers or lakes with pumping stations; and supply from transfer refers to water supplies transferred from first-level regions of water resources or independent river drainage areas to others, and should not be covered under supplies of storage, flow and pumping.

Groundwater Supply refers to withdrawals from supplying wells, broken down with shallow layer freshwater, deep layer freshwater and slightly brackish water. Groundwater supply for urban areas includes water mining by both waterworks and own wells of enterprises.

Other Water Supply includes supplies by waste-water treatment, rain collection, seawater desalinization and other water projects.

Water Use refers to gross water use distributed to users, including loss during transportation, broken down with use by agriculture, industry, living consumption and biological protection.

Water Use by Agriculture includes uses of water by irrigation of farming fields and by forestry, animal husbandry and fishing. Water use by forestry, animal husbandry and fishing includes irrigation of forestry and orchards, irrigation of grassland and replenishment of fishing pools.

Water Use by Industry refers to new withdrawals of water, excluding reuse of water within enterprises.

Water Use by Households and Service includes use of water for living consumption in both urban and rural areas. Urban water use by living consumption is composed of household use and public use (including services, commerce, restaurants, cargo transportation, posts, telecommunication and construction). Rural water use by living consumption includes both households and animals.

Water Use by Biological Protection includes replenishment of rivers and lakes and use for urban environment.

Waste Water Discharged by Industry refers to the volume of waste water discharged by industrial enterprises through all their outlets, including waste water from production process, directly cooled water, groundwater from mining wells which does not meet discharge standards and sewage from households mixed with waste water produced by industrial activities, but excluding indirectly cooled water discharged (It should be included if the discharge is not separated with waste water).

Waste Water Directly Discharged into Sea refers to the volume of waste water directly discharged into sea through outlets of enterprises situated by sea without going through municipal sewerage networks or any other intermediates or being affected by any other water bodies.

Industrial Waste Water Meeting Discharge Standards refers to volume of industrial waste water discharge which, with or without treatment, reaches national or local standards.

Ratio of Industrial Waste Water Meeting Discharge Standards refers to percentage of industrial waste water meeting discharge standards over total industrial waste water discharge. It is calculated as:

Ratio of Industrial Waste Water Meeting Discharge Standards = Industrial Waste Water Meeting Discharge Standards/Total Industrial Waste Water Discharge×100%

Water treatment component as an integral part of the facility is not counted separately. Scrapped equipment is not included.

Chemical Oxygen Demand (COD) refers to index of water pollution measuring the mass concentration of oxygen consumed by the chemical breakdown of organic and inorganic matter.

Ⅲ. Marine Environment

Clean Area refers to marine area meeting the national quality standards for Grade I marine water, suitable for marine fishing, marine nature preserves and protection area for rare or endangered marine organisms.

Relatively Clean Area refers to marine area meeting the national quality standards for Grade II marine water, suitable for marine cultivation, bathing, marine sport or recreation activities involving direct human touch of marine water, and for sources of industrial use of water related to human consumption.

Lightly Polluted Area refers to marine area meeting the national quality standards for Grade III marine water, suitable for water sources of general industrial use.

Moderately Polluted Area refers to marine area meeting the national quality standards for Grade IV marine water, only suitable for harbors and ocean development activities.

Heavily Polluted Area refers to marine area where the quality of water is worse than the national quality standards for Grade IV marine water.

Ⅳ. Atmospheric Environment

Industrial Waste Air Emission refers to discharge into atmosphere of waste air containing pollutants generated from fuel burning and production process in enterprises within a given period of time. It is converted into standard (273K, 101325Pa) with the following formula:

Emission =Waste Air Emission from Fuel Burning +Waste Air Emission from Production Process

SO_2 Emission by Consumption and Others is calculated on the basis of consumption of coal by households and others and the sulphur content of coal with the following formula:

Emission=Consumption of Coal by Households and Others × Sulphur Content of Coal × 0.8×2

Industrial SO_2 Emission refers to volume of sulphur dioxide emission from fuel burning and production process in premises of enterprises for a given period of time. Its calculation formula is:

Emission=SO_2 Emission from Fuel Burning +SO_2 Emission from Production Process

Industrial Soot Emission refers to volume of soot in smoke emitted in process of fuel burning in premises of enterprises.

Soot Emission by Consumption and Others refers to net volume of soot emitted by fuel burning from all social and economic activities and operation of public facilities other than industrial activities. It is calculated on the basis of coal consumption by households and others.

Industrial Dust Emission refers to volume of dust that suspend in the air for sometime, emitted by production process of enterprises during a given period of time, including dust from refractory material of iron and steel works, dust from coke-screening systems and sintering machines of coke plants, dust from lime kilns and dust from cement production in building material enterprises, but excluding soot and dust emitted from power plants. The volume of emitted industrial dust can be calculated by the capacity of dust-removing systems and the dust density at the exit of dust-removing systems, using the following formula:

Emission=Dust Density at Exit of Dust-removing Systems×Ventilation Capacity of Dust-removing Systems×Operating Hours of Dust-removing Systems

V. Solid Waste

Industrial Solid Wastes Produced refers to total volume of solid, semi-solid and high concentration liquid residues produced by industrial enterprises from production process in a given period of time, including hazardous wastes, slag, coal ash, gangue, tailings, radioactive residues and other wastes, but excluding stones stripped or dug out in mining (gangue and acid or alkaline stones not included). A stone is acid or alkaline if the pH value of the water is below 4 or above 10.5, when the stone is in, or soaked by, the water.

Hazardous Wastes refers to those included in the national hazardous wastes catalogue or specified as any one of the following properties in the national hazardous wastes identification standards: explosive, ignitable, oxidizable, toxic, corrosive or liable to cause infectious diseases or lead to other dangers.

Industrial Solid Wastes Utilized refers to volume of solid wastes from which useful materials can be extracted or which can be converted into usable resources, energy or other materials by means of reclamation, processing, recycling and exchange (including utilizing in the year the stocks of industrial solid wastes of the previous year). Examples of such utilizations include fertilizers, building materials and road materials. The information shall be collected by the producing units of the wastes.

Ratio of Industrial Solid Wastes Utilized refers to the percentage of industrial solid wastes utilized over industrial solid wastes produced (including stocks of the previous year). Its calculation formula is:

Ratio=Industrial Solid Wastes Utilized / (Industrial Solid Waste Produced

+Stocks of Previous Year Utilized)×100%

Stocks of Industrial Solid Wastes refers to volume of solid wastes placed in special facilities or special sites for purposes of utilization or disposal. The sites or facilities should take measures against dispersion, loss, seepage, and air and water contamination.

Industrial Solid Wastes Disposed refers to quantity of industrial solid wastes which are burnt or placed ultimately in the sites meeting the requirements for environmental protection and not salvaged or recycled (including disposition in the year of those wastes of previous years). The disposition includes landfill (Safe landfills should be conducted for hazardous wastes), incineration, containment spaces, deep underground disposal, backfill in mining pits and disposal at sea.

Industrial Solid Wastes Discharged refers to volume of industrial solid wastes discharged by producing enterprises to disposal facilities or to other sites. The wastes exclude stones stripped or dug from mining (gangue and acid or alkaline waste stones not included).

Output Value of Products Made from Waste Gas, Waste Water and Solid Wastes refers current value of products with waste gas, waste water and solid wastes as main materials of production. Products sold and ready to sell shall be included while those produced for own use shall not be included.

Ⅵ. Natural Ecology

Nature Reserves refers to the areas with special protection and management according to law, including representative natural ecosystems, natural areas the endangered wildlife live in, water conservation areas, land, ground water or sea with the protective objects like natural or historical remains those have special significance. It must be established by the county government or above levels. It doesn't include the scenic areas and cultural relic protective areas.

Wetlands refer to marshland and peat bog, whether natural or man-made, permanent or temporary; water covered areas, whether stagnant or flowing, with fresh or semi-fresh or salty water that is less than 6 meters deep at low tide; as well as coral beach, weed beach, mud beach, mangrove, river outlet, rivers, fresh-water marshland, marshland forests, lakes, salty bog and salt lakes along the coastal areas.

Ⅶ. Land Use

Area under Land Survey refers to the total area of land, under the land survey, including land for agriculture use, land for construction and unused land.

Ⅷ. Forestry

Forest Area refers to the area of trees and bamboos grow with canopy density above 0.2, the area of shrubby tree according to regulations of the government, the area of forest land inside farm land and the area of trees planted by the side of villages, farm houses and along roads and rivers.

Area of Man-made Forests refer to the area of stable growing forests, planted manually or by airplanes, with a survival rate of 80% or higher of the designed number of trees per hectare, or with a canopy density of or above 0.20 after 3-5 years of manual planting or 5-7 years of airplane planting.

Forest Coverage Rate refers to the ratio of area of forested land to area of total land by administrative areas. Its calculation formula is:

Forest Coverage Rate = area of forested land / area of total land×100%

Total Standing Stock Volume refers to the total stock volume of trees growing in land, including trees in forest, tress in sparse forest, scattered trees and trees planted by the side of villages, farm houses and along roads and rivers.

Stock Volume of Forest refers to total stock volume of wood growing in forest area, which shows the total size and level of forest resources of a country or a region. It is also an important indicator illustrating the richness of forest resource and the status of forest ecological environment.

Afforestation Area refers to use artificial measures to produce or restore forests, trees, shrubberies at barren hills, undeveloped land, desert, area with no or spare forests, cropland converted to forest and other land that adapt to afforestation.

Plantation Establishment refers to use artificial technique like seeding and planting to increase forest vegetation coverage rate at barren hills, undeveloped land, desert, area with no or spare forests, cropland converted to forest and other land that adapt to afforestation.

Aerial Seeding Afforestation refers to use airplane and other appropriate artificial measures to seed at barren hills, undeveloped land, desert, forest with spare woods, farmland or other land that adapt to afforestation, let them become forest or grassland vegetation naturally, to increase forest vegetation cover rate.

Seal Mountain to Foster Forests in Area of No or Spare with Forests refers to close the area of no or spare with forest that adapt to afforestation and use other artificial measures to let it become forest or grassland vegetation.

Timber Forests refer to forests which are mainly for the production of timber, including bamboo groves planted to harvest bamboos.

By-product Forests refer to forests that mainly produce fruits, nuts, edible oil, beverages, indigents, raw materials and medicine materials. By-product forests are planted to harvest the fruits, leaves, bark or liquid of trees, and consume them as food or raw materials for the manufacturing industry, such as tea-oil trees, tung oil trees, walnut trees, camphor trees, tea bushes, mulberry trees, fruit trees, etc.

Protection Forests refer to forests, trees and bushes planted mainly for protection or preservation purpose, including water resource conservation forests, water and soil conservation forests, windbreak and dune-fixing forests, farmland and pasture protection forests, riverside protection forests, roadside protection forests, etc.

Fuel Forests refer to forests planted mainly for fuels.

Forests for Special Purpose refer to forests planted mainly for national defence, environment protection or scientific experiments, including national defence forests, experimental forests, mother-tree forests, environment protection forests, scenery forests, trees in historical or scenic spots, forests in natural reserves.

Project on Preservation of Natural Forests is the Number One ecological project in China's forest industry that involves the largest investment. It consists of 3 components: 1) Complete halt of all cutting and logging activities in the natural forests at the upper stream of Yangtze River and the upper and middle streams of the Yellow River. 2) Significant reduction of timber production of key state forest zones in northeast provinces and in Inner Mongolia. 3) Better protection of natural forests in other regions through rehabilitation programs.

Projects on Converting Cultivated Land to Forests and Grassland (Grain for Green Projects) aiming at preventing soil erosion in key regions, these projects are ecological construction projects in the development of forest industry that have the widest coverage and most sophisticated procedures, with strong policy implications and most active participation of the people.

Projects on Protection Forests in North China and Yangtze River Basin covering the widest areas in China with a rich variety of contents, these projects aim at solving the problem of sand and dust in northeastern China, northern China and northwestern China and the ecological issues in other areas. More specifically, they include phase IV of project on North China protection forests, phase II of project on protection forests at the middle and lower streams of Yangtze River and at the Huihe River and Taihu Lake valley, phase II of project on coastal protection forests, phase II of project on Pearl River protection forests, phase II project on greenery of Taihang Mountain and phase II projects on greenery of plains.

Projects on Harnessing Source of Sand and Dust in Beijing and Tianjin these Beijing-ring projects aim at harnessing the sand and dust weather around Beijing and its vicinities. As the key to the development of Beijing-Tianjin ecological zone, these projects are of particular importance as it concerns the image of China's capital city and the whole country.

Projects on Preserving Wild Animals and Plants and on Construction of Nature Reserves aiming at gene preservation and protection of bio-diversity, nature and wetlands, these projects look into the future with strategic perspective and are integrated with international trends.

Projects on Fast-growing Timber Forests Bases in Key Regions these are key projects for the forest industry to strengthen its capacity in supplying more timber and forest by-products.

Ⅸ. Natural Disasters & Environmental Accidents

Landslides refer to the geological phenomenon of unstable rocks and earth on slopes sliding down along certain soft surface as a result of gravitational force. Role of surface water and underground water, and destruction of the stability of slopes by irrational construction work are usually main factors triggering the landslides. Several damages are often caused by landslides in open mining, in water conservancy projects, and in the construction of railways and highways.

Collapse refers to the geological phenomenon of large mass of rocks or earth suddenly collapsing from the mountain or cliff as a result of gravitational force. Usually caused by weathering of rocks, penetration of rain or earthquakes, collapse often destructs buildings and blocks river course or transport routes.

Mud-rock Flow refers to the sudden rush of flood torrents containing large amount of mud and rocks in mountainous areas. It is found mostly in semi-arid hills or plateaus. High and precipitous topographic features, loose soil mass, heavy rains or melting water contribute to the mud-rock flow.

Land Subside refers to the geological phenomenon of surface rocks or earth subsiding into holes or pits as a result of natural or human factors. Land subside can be classified as karst subside and non-karst subside.

Environmental Accident refer to environmental events that suddenly, causing or maybe cause heavy casualties, major property losses, major threat and damage to the nation or a region's economic, social and political stability, and the events have a significant social impact and related to public safety.

X. Environmental Investment

Investment in the Treatment of Environment Pollution refers to the proportion of investment in fixed assets in the total investment in harnessing industrial pollution and in the construction of urban environment infrastructure facilities. It includes investment in harnessing sources of industrial pollution, investment in environment protection facilities designed concurrently with construction projects, and investment in urban environment infrastructure facilities.

Available Funds of Investment in Forestry Construction refer to total funds of special accounts in forestry project implement units actually received which are used for forestry construction in the reporting period.

Completed Investment during the Year reflecting the actual size of investment completed during January 1 and December 31 of the reference year, this indicator is important in estimating investment efficiency and in making annual analysis of the performance of the national economy.

XI. Urban Environment

Length of Paved Roads at the Year-end refers to the length of roads with paved surface including squares bridges and tunnels connected with roads by the end of the year. Length of the roads is measured by the central lines for vehicles for paved roads with a width of 3.5 meters and over, including roads in open-ended factory compounds and residential quarters.

Urban Bridges refer to bridges built to cross over natural or man-made barriers, including bridges over rivers, overpasses for traffic and for pedestrian, underpasses for pedestrian, etc. Both permanent and semi-permanent bridges are included.

Length of Urban Sewage Pipes refers to the total length of general drainage, trunks. branch and inspection wells, connection wells, inlets and outlets, etc.

Annual Volume of Water Supply refers to the total volume of water supplied by water-works (units) during the reference period, including both the effective water supply and loss during the water supply.

Percentage of Urban Population with Access to Tap Water refers to the ratio of the urban population with access to tap water to the total urban population. The formula is:

Percentage of Population with Access to Tap Water= Urban Population with Access to Tap Water /Urban Population ×100%

Daily Disposal Capacity of Urban Sewage refers to the designed 24-hour capacity of sewage disposal by the sewage treatment works or facilities.

Length of Gas Pipelines refers to the total length of pipelines in use between the outlet of the compressor of gas-work or outlet of gas stations and the leading pipe of users, excluding pipelines within gasworks, delivery stations, LPG storage stations, refilling stations, gas-mixing stations and supply stations.

Volume of Gas Supply refers to the total volume of gas provided to users by gas-producing enterprises (units) in a year, including the volume sold and the volume lost.

Percentage of Urban Population with Access to Gas refers to the ratio of the urban population with access to gas to the total urban population at the end of the reference period. The formula is:

Percentage of Population with Access to Gas = (Urban Population with Access to Gas / Urban Population) × 100%

Heating Capacity in Urban Area refers to the designed capacity of heating enterprises (units) in supplying heating energy to urban users during the reference period.

Quantity of Heat Supplied in Urban Area refers to the total quantity of heat from steam and hot water supplied to urban users by heating enterprises (units) during the reference period.

Length of Heating Pipelines refers to the total length of steam or hot water pipelines for sources of heat to the leading pipelines of the buildings of the users, excluding internal pipelines in heat generating enterprises.

Consumption Wastes Transported refers to volume of consumption wastes collected and transported to disposal factories or sites. Consumption wastes are solid wastes produced from urban households or from service activities for urban households, and solid wastes regarded by laws and regulations as urban consumption wastes, including those from households, commercial activities, markets, cleaning of streets, public sites, offices, schools, factories, mining units and other sources.

Ratio of Consumption Wastes Treated refers to consumption wastes treated over that produced. In practical statistics, as it is difficult to estimate, the volume of consumption wastes produced is replaced with that transported. Its calculation formula is:

Ration= Consumption Wastes Treated / Consumption Wastes Produced×100%

Number of Vehicles under Operation at the Year-end refers to the total number of vehicles under operation by public transport enterprises (units) at the end of the year, based on the records of operational vehicles by the enterprises (units).

Area of Urban Green Areas refers to the total area occupied for green projects at the end of the reference period, including Park green land, protection green land, green land attached to institutions and other green land.

Park Green Land refers to the greening land, which having the main function of public visit and recreation, both having recreation facilities and service facilities, meanwhile having the comprehensive function of ecological improvement, landscaping disaster prevention and mitigation and other.

Ⅻ. Rural Environment

Rural Population refers to population living in towns and villages under the jurisdiction of counties.

Population Benefiting from Water Improvement Projects refer to population who have benefited from various forms of water improvement projects.

Sanitary Lavatories refer to lavatories with complete flushing and sewage systems in different forms, and lavatories without flushing and sewage system where ordure is properly disposed of through high-temperature deposit process for making organic manure.

Households Using Public Lavatories refer to the number of households using public sanitary lavatories in the village without building their private sanitary lavatories.